普通高等教育“十二五”规划教材

金属材料焊接性

徐学利　李　霄　主编
何景山　周　勇　主审

中国石化出版社

内 容 提 要

本书是焊接技术与工程专业的核心专业课教材，内容包括：金属焊接性及其试验评定、合金结构钢的焊接、不锈钢及耐热钢的焊接、铸铁的焊接、有色金属的焊接以及异种金属材料的焊接。本书着重于基本概念、基础理论，强调科学性、先进性、工程实用性，注重应用理论解决实际问题，文字简明扼要、通俗易懂。

本书可作为高等学校焊接技术与工程专业的教材，也可作为材料工程(焊接方向)、材料成型及控制工程、过程装备与控制工程、油气储运工程等相关专业的选修课教材或教学参考书，同时也可供从事焊接理论研究、焊接生产施工等工程技术人员参考。

图书在版编目(CIP)数据

金属材料焊接性 / 徐学利，李霄主编．—北京：中国石化出版社，2015.5(2018.2 重印)
普通高等教育“十二五”规划教材
ISBN 978-7-5114-3202-5

Ⅰ.①金…　Ⅱ.①徐…②李…　Ⅲ.①金属材料-焊接-高等学校-教材　Ⅳ.①TG457.1

中国版本图书馆 CIP 数据核字(2015)第 034228 号

中国石化出版社出版发行
地址：北京市朝阳区吉市口路 9 号
邮编：100020　电话：(010)59964500
发行部电话：(010)59964526
http://www.sinopec-press.com
E-mail：press@sinopec.com
北京科信印刷有限公司印刷
全国各地新华书店经销

*

787×1092 毫米 16 开本 12.25 印张 293 千字
2015 年 5 月第 1 版　2018 年 2 月第 2 次印刷
定价：28.00 元

前言

材料是人类用于制造机器、构件和产品的物质，是人类赖以生存和延续的物质基础，是人类社会发展的基石和先导，是人类社会进步的里程碑和划时代的标志。材料、能源和信息被称为人类社会的三大支柱。金属材料一般是指工业应用中的纯金属或合金，由于其具有很好的物理性能、化学性能、力学性能以及工艺性能等，而在工业生产中得到广泛应用。

本书的特点是从焊接角度阐述金属材料焊接性及其焊接的基本理论与概念，通过引用科研和焊接生产实践中的一些技术成果和典型案例，力图由浅入深，充分注意理论性与实践性、系统性与实用性的统一和结合，启发学生独立思考，加强学生理论联系实际的训练，使其初步具备分析和解决金属材料焊接问题的能力。

本书既是高等学校焊接技术与工程专业核心课程教材，也可作为材料工程(焊接方向)、材料成型及控制工程、过程装备与控制工程、油气储运工程等有关专业的选修课教材或教学参考书，同时也可供从事与材料开发和焊接技术相关的工程技术人员参考。

本书由西安石油大学徐学利教授担任主编。其中第1~2章由徐学利教授编写，第3~6章由西安石油大学李霄副教授编写。由哈尔滨工业大学何景山教授、西安石油大学周勇教授担任主审。

本书的出版得到了国家科技支撑计划(2011BAE35B01)和西安石油大学规划教材出版基金的支持，得到了哈尔滨工业大学、西安理工大学等同行的学术帮助，得到了西安石油大学刘彦明、李光等在文图编辑方面的帮助，谨致感谢，同时也向关心本书出版的同行及所援引文献的作者表示衷心感谢。

由于编者水平所限，书中错误或不足之处在所难免，恳请广大读者批评指正。

编者

目 录

1 金属焊接性及其试验评定

科学研究和工程实践表明，某些金属材料具有较高的强度、塑性和耐蚀性等，但用这些材料制造焊接结构时，因其在焊接加工时所经受的加热、熔化、化学反应、结晶、冷却、固态相变等一系列复杂过程，这些过程又都是在温度、成分及应力极不平衡的条件下发生的，有可能出现裂纹、气孔、夹渣等缺陷，或者虽然能得到完整的焊接接头，但其性能却达不到要求，这就大大限制了这些材料的使用范围。仅从材料本身的化学成分、物理性能和力学性能不足以判断它在焊接过程中是否会出现问题以及焊接后能否满足使用要求，这就要求从焊接的角度出发来分析和研究材料的某些特定性能，也就是材料的焊接性问题。

1.1 金属焊接性及其影响因素

1.1.1 焊接性概念

(1) 焊接性定义

焊接性是指材料是否能适应焊接加工而形成完整的、具备一定使用性能的焊接接头的能力。也就是说，焊接性说明了材料对焊接加工的适应性，是指材料在一定的焊接工艺条件下(包括焊接方法、焊接材料、焊接参数和结构形式等)，获得优质焊接接头的难易程度和该焊接接头能否在使用条件下可靠运行的能力。

焊接性包括两方面内容：一是材料在焊接加工中是否容易产生缺陷；二是焊成的接头在一定的使用条件下是否具有可靠运行的能力。这也说明，焊接性不仅包括结合性能，而且也包括结合后的使用性能。

焊接性只是一个相对的概念，对于一定的材料，在简单的焊接工艺条件下，能保证不产生焊接缺陷，且具有优异的使用性能或满足技术条件要求，则认为焊接性优良；必须采用复杂的焊接工艺条件方能实现优质焊接时，则认为焊接性较差。

(2) 焊接性分类

根据焊接性内容所包括的结合性能和使用性能两个方面，焊接性可分为工艺焊接性和使用焊接性。

工艺焊接性是指材料在一定的焊接工艺条件下，能否获得优质、致密、无缺陷焊接接头的能力。它涉及焊接制造工艺过程中的焊接缺陷问题，如裂纹、气孔、断裂等。

使用焊接性是指焊接接头或整体焊接结构满足技术条件所规定的各种性能的程度，包括常规力学性能(如强度、塑性、韧性等)或特定工作条件下的使用性能(如低温韧性、断裂韧性、高温蠕变强度、持久强度、疲劳性能以及耐蚀性、耐磨性等)。

同时，对于熔化焊而言，焊接过程一般包括冶金过程和热过程。冶金过程主要影响焊缝金属的组织和性能，而热过程主要影响热影响区的组织和性能，因此又把焊接性分为冶金焊接性和热焊接性。

冶金焊接性是指冶金反应对焊缝化学成分、焊缝缺陷及焊缝使用性能的影响程度，主要包括合金元素的氧化、还原、蒸发，氧、氢、氮等的溶解，还包括焊缝金属对气孔、夹渣、裂纹等缺陷的敏感性，以及对焊缝硬度、强度、韧性、耐蚀性等使用性能的影响。冶金焊接性除受母材本身化学成分的影响之外，焊接材料、保护气体、焊接方法及焊接工艺参数等对冶金焊接性也有一定的影响。一般可在研制新型金属材料时考虑改善冶金焊接性，也可以通过发展新焊接材料、新焊接工艺等途径来改善冶金焊接性。

热焊接性是指焊接热过程对焊接热影响区缺陷和使用性能产生影响的程度，主要包括被焊金属材料的化学成分、物理性能、化学性能、焊接方法、焊接线能量等焊接工艺条件对焊接缺陷的敏感性，以及对热影响区硬度、强度、韧性、耐蚀性等使用性能的影响。与焊缝金属不同，焊接时热影响区的化学成分一般不会发生明显的变化，而且不能通过改变焊接材料来进行调整，即使有些元素可以由熔池向熔合区或热影响区粗晶区扩散，也是很有限的。为了改善热焊接性，除了正确选择母材之外，还要选择适当的焊接方法，确定合理的焊接工艺条件。

1.1.2 影响焊接性的因素

影响焊接性的因素很多，对于金属材料而言，可归纳为材料、设计、工艺及服役环境四大因素。

(1) 材料因素

材料因素不仅包括母材本身的化学成分、冶炼轧制状态、热处理状态、组织状态和力学性能等，也包括所选用的焊接材料，如采用焊条电弧焊时所选用的焊条、采用埋弧焊时所选用的焊丝和焊剂、采用气体保护焊时所选用的焊丝和保护气体等。母材和焊接材料在焊接过程中直接参与熔池或熔合区的冶金反应，对焊接性和焊接质量有重要影响。母材或焊接材料选用不当时，可能会导致焊缝化学成分不合格、力学性能和其他使用性能降低，甚至产生裂纹、气孔、夹渣等焊接缺陷，使工艺焊接性变差。因此，正确选用母材和焊接材料是保证良好焊接性的重要因素。

另外，一方面母材的熔点、导热系数、密度、热容量等因素，也会对其熔化、结晶、相变及焊接热循环产生影响，从而影响焊接性；另一方面，母材中所含元素若与氧的亲和力较强时，在焊接高温下极易氧化，也会对焊接性产生影响。

(2) 设计因素

设计因素是指焊接结构设计的安全性，它不仅受到材料本身性能的影响，而且在很大程度上还受到结构形式的影响。如在焊接结构设计时应尽量使接头处的拘束度较小，能够自由收缩，避免产生焊接裂纹等缺陷。同时，一方面要尽量避免接头处的缺口、截面突变、堆高过大、交叉焊缝等，减少应力集中的影响；另一方面也要避免增大母材厚度或焊缝体积，改善焊接接头应力状态。

(3) 工艺因素

工艺因素包括施工时所选用的焊接方法、焊接工艺措施(如焊接线能量、焊接材料、预热温度、焊接顺序和焊后热处理工艺)等。对于同一种金属材料，选用不同的焊接方法或工艺措施，所表现出来的焊接性有很大差异。

焊接方法对焊接性的影响，首先是其焊接热源的能量密度、温度以及焊接线能量的大小，其次是焊接保护的方式，如渣保护、气保护、渣-气联合保护以及真空等。对于热敏感性较强的高强钢，从防止过热出发，可选用窄间隙气体保护焊、脉冲电弧焊、等离子弧焊等，有利于改善其焊接性；铝及铝合金用气焊较难进行焊接，但用氩弧焊就能取得良好的效果；钛及钛合金对氧、氮、氢极为敏感，用气焊和焊条电弧焊较难进行焊接，而用氩弧焊或电子束焊就比较容易焊接。

工艺措施对防止焊接缺陷，提高接头使用性能有重要的作用。最常见的工艺措施有焊前预热、焊后缓冷和焊后热处理等。这些工艺措施对防止热影响区淬硬变脆、减小焊接应力、避免氢致冷裂纹等都是较有效的。合理安排焊接顺序能减小应力和变形，原则上应使被焊工件在整个焊接过程中尽量处于无拘束的自由膨胀和收缩状态。

(4) 服役环境因素

服役环境因素是指焊接结构的工作温度、负荷条件(动载、静载、冲击等)和工作环境(化工区、沿海区及腐蚀介质等)。

在高温下工作的焊接结构，要求材料具有足够的耐高温强度，良好的化学稳定性与组织稳定性，较高的蠕变强度等；在常温下工作的焊接结构，要求材料在自然环境中具有良好的力学性能；在低温下工作的焊接结构，要特别注意材料在低温环境下的性能，尤其是韧性，以防止发生低温脆性破坏。焊接结构根据其服役情况的不同，可能承受不同的静载荷、疲劳载荷、冲击载荷等。工作介质有腐蚀性时，要求焊接接头应当具有耐腐蚀性能。一般而言，使用条件越苛刻，焊接性就越不易保证。

总之，焊接性与材料、设计、工艺和服役环境等因素有着密切关系，人们不可能脱离这些因素而简单地认为某种金属材料的焊接性好或不好，也不能只用某一种指标来概括某种金属材料的焊接性，必须根据使用条件对焊接结构的使用要求，结合实际焊接工艺条件评定金属材料的焊接性。

1.2 金属焊接性试验的内容及方法

焊接性试验的目的在于查明材料在指定的焊接工艺条件下可能产生的问题及产生问题的原因，以确定合理的焊接工艺或提出金属材料改进的方向。

1.2.1 焊接性试验的内容

从焊接性的概念出发，结合金属材料的性能特点和焊接结构的服役条件，焊接性试验的主要内容包括以下几个方面。

(1)焊缝金属抵抗产生热裂纹的能力

焊接熔池金属结晶时，由于存在一些有害的元素(如S、P等)，并受热应力的作用，可能在焊接熔池金属结晶后期产生热裂纹。热裂纹是一种较常发生且危害严重的缺陷，所以焊缝金属抵抗产生热裂纹的能力是衡量金属材料焊接性的重要内容之一。焊缝金属抵抗产生热裂纹的能力通常是通过热裂纹试验来进行评定的，热裂纹试验与焊接材料关系密切，同时母材和焊接工艺也对其有一定的影响。

(2) 焊缝及热影响区金属抵抗产生冷裂纹的能力

焊缝及热影响区金属在焊接热循环作用下，由于组织及性能变化，加之受焊接应力和扩散氢的影响，可能产生冷裂纹。冷裂纹是金属材料焊接过程中可能出现的一种最为严重的焊接缺陷，所以焊缝及热影响区金属抵抗产生冷裂纹的能力不仅是衡量金属材料焊接性的重要内容，而且也是最常用的焊接性试验之一。冷裂纹试验一般针对母材进行试验。

(3) 焊接接头抵抗脆性转变的能力

经过焊接过程的局部加热、局部熔化、冶金反应、焊缝结晶、固态相变等一系列过程，焊接接头由于受晶粒粗化、脆性组织、夹杂物等的影响，其韧性显著下降，即焊接接头发生所谓的脆性转变。对于在各种复杂工况环境下工作的焊接结构而言，焊接接头的韧性下降是导致其脆性破坏的主要原因之一。焊接接头抗脆性转变能力也是衡量金属材料焊接性的一项主要内容。

(4) 焊接接头的使用性能

由于焊接结构的使用性能对金属材料的焊接性提出许多不同的要求，所以有很多焊接性试验项目是从使用性能角度出发制定的，即根据特定的使用条件制定专门的焊接性试验方法。如层状撕裂试验、应力腐蚀试验、氢致开裂试验等。

另外，针对不同的金属材料、不同的焊接材料、不同的焊接工艺、不同的服役条件，金属材料焊接性试验的内容还包括焊缝金属抵抗产生气孔、夹渣(夹杂)等焊缝缺陷的能力、热影响区金属抵抗产生再热裂纹的能力等。

1.2.2 焊接性试验方法的分类

焊接性试验方法有许多种，按照其特点可以归纳为间接评定法和直接试验法两种类型。

(1) 间接评定法

这类焊接性评定方法一般根据母材或焊缝金属的化学成分-组织-性能之间的关系，结合焊接热循环过程特点进行分析或评价。

1) 工艺焊接性的间接评定。常用的有碳当量法、焊接裂纹敏感指数法、连续冷却组织转变曲线法、焊接热-应力模拟法、焊接热影响区最高硬度法和焊接断口分析及组织分析法等。

2) 使用焊接性的间接评定。常用的有焊缝及焊接接头的常规力学性能试验，焊缝及焊接接头的断裂韧性试验，焊缝及焊接接头的低温脆性试验，焊缝及焊接接头的高温性能试验，焊缝及焊接接头的耐腐蚀性、耐磨损性试验和焊缝及焊接接头的疲劳试验等。

(2) 直接试验法

这类焊接性试验方法一般是仿照实际焊接条件，通过焊接过程观察是否产生某种焊接缺陷或产生缺陷的程度大小，直观地评定金属材料的焊接性。

1) 焊接冷裂纹试验。常用的有斜 Y 形坡口焊接裂纹试验、插销试验、拉伸拘束裂纹试验和刚性拘束裂纹试验等。

2) 焊接热裂纹试验。常用的有可调拘束裂纹试验、压板对接裂纹试验和刚性固定对接裂纹试验等。

3）再热裂纹试验。常用的有H形拘束试验、缺口试棒应力松弛试验和U形弯曲试验等，也可以利用斜Y形坡口对接裂纹试验或插销试验进行再热裂纹试验。

4）层状撕裂试验。常用的有Z向拉伸试验、Z向窗口试验等。

5）应力腐蚀裂纹试验。常用的有U形弯曲试验、缺口试验和预制裂纹试验等。

6）实际产品结构实物试验。常用的有水压试验、爆破试验、结构运行的服役试验等。

1.2.3 选择或制定焊接性试验方法的原则

国内外有关焊接性试验方法已经有许多种，而且随着科学技术的发展及金属材料性能要求的不断提高，焊接性试验方法还会不断增多。选择或制定焊接性试验方法时必须遵循下列原则：

1）可比性。焊接性试验的条件要尽量与实际焊接时的条件相一致。这些条件包括母材、焊接材料、接头形式、环境温度、接头受力状态和焊接工艺参数等，而且试验条件还应考虑到产品的使用条件，尽量使之接近。只有这样才能使焊接性试验结果比较确切地显示出实际生产时可能发生的问题或可能获得的结果，才有可比性。

2）针对性。应针对具体焊接结构制定焊接性试验方案，其中包括母材、焊接材料、接头形式、接头应力状态、焊接工艺参数等。同时试验条件还应考虑到产品的使用条件。国家或国际上已经颁布的标准试验方法，应优先选择，并严格按标准的规定进行试验，还没有建立相应标准的，应选择国内外同行中较为通用的或公认的试验方法，这样才能使焊接性试验具有良好的针对性，试验结果才能比较确切地反映出实际生产中可能出现的问题。

3）再现性。焊接性试验的结果要稳定可靠，应具有较好的再现性。试验所得数据不可过于分散，只有这样才能正确显示变化规律，获得能够指导实际生产的结论。为此，试验方法应尽可能减少或避免人为因素的影响，多采用自动化、机械化的操作，少采用人工操作。另外，应严格控制试验条件，避免随意性。

4）经济性。应注意试验方法的经济性。在能获得可靠试验结果的前提下，应力求减少材料消耗，避免复杂昂贵的加工工序，缩短试验周期，节省试验费用。

1.3 金属焊接性的间接评定方法

金属材料焊接性的间接评定方法包括工艺焊接性的间接评定方法和使用焊接性的间接评定方法两个方面。一般而言，焊接工作者首先关注的是金属材料的工艺焊接性，因此本节主要介绍金属材料工艺焊接性的间接评定方法。

1.3.1 碳当量法

钢材的化学成分对焊接热影响区的淬硬、冷裂及脆化倾向有直接影响，因此可以利用钢材的化学成分来间接评定其对焊接冷裂纹的敏感性。对钢材中的各种元素而言，碳对焊接冷裂纹敏感性的影响最为显著。把钢中包括碳在内和其他合金元素对淬硬、冷裂及脆化等的影响折合成碳的相对含量，作为粗略评定钢材冷裂倾向的参数指标，即所谓碳当量（Carbon Equivalent，CE 或 $\mathrm{C_{eq}}$）。

由于世界各国和各研究单位所采用的试验方法和钢材的合金体系不同，各自建立了许多有一定适用范围的碳当量计算公式。

(1) 国际焊接学会(IIW)推荐采用

$$CE_{IIW} = C + \frac{Mn}{6} + \frac{Cr + Mo + V}{5} + \frac{Ni + Cu}{15} \quad (\%) \tag{1-1}$$

此式适用含碳量较高($w_C \geq 0.18\%$)，强度级别中等($R_m = 500 \sim 900MPa$)的非调质低合金高强钢。对于板厚小于 20mm 的钢板，$CE < 0.4\%$时，钢材淬硬倾向不大，焊接性良好，焊前可不预热；当 $CE = 0.4\% \sim 0.6\%$时，尤其是大于 0.5%时，钢材易淬硬，焊接性变差，焊前需要预热才能防止裂纹，且随着钢板厚度的增加，其预热温度也应相应地提高。

(2) 日本焊接工程师学会(JIS)推荐采用

$$CE_{JIS} = C + \frac{Mn}{6} + \frac{Si}{24} + \frac{Ni}{40} + \frac{Cr}{5} + \frac{Mo}{4} + \frac{V}{14} \quad (\%) \tag{1-2}$$

此式适用低碳调质钢($R_m = 500 \sim 1000MPa$)，其化学成分范围：$w_C \leq 0.2\%$、$w_{Si} \leq 0.55\%$、$w_{Mn} \leq 1.5\%$、$w_{Cu} \leq 0.5\%$、$w_{Ni} \leq 2.5\%$、$w_{Cr} \leq 1.25\%$、$w_{Mo} \leq 0.7\%$、$w_V \leq 0.1\%$、$w_B \leq 0.006\%$。对于板厚小于 25mm，手工焊线能量 17kJ/cm，被焊钢材强度与其预热温度范围见表 1-1。

表 1-1　钢材强度与其预热温度范围

钢材强度 R_m 级别/MPa	碳当量 CE_{JIS} /%	预热温度 T_P 范围/℃
500	0.46	不预热
600	0.52	75
700	0.52	100
800	0.62	150

(3) 美国焊接学会(AWS)推荐采用

$$C_{eq\,AWS} = C + \frac{Mn}{6} + \frac{Si}{24} + \frac{Ni}{15} + \frac{Cr}{5} + \frac{Mo}{4} + \left(\frac{Cu}{13} + \frac{P}{2}\right) \quad (\%) \tag{1-3}$$

此式适用碳钢和低合金高强钢，其化学成分范围：$w_C \leq 0.6\%$、$w_{Mn} \leq 1.6\%$、$w_{Ni} \leq 3.3\%$、$w_{Mo} \leq 0.6\%$、$w_{Cr} \leq 1.0\%$、$w_{Cu} = 0.5\% \sim 1\%$、$w_P \leq 0.05\% \sim 0.15\%$。一般根据计算所得的碳当量再结合焊件的厚度，先从图 1-1 中查出该钢材焊接性等级，再从表 1-2 中确定其最佳焊接工艺措施。

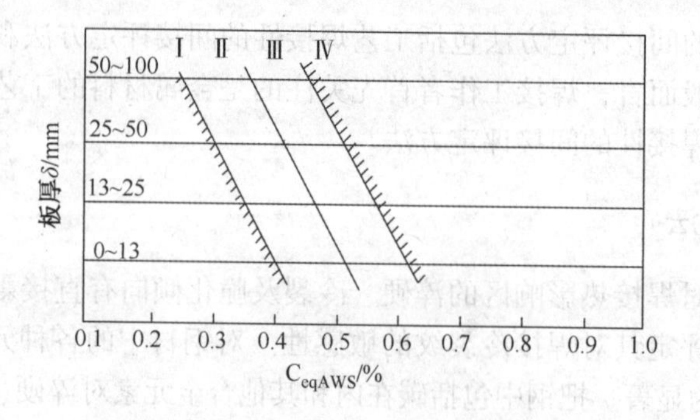

图 1-1　碳当量(C_{eq})与板厚 δ 的关系

Ⅰ—优良；Ⅱ—较好；Ⅲ—尚好；Ⅳ—尚可

表 1-2 不同焊接性等级钢材的最佳焊接工艺措施

焊接性等级	酸性焊条	碱性低氢型焊条	消除应力	敲击焊缝
Ⅰ(优良)	不需预热	不需预热	不需	不需
Ⅱ(较好)	预热 40~100℃	-10℃以上不需预热	任意	任意
Ⅲ(尚好)	预热 150℃	预热 40~100℃	希望	希望
Ⅳ(尚可)	预热 150~200℃	预热 100℃	需要	希望

上述几种碳当量计算公式都说明，碳当量越大，冷裂倾向也越大。但用碳当量评定钢材焊接性是比较粗略的，这是因为公式中只包括了几种元素，而实际钢材中还含有其他元素；在不同含量和不同合金系统中各元素作用的大小不可能是相同的；元素之间的相互影响也不能用简单的公式反映。所以，碳当量法一般仅限于从理论上对钢材的焊接性进行初步分析，而且在应用时还应特别注意有关公式的适用范围。

1.3.2 焊接冷裂纹敏感指数法

合金结构钢焊接时产生冷裂纹的原因除化学成分外，还与焊缝金属组织、扩散氢含量、接头拘束度等密切相关。通过对 200 余种不同化学成分钢材，不同厚度及不同的焊缝含氢量进行试验，求得的几种冷裂纹敏感性、预热温度计算公式及其应用条件见表 1-3。

表 1-3 几种冷裂纹敏感性、预热温度计算公式及其应用条件

冷裂纹敏感性公式	预热温度/℃	应用条件
$P_c = P_{cm} + \frac{[H]}{60} + \frac{\delta}{600}$	$T_0 = 1440P_c - 392$	斜 Y 形坡口试件，适用于 $w_C \leqslant$ 0.17%的低合金钢，[H] = 1 ~ 5mL/100g，δ = 19 ~ 50mm
$P_w = P_{cm} + \frac{[H]}{60} + \frac{R}{400000}$		
$P_H = P_{cm} + 0.075\lg[H] + \frac{R}{400000}$	$T_0 = 1600P_H - 408$	斜 Y 形坡口试件，适用于 $w_C \leqslant$ 0.17%的低合金钢，[H]>5mL/100g，R = 500 ~ 33000MPa
$P_{HT} = P_{cm} + 0.088\lg[\lambda H'_D] + \frac{R}{400000}$	$T_0 = 1400P_{HT} - 330$	斜 Y 形坡口试件，P_{HT} 考虑了氢在熔合区附近的聚集

表中，[H]为熔敷金属中的扩散氢含量(mL/100g)，可采用日本 JIS 甘油法与我国 GB/T 3965—2012 测氢法测定；δ 为被焊钢材板厚(mm)；R 为拘束度(MPa)；$[H'_D]$为熔敷金属中的有效扩散氢含量(mL/100g)；λ 为有效系数(低氢型焊条 λ=0.6，$[H'_D]$ =[H]；酸性焊条 λ=0.48，$[H'_D]$=[H]/2)；P_{cm}为冷裂纹敏感系数。

$$P_{cm} = C + \frac{Si}{30} + \frac{Mn + Cu + Cr}{20} + \frac{Ni}{60} + \frac{Mo}{15} + \frac{V}{10} + 5B \quad (\%) \qquad (1-4)$$

此公式适用的化学成分范围：w_C=0.07%~0.22%、$w_{Si} \leqslant$0.60%、w_{Mn}=0.40%~1.40%、$w_{Cu} \leqslant$0.50%、$w_{Ni} \leqslant$1.20%、$w_{Cr} \leqslant$1.20%、$w_{Mo} \leqslant$0.70%、$w_V \leqslant$0.12%、$w_{Nb} \leqslant$0.04%、$w_{Ti} \leqslant$ 0.50%、$w_B \leqslant$0.005%。

1.3.3 热裂纹敏感性指数法

考虑化学成分对焊接热裂纹敏感性的影响，对于一般低合金高强钢，包括低温钢和珠光体耐热钢，可采用热裂纹敏感性指数(HCS)进行间接评定；对于高强度级的合金结构钢，可

采用临界应变增长率(CST)进行间接评定，其计算公式分别为：

$$HCS = \frac{C(S + P + \frac{Si}{25} + \frac{Ni}{100})}{3Mn + Cr + Mo + V} \times 10^3 \quad (1-5)$$

当 $HCS \leqslant 4$ 时，热裂纹敏感性较低。一般 HCS 越大，钢材热裂纹敏感性也越大。

$$CST = (-19.2C - 97.2S - 0.8Cu - 1.0Ni + 3.9Mn + 65.7Nb - 618.5B + 7.0) \times 10^{-4} \quad (1-6)$$

当 $CST \geqslant 6.5 \times 10^{-4}$ 时，热裂纹敏感性较低。一般 CST 越大，钢材热裂纹敏感性越小。

1.3.4 再热裂纹指数法

根据合金元素对低合金结构钢再热裂纹敏感性的影响，可采用下列方法评定其再热裂纹敏感性。

(1) ΔG 法

$$\Delta G = Cr + 3.3Mo + 8.1V - 2 \quad (\%) \quad (1-7)$$

当 $\Delta G<0$ 时，不易产生再热裂纹；$\Delta G \geqslant 0$ 时，对再热裂纹敏感。对于碳含量 $w_C>0.1\%$ 的低合金钢，式(1-7)可修正为：

$$\Delta G' = \Delta G + 10C = Cr + 3.3Mo + 8.1V - 2 + 10C \quad (\%) \quad (1-8)$$

当 $\Delta G' \geqslant 2$ 时，对再热裂纹敏感，易产生再热裂纹；当 $1.5 \leqslant \Delta G' < 2$ 时，对再热裂纹中等敏感；当 $\Delta G'<1.5$ 时，对再热裂纹不敏感，不易产生再热裂纹。

(2) P_{SR} 法

$$P_{SR} = Cr + Cu + 2Mo + 5Ti + 7Nb + 10V - 2 \quad (\%) \quad (1-9)$$

当 $P_{SR} \geqslant 0$ 时，对再热裂纹敏感。

此公式适用的化学成分范围：$w_{Cr} \leqslant 1.5\%$、$w_{Mo} \leqslant 2.0\%$、$w_{Cu} \leqslant 1.0\%$、$0.10\% \leqslant w_C \leqslant 0.25\%$、$w_{V+Nb+Ti} \leqslant 0.15\%$。

1.3.5 层状撕裂敏感性指数法

考虑层状撕裂属于低温开裂，主要与钢中夹杂物的数量、种类和分布等有关，在对抗拉强度为500~800MPa的低合金结构钢进行插销试验(沿板厚方向截取试棒)和窗形拘束裂纹试验的基础上，提出下列计算层状撕裂敏感指数的公式。

$$P_L = P_{cm} + \frac{[H]}{60} + 6S \quad (1-10)$$

式中 P_{cm}——冷裂纹敏感系数，见式(1-4)；

[H]——熔敷金属中的扩散氢含量，mL/100g；

S——钢中的硫含量，%。

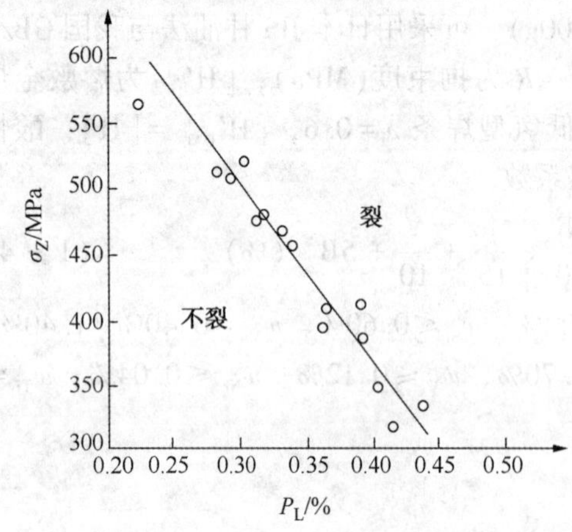

图1-2 层状撕裂敏感指数 P_L 与临界应力值 σ_Z 的关系

上式适用于低合金结构钢焊接热影响区附近产生的层状撕裂。根据层状撕裂敏感指数 P_L 在图1-2中可求得插销试验 Z 向不产生层状撕裂的临界应力值 σ_Z。

1.3.6　焊接热影响区最高硬度法

根据焊接热影响区的最高硬度可以间接评定被焊钢材的淬硬倾向和冷裂纹敏感性。由于硬度测定方法简单易行，已被国际焊接学会(IIW)推荐采用，同时我国也针对焊条电弧焊制定了相应的国家标准(GB/T 2654—2008)。

(1) 试件制备

焊接热影响区硬度试样的标准厚度(δ)为20mm，试板长度(L)为200mm，宽度(B)为150mm，如图1 3所示。若实际板厚(δ)超过20mm，应用机械加工成20mm厚度，并保留一个轧制表面。若实际板厚(δ)小于20mm，则不需要进行机械加工。

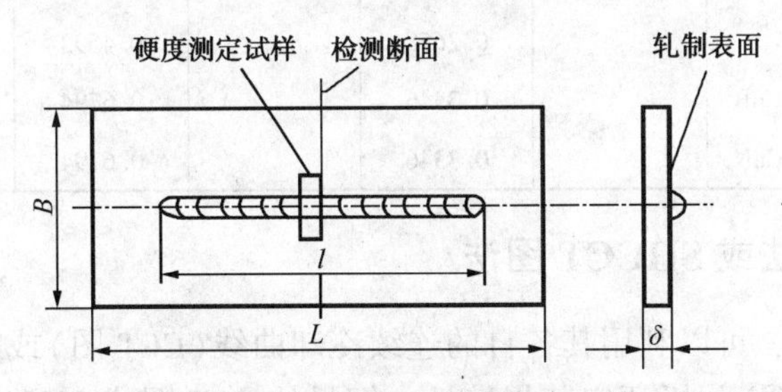

图1-3　热影响区最高硬度试件

(2) 试验条件

焊前应仔细清除试件表面的水、油、铁锈及氧化皮等。焊接时试件两端要支撑架空，试件下面留有足够空间。在室温或预热温度下采用平焊位置进行焊接，沿试件轧制表面的中心线焊长度(l)为(125±10)mm的焊缝。焊接工艺参数：焊条直径为4mm，焊接电流为(170±10)A，焊接速度为(0.25±0.02)cm/s。焊后试件在空气中自然冷却，不进行任何焊后热处理。

(3) 硬度测定

焊后自然冷却经过12h后，采用机械加工方法垂直切割焊缝中部，在此断面上截取硬度测量试样。试样的检测面经金相磨制后，腐蚀出熔合区。按图1-4所示，画出一条平行于试样轧制面，且与轧制面距离为H($H \leqslant 2$mm)的直线作为硬度测定线。在室温下，采用维氏硬度计，10kg载荷，沿硬度测定线在母材上检测时应有足够测点以保证检测的准确性，焊缝金属上的测点间距应确保对其作出准确评定。热影响区中测点间距一船为1mm，在由于焊接引起硬化的区域应增加两个测点，且测点中心与熔合线的间距小于0.5mm。

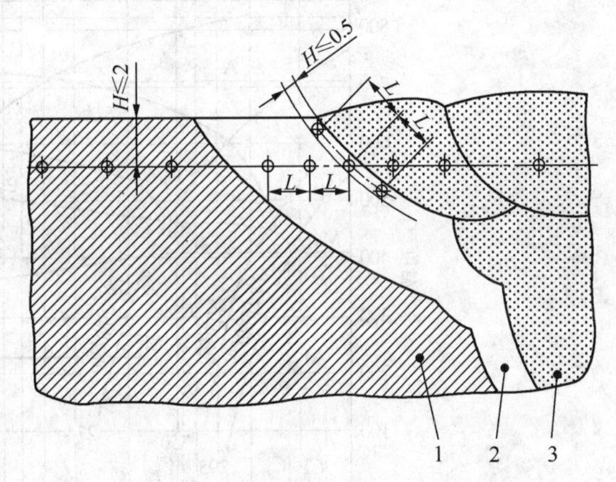

图1-4　热影响区最高硬度测定的位置

1—母材；2—热影响区；3—焊缝

一般用于焊接结构的钢材都应提供其最高硬度值，常用的低合金结构钢允许的热影响区最高硬度值见表1-4。

表 1-4　常用低合金钢的碳当量及允许的热影响区最大硬度

钢种	相当国产钢种	P_{cm}/%		CE(IIW)/%		最大硬度 HV	
		非调质	调质	非调质	调质	非调质	调质
HW36	Q345	0.2485		0.4150		390	
HW40	Q390	0.2413		0.3993		400	
HW45	Q420	0.3091		0.4943		410	380(正火)
HW50	14MnMoV	0.2850		0.5117		420	390(正火)
HW56	18MnMoNb	0.3356		0.5782			20(正火)
HW63	12Ni3CrMoV		0.2787		0.6693		435
HW70	14MnMoNbB		0.2658		0.4593		450
HW80	14Ni2CrMnMoVCuB		0.3346		0.6794		470
HW90	14Ni2CrMnMoVCuN		0.3346		0.6794		480

1.3.7　CCT 图法或 SHCCT 图法

对于各类钢材而言，可以利用其各自的连续冷却曲线(CCT 图)或模拟焊接热影响区的连续冷却曲线(SHCCT 图)分析评定其焊接性。钢材的 CCT 图或 SHCCT 图可以比较方便地预测不同焊接热循环条件下焊接热影响区的金相组织和硬度，从而可以预测其在一定焊接工艺条件下的淬硬倾向和产生冷裂纹的可能性，以便确定适当的焊接工艺条件，如图 1-5 所示。可以发现，若已知钢材在焊接条件下焊接热影响区不同区域的 $t_{8/5}$ 冷却时间，就可求得其冷却后所获得的组织及硬度，即就是可以预先判断出在这种焊接工艺条件下焊接热影响区的组织性能，从而可以预测其淬硬倾向及产生冷裂纹的可能性，也可作为优化焊接工艺规范的依据。

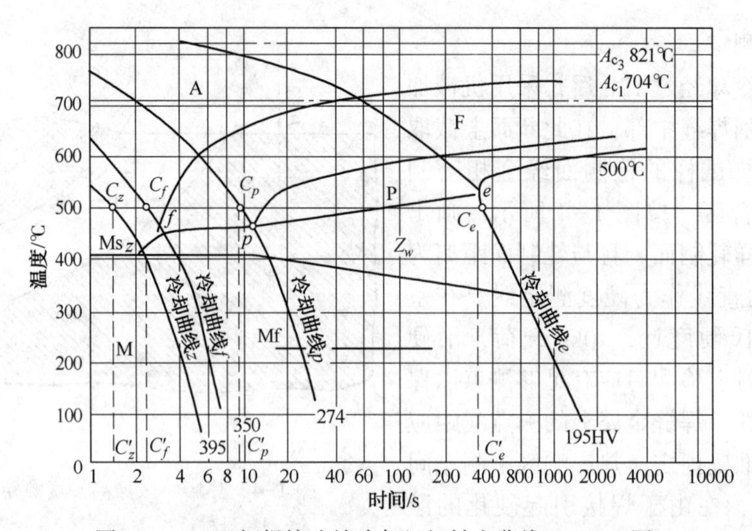

图 1-5　Q295 钢焊接连续冷却组织转变曲线(SHCCT 图)

1.3.8　焊接热-应力模拟法

焊接热影响区是一个小范围的局部区域，一般宽度只有几毫米，其中粗晶区更为狭小。

对于焊条电弧焊，粗晶区宽度很窄。要准确地测定热影响区乃至粗晶区的性能并不是一件容易的事。焊接热-应力模拟法是在计算机控制的热模拟试验机上，对试样进行与实际焊接时相同或相近的热循环，从而在一个相当大的区域(如3~7mm)内获得与实际粗晶区相同或近似的组织状态，可以制备足够尺寸的试样对其进行组织性能测试。

(1)焊接热-应力模拟参数确定

焊接过程具有加热速度快、峰值温度高、高温停留时间短和冷却速度快等特点，如图1-6所示。为了再现真实的焊接过程，进行焊接热模拟试验就必须确定下列几个焊接热循环参数。

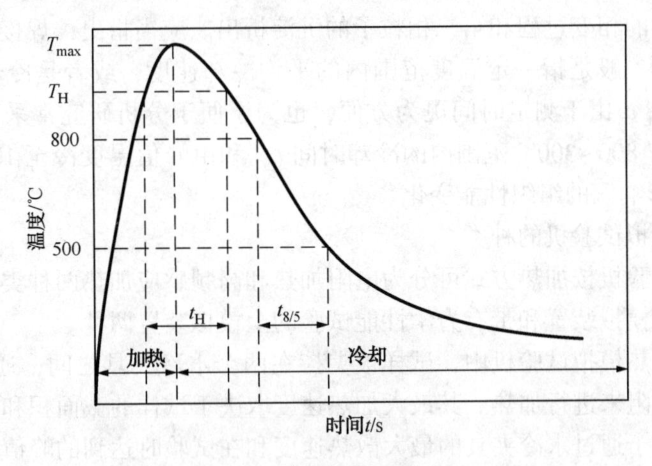

图1-6 焊接热循环示意图

1）平均加热速度$\overline{\omega}_H$。加热速度主要影响相变点的温度和高温奥氏体的均质化程度。随加热速度的提高，相变温度随之提高，同时奥氏体的均质化和碳化物的溶解越不充分。对于手工焊、埋弧焊和氩弧焊，加热速度约为60~1000℃/s，即在1~20s内把金属材料加热到接近熔化的温度；电渣焊加热速度稍慢，约为3~20℃/s。

2）加热最高温度T_{max}。焊接热影响区各个部位的峰值温度高低是不相同的，一般可定义为从熔化温度一直到稍高于室温的范围。对于钢材而言，约为1350℃~室温。加热最高温度影响奥氏体晶粒大小，第二相质点的溶解、析出以及合金元素的扩散过程。例如低碳钢和低合金钢焊接时，在熔合区附近的粗晶区，由于温度高达1300~1350℃，故晶粒严重长大。

3）高温停留时间t_H。一般是指在相变温度(A_{c3})以上的停留时间，主要考虑晶粒长大倾向和奥氏体的均质化程度。在相变温度以上的停留时间越长，越有利于奥氏体的均质化过程，但温度过高时(如1100℃以上)即使停留时间不长，也会导致晶粒长大。T_H温度以上的停留时间一般是加热阶段和冷却阶段两部分在T_H以上停留时间的总和。

厚板：

$$t_H = \frac{m_2 E}{2\pi\lambda(T_H - T_0)} \tag{1-11}$$

薄板：

$$t_H = \frac{m_1\left(\frac{E}{h}\right)^2}{4\pi\lambda c\rho(T_H - T_0)^2} \tag{1-12}$$

式中 E——焊接线能量，J/cm；

λ——导热系数，J/(cm · s · ℃)；

$c\rho$——容积比热容，J/(cm³ · ℃)；

m_1，m_2——修正系数；

T_H——选定温度，取 T_H 分别为900℃和1100℃；

T_0——初始温度，℃。

对于低碳钢焊接而言，$\lambda = 0.5$J/(cm · s · ℃)；$c\rho \approx 5$J/(cm³ · ℃)；$m_1 \approx 1.5$，$m_2 \approx 1$。

4）冷却速度 w_C 和冷却时间 $t_{8/5}$。冷却速度是决定焊接热影响区组织性能的主要参数。它主要影响冷却时的相变过程和第二相粒子的沉淀析出。应当指出，焊接时的冷却速度在不同阶段是不同的。一般是指一定温度范围内的平均冷却速度，或者是冷却至某一瞬时温度 T_C 时的冷却速度 w_C。由于测定时间更为方便，也为了便于分析研究常采用800~500℃范围内的冷却时间 $t_{8/5}$，800~300℃范围内的冷却时间 $t_{8/3}$ 和由峰值温度冷至100℃时所需的时间 t_{100} 来研究焊接热影响区的组织性能变化。

（2）焊接热模拟试验机的种类

焊接热模拟试验机按加热方式可分为电阻加热和高频感应加热两种类型，按其模拟功能又可分为单一的热模拟装置和带有力学性能试验的全模拟装置两种。

在电阻加热式热模拟试验机中，试样被夹持在两个水冷夹具之间，通以工频交流电流，依靠试样的自身电阻来进行加热。其最大加热速度取决于试样的截面积和加热段的长度，其最大冷却速度取决于通过水冷夹具的最大散热速度和在试验时达到的峰值温度。电阻加热式热模拟试验机的突出优点是加热和冷却速度快，缺点是由于采用水冷夹头，并且通过试样的电流强度受到一定限制，所以试样轴向温度分布的均匀性受到一定局限。电阻加热式热模拟试验机的典型代表是美国的"Gleeble"系列热模拟试验机，其已发展成为集焊接热、应力和应变为一体的全模拟装置。

在高频感应加热式热模拟试验机中，试样被放到通有高频电流的线圈内部，则磁力线切割试样，在试样中产生感应电动势进而感应出高频电流，高频电流从试样中流过使试样加热。加热线圈的长度、匝数、节距等对试样沿长度方向的温度分布均有较大影响，高频电流的频率对试样直径方向的温度分布有较大影响。由于采用感应加热，所以试样轴向的均温区较长。此外高频感应加热式热模拟试验机克服了电阻加热方式下试样两端受约束的弊病，将会使整个测试过程更灵活准确。它的缺点是高频感应加热受集肤效应限制，升温速度无法提高，且制造成本比电阻加热式热模拟试验机高。高频感应加热式热模拟试验机的典型代表是日本的"Thermorestor-W"焊接热及应变全模拟装置。

（3）焊接热模拟试验的应用

1）研究金属焊接热影响区粗晶脆化倾向。通过测定或计算实际焊接接头粗晶区所经历的热循环参数，并将其输入到焊接热模拟试验机中，对相同材质的试件进行与该粗晶区相同的加热及冷却过程，在这些试件上制取组织性能测试试样。如制取冲击试样，进行冲击试验，从而得到粗晶区的冲击韧度。制取 *COD* 试样，进行断裂韧度试验。通过以上试验工作，可研究粗晶区组织、性能与焊接工艺参数之间的关系，为获得优质的接头提供最佳工艺参数。

2）研究金属焊接热影响区热应变脆化倾向。首先将试件加热到通常产生热应变脆化的温度，再施加一定的塑性应变值(如1%~5%)。试件冷却后，制成冲击试样或COD试样进行试验。

3）研究金属焊接冷裂纹、热裂纹、再热裂纹及层状撕裂的形成条件及产生机理。在试验机上对试件进行与实际焊接过程相同的热过程模拟、应力及应变过程的模拟及其他条件模拟，从而可以研究金属材料在模拟焊接情况下产生焊接裂纹的倾向。例如，为了模拟焊接冷裂纹的淬硬组织、氢的聚集、拘束应力等三个因素，利用焊接热模拟试验机对试样进行按照给定程序的加热及加载，试样加热到峰值温度后，冷却到900℃左右时，对试件进行恒温充氢，然后按规定的冷却速度冷却。在冷却过程中，控制其应变和应力，保持一定时间后，检查是否产生裂纹。通过上述试验，即可研究冷却速度、吸氢时间、应力值、延迟时间等因素对裂纹产生的影响，从而可以获得临界冷却速度、临界氢含量、临界拘束应力等指标。进而可以深入研究冷裂纹的敏感性，提出最佳焊接工艺参数等。

4）绘制金属材料焊接热影响区连续冷却转变图(SHCCT图)。利用焊接热模拟技术，测定并绘制金属材料焊接热影响区连续冷却转变图，对于制定合理的焊接工艺方案、判断工艺参数的可行性，以及获得优质的焊接接头具有重要的应用价值。这不仅可以节约大量的人力、物力、试验量，而且在工艺参数制定后不必进行实际焊接即可进行焊接热影响区组织性能判断。

5）研究金属材料的热强性、热塑性、热疲劳、高温蠕变、动态再结晶过程等，同时在冶金工业中研究铸钢高温流变行为、连铸钢的高温力学性能、变形速度对不同温度下材料强度的影响等，还可以模拟轧制工艺、模拟锻造工艺等。

总之，焊接热-应力模拟技术不仅适用于焊接热影响区不同区域组织性能的研究，也可应用于材料科学的许多领域；不仅应用于各类钢材，还可以应用于有色金属、铸铁、陶瓷与金属等异种材料研究，它是材料科学研究中的重要手段之一。

1.4 金属焊接性直接试验方法

焊接裂纹是金属材料焊接中最常见且危害性最大的缺陷之一，金属材料焊接性的直接试验方法大多是针对为评定其在焊接过程中裂纹敏感性而设计的，因此本节主要介绍焊接裂纹试验方法。

1.4.1 焊接冷裂纹试验方法

焊接冷裂纹是在焊后冷却至较低温度下产生的一种常见裂纹，主要发生在高碳钢、中碳钢、低合金高强钢的焊接热影响区。常用的焊接冷裂纹试验方法有斜Y形坡口对接裂纹试验、插销试验、刚性固定对接裂纹试验、窗形拘束裂纹试验、刚性拘束裂纹试验和拉伸拘束裂纹试验等，其中最常用的是斜Y形坡口对接裂纹试验和插销试验两种。

(1) 斜Y形坡口焊接裂纹试验

主要用于评定碳钢和低合金高强钢焊接热影响区的冷裂纹敏感性。在实际生产中应用比较广泛，通常也称为“小铁研”试验。

1) 试件制备。试板形状及尺寸如图1-7所示。钢材板厚(δ)为9~38mm。试样坡口采用机械加工。拘束焊缝采用双面焊接，并注意防止角变形和未焊透。

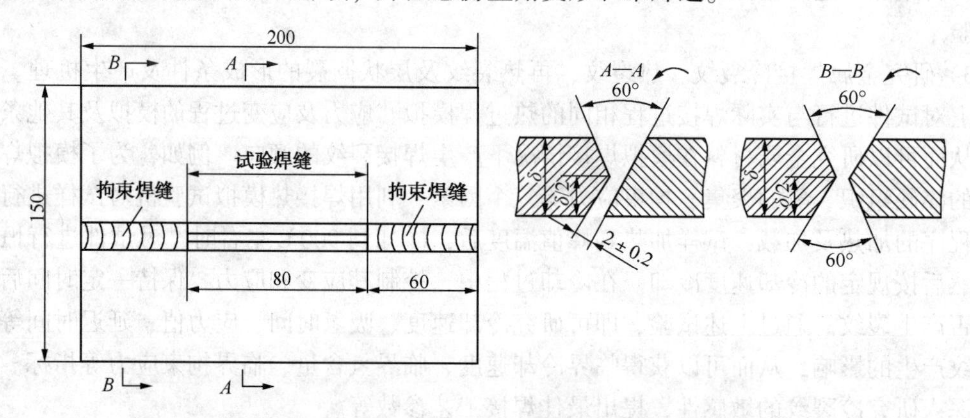

图 1-7　斜 Y 形坡口焊接裂纹试验用试件形状及尺寸

2）试验过程。试验焊缝只焊一道，所选用的焊条应与试验钢材相匹配，焊条焊前应严格烘干。推荐采用的焊接参数：焊条直径为 4mm，焊接电流为(170±10)A，焊接电压为(24±2)V，焊接速度为(150±10)mm/min。试验时按图 1-7 装配试件，先焊拘束焊缝。如采用焊条电弧焊施焊试验焊缝时，焊接方式如图 1-8(a)所示；如采用自动送进焊条电弧焊施焊试验焊缝时，焊接方式如图 1-8(b)所示。试验焊缝焊后静置并自然冷却 24h 后，截取试样进行裂纹检测。

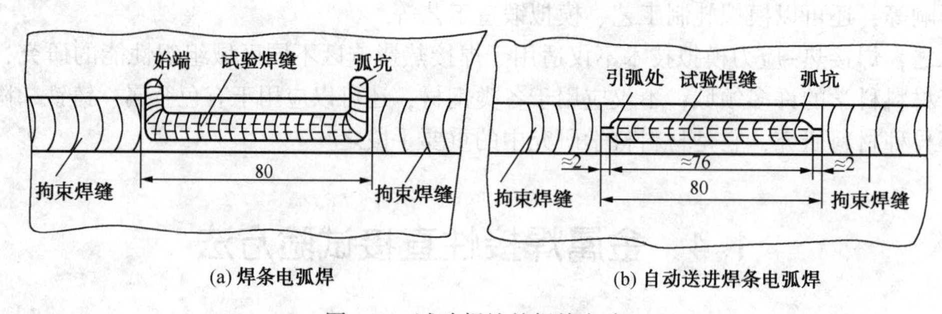

图 1-8　试验焊缝的焊接方式

3）检测与裂纹率计算。用肉眼或手持 5~10 倍放大镜来检测焊缝和热影响区的表面和断面是否有裂纹，如图 1-9 所示，并按下列方法分别计算试样的表面裂纹率、根部裂纹率和断面裂纹率。

表面裂纹率 C_f：根据图 1-9(a)所示按式(1-13)计算表面裂纹率。

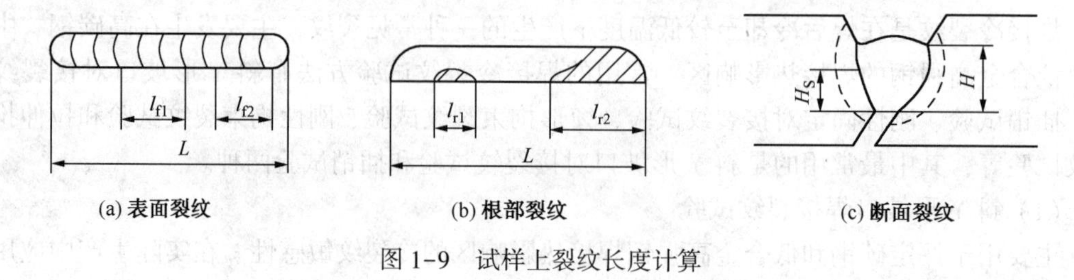

图 1-9　试样上裂纹长度计算

$$C_f = \frac{\sum l_f}{L} \times 100\% \qquad (1-13)$$

式中 $\sum l_f$——表面裂纹长度之和，mm；

L——试验焊缝长度，mm。

根部裂纹率 C_r：试样先经着色检验，然后将其拉断，根据图 1-9(b)所示，按式(1-14)计算根部裂纹率。

$$C_r = \frac{\sum l_r}{L} \times 100\% \qquad (1-14)$$

式中 $\sum l_r$——根部裂纹长度之和，mm。

断面裂纹率 C_S：用机械加工方法在试验焊缝上等分截取出 4~6 块试样，检查 5 个横断面上的裂纹深度 H_S，根据如图 1-9(c)所示，按式(1-15)计算断面裂纹率。

$$C_S = \frac{\sum H_S}{\sum H} \times 100\% \qquad (1-15)$$

式中 $\sum H_S$——5 个断面裂纹深度之和，mm；

$\sum H$——5 个断面焊缝最小厚度之和，mm。

4）判据。对于低合金高强钢，若试验时表面裂纹率小于 20%，且无根部裂纹，一般认为用于生产是安全的。

如果试验用的焊接工艺参数不变，用不同预热温度进行试验，就可以测定出防止冷裂纹的临界预热温度。这种试验方法用料省、试件易加工、不需特殊试验装置、试验焊接接头的拘束度很大，试验焊缝根部尖角又有应力集中，试验条件苛刻，试验结果可靠。

另外，还有一种直 Y 形坡口的焊接裂纹试验方法，主要用于考核焊缝金属的裂纹敏感性。试验程序与斜 Y 形坡口相同，但试验焊缝处的坡口是直 Y 形，如图 1-10 所示。

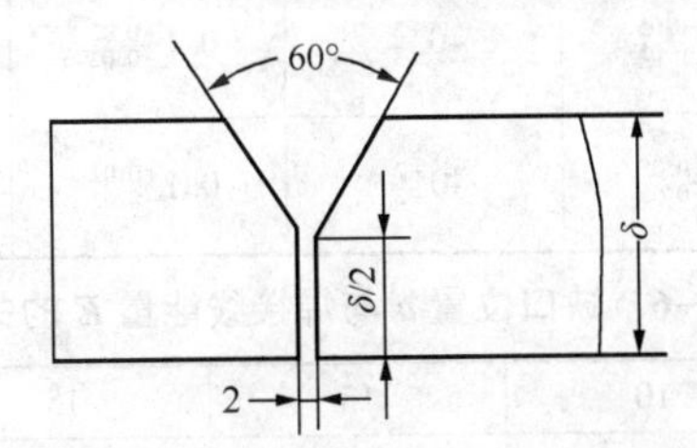

图 1-10 直 Y 形坡口焊接裂纹试验焊缝处的坡口形状及尺寸

（2）插销试验

主要用于定量测定低合金高强钢焊接热影响区冷裂纹敏感性。因其消耗材料少、试验结果稳定，在国内外得到广泛应用。插销试验的设备附加其他装置，也可用于测定再热裂纹敏感性和层状撕裂敏感性。

1）试样制备。将被焊钢材加工成圆柱形的插销试棒，沿轧制方向取样并注明插销在厚度方向的位置。插销试棒的形状如图 1-11 所示，各部位尺寸见表 1-5。试棒上端附近有环形或螺形缺口。根据焊接线能量的变化，缺口与端面的距离 a 可按表 1-6 作适当调整，使得缺口根部圆周被熔透的部分(熔透比)不得超过 20%，如图 1-12 所示。

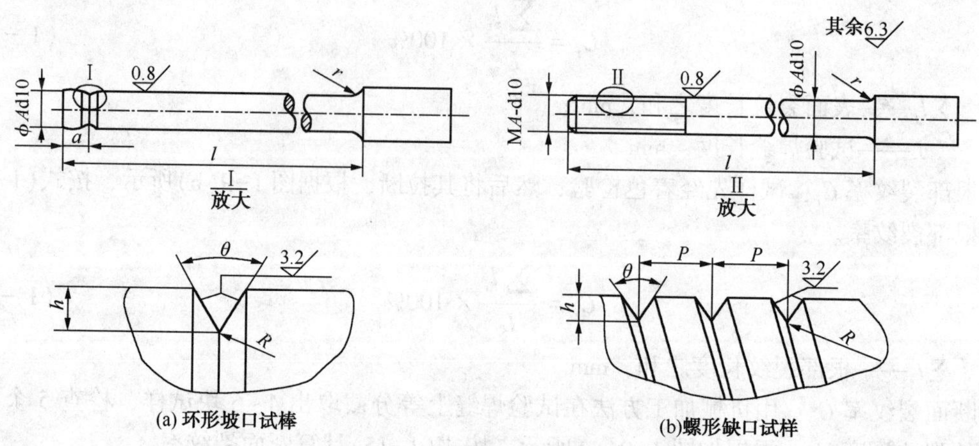

(a) 环形坡口试棒

(b)螺形缺口试样

图 1-11　插销试棒的形状

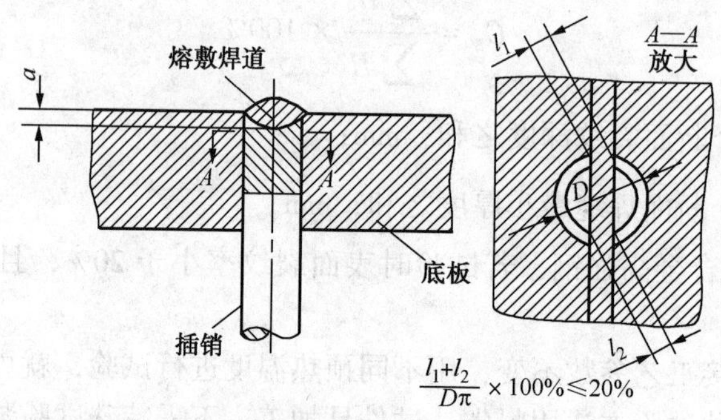

图 1-12　熔透比计算

表 1-5　插销试棒的尺寸

缺口类别	ϕA/mm	h/mm	θ/(°)	R/mm	P/mm	l/mm
环形	8	$0.5^{+0.05}_{-0.05}$	40^{+2}_{-2}	$0.1^{+0.02}_{-0.02}$	—	大于底板的厚度，一般为 30~150
螺形					1	
环形	6	$0.5^{+0.05}_{-0.05}$	40^{+2}_{-2}	$0.1^{+0.02}_{-0.02}$	—	
螺形					1	

表 1-6　缺口位置 a 与焊接线能量 E 的关系

E/(kJ/cm)	9	10	13	15	16	20
a/mm	1.35	1.45	1.85	2.00	2.10	2.40

底板材料应与被焊钢材相同或热物理常数基本一致，其形状及尺寸如图 1-13 所示。

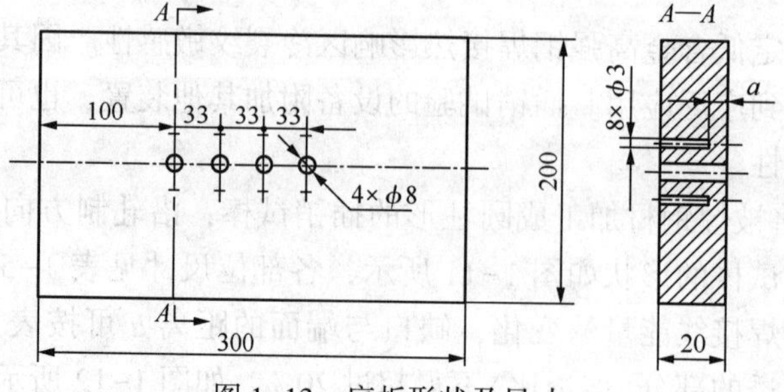

图 1-13　底板形状及尺寸

2）试验过程。试验时按图 1-14 进行装配，将插销试棒插入底板相应的孔中，使带缺口一端与底板表面平齐。按所选择的焊接方法和焊接工艺参数，在底板上熔敷一层堆焊焊道，焊道中心线通过试棒的中心，其熔深应使缺口尖端位于热影响区的粗晶区。焊道长度(L)为 100~150mm。

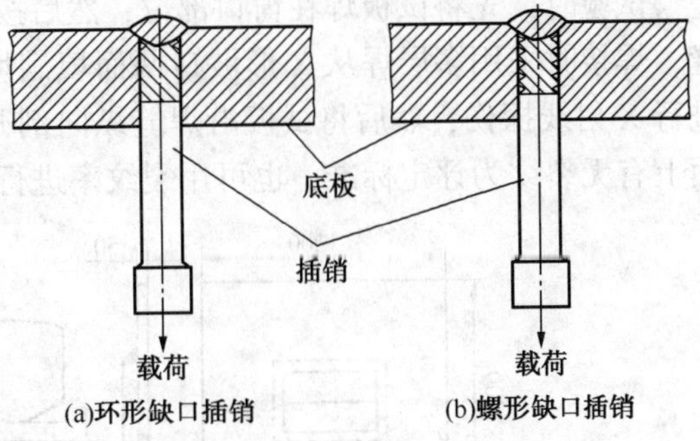

图 1-14　插销试棒的安装位置

施焊时测定 800~500℃的冷却时间 $t_{8/5}$。焊前不预热时，焊后冷却至 100~150℃时加载；焊前预热时，应在高于预热温度 50~70℃时加载。载荷应在 1min 之内，且在冷却至 100℃或高于预热温度 50~70℃之前施加完毕。如有后热，应在后热之前加载。

为了获得焊接热循环的有关参数（$t_{8/5}$，t_{100}等），可将热电偶焊在底板焊道下的盲孔中，如图 1-13 所示。盲孔直径为 3mm，深度与插销试棒的缺口处一致。测点的最高温度应不低于 1100℃。

当加载试棒时，插销可能在载荷持续时间内发生断裂，记下承载时间。

3）判据。在不预热条件下，载荷保持 16h 而试棒未断裂即可卸载。在预热条件下，载荷保持至少 24h 才可卸载。可用金相或氧化等方法检测缺口根部是否存在裂纹。经多次改变载荷，即可求出在试验条件下不发生断裂的临界应力 σ_{cr}。一般通过比较临界应力 σ_{cr} 的大小，即可相对比较金属材料抵抗产生冷裂纹的能力。临界应力 σ_{cr} 越高，试验材料抵抗产生冷裂纹的能力也越高。国内外常用冷裂纹判据有启裂准则和断裂准则两种，即：

$$(\sigma_{cr})_C \geqslant \sigma_s \text{ 或 } (\sigma_{cr})_F \geqslant \sigma_s \qquad (1-16)$$

启裂临界应力 $(\sigma_{cr})_C$ 指加载 16h 或 24h 后，试样不发生开裂的最大应力；断裂临界应力 $(\sigma_{cr})_F$ 指加载 16h 或 24h 后，试样不发生断裂的最大应力。通常采用 $(\sigma_{cr})_C \geqslant \sigma_s$ 判据是比较严格的。

（3）刚性固定对接裂纹试验

主要用于评定低合金钢焊条电弧焊、埋弧焊、气体保护焊焊缝的冷裂纹和热裂纹倾向，也可以用于评定热影响区的冷裂纹倾向。

试件形状、尺寸如图 1-15 所示。若采用焊条电弧焊或气体保护焊焊接试验焊缝时，则要求刚性底板厚度 $\delta_2 \geqslant$ 40mm；若采用埋弧焊焊接试验焊缝时，则要求刚性底板厚度 $\delta_2 \geqslant$60mm。试板厚度 $\delta_1 \leqslant$10mm 时，采用 I 形坡口；试板厚度 δ_1>10mm 时，采用 Y 形坡口。

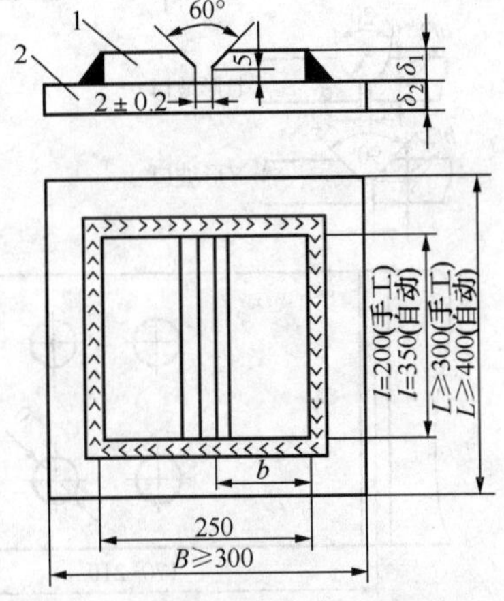

图 1-15　刚性固定对接裂纹试验用试件形状及尺寸

1—试板；2—刚性底板

将试板点固在刚性底板上，然后焊接其四周的拘束焊缝，拘束焊缝的焊脚 K=12mm，若试验板厚 δ_1<12mm，则 $K=\delta_1$。按所选择的焊接方法和焊接工艺参数焊接试验焊缝，焊后在室温下放置 24h 后，先检查焊缝表面有无裂纹，再横向切取焊缝，取 2 块试样磨片检查有无裂纹，一般以有无裂纹为评定标准。

(4) 窗形拘束裂纹试验

主要用于评定低合金钢多层焊时焊缝横向冷裂纹及热裂纹敏感性。试验用框架及试件形状如图 1-16 所示。其中试件为两块 500mm×180mm 的被焊钢板，并开 X 形坡口。

试验时，先将试板焊在窗口部位，然后按所选择的焊接方法和焊接工艺参数焊接试验焊缝，焊接时采用多层焊从 X 形坡口两面填满坡口完成试验焊缝。焊后放置 24h 后先对试板进行 X 射线探伤，然后将试板沿焊缝纵向剖开，经磨片后在纵断面上检查裂纹，一般以断面上有无裂纹为评定标准，也可用裂纹率进行相对比较。

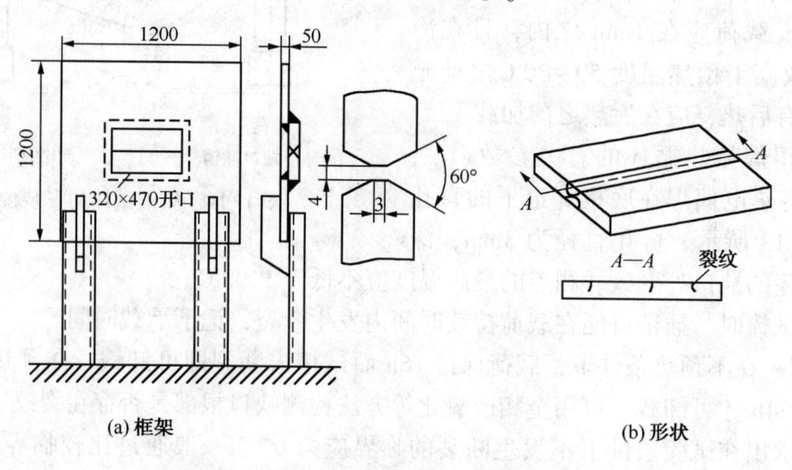

图 1-16　窗形拘束裂纹试验用试样形状及尺寸

(5) 拉伸(刚性)拘束裂纹试验

主要用于定量测定低合金高强钢大型试板焊接热影响区冷裂纹敏感性，其试验原理如图 1-17 所示。

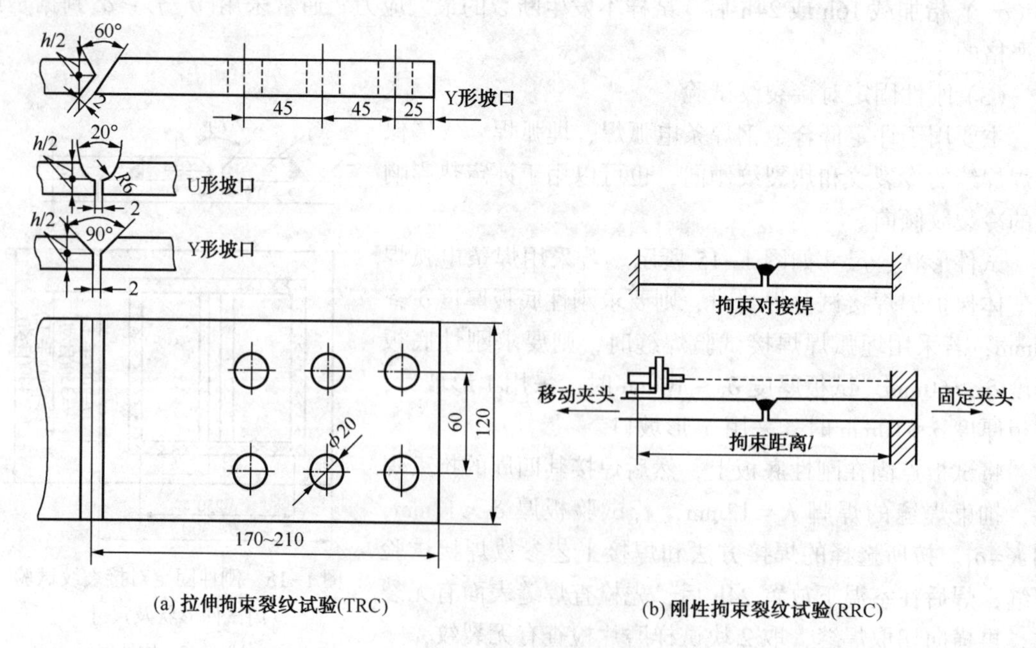

图 1-17　拉伸(刚性)拘束裂纹试验原理

拉伸拘束裂纹试验(TRC)的基本原理是模拟焊接接头承受的平均拘束应力，在一定坡口形状和一定尺寸的试板间施焊，待冷却到规定温度时在焊缝横向施加一拉伸载荷并保持恒定，直到产生裂纹或断裂。通过调整载荷，可以求得加载24h而不发生开裂的临界应力。根据临界应力的大小，即可评定金属材料的冷裂纹敏感性。

刚性拘束裂纹试验(RRC)的基本原理是在焊接接头冷却过程中靠自收缩所产生的应力模拟焊接接头承受的外部拘束条件。试样右端为固定夹头，左端为移动夹头。在试验过程中始终保持固定的拘束距离不变(即所谓刚性拘束)。拘束距离 l 增大时，拘束度就减小，焊缝处的拘束应力降低，产生裂纹所需时间也延长。当拘束距离 l 增大到一定数值后接头处便不再产生裂纹，此时的拘束应力便是临界拘束应力。根据临界应力的大小，即可评定金属材料的冷裂纹敏感性。

RRC试验比TRC试验的恒载拉伸更接近实际焊接情况，但也需要较大型的试验设备。

(6) 搭接接头焊接裂纹试验

主要评定碳素钢和低合金高强钢焊接热影响区冷裂纹敏感性。

搭接接头焊接裂纹试验是通过热拘束指数的变化来反映冷却速度对焊接接头裂纹敏感性的影响。其试件的形状、尺寸和组装如图1-18所示。上板试验焊缝的两个端面需进行机械加工。气割下料时应留10mm以上的加工余量。上、下板接触面以及下板的试验焊缝附近的氧化皮、油污和铁锈等，焊前要打磨干净。其他端面可以气割下料。

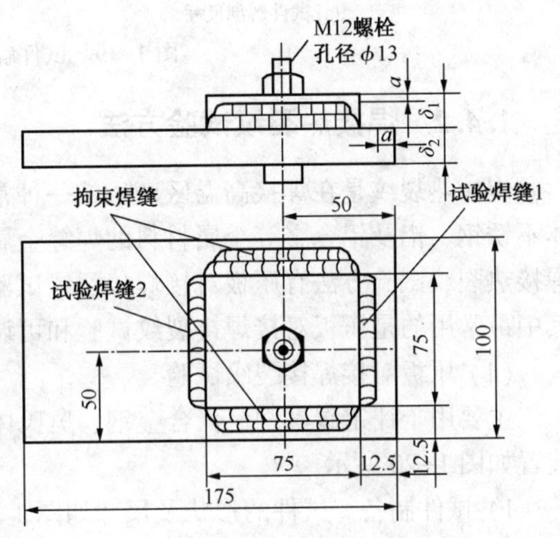

图1-18 搭接接头焊接裂纹试验的试件形状及尺寸

δ_1—上板厚度；δ_2—下板厚度；$a>1.5$mm

试验时，先按图1-18进行试件组装，用M12螺栓把上、下板固定，然后采用试验焊条焊接两侧的拘束焊缝，每侧焊两道。待试件完全冷却至室温后，将试件放在隔热平台上在室温或预热条件下，采用试验焊条焊接试验焊缝。推荐采用的焊接参数：焊条直径为4mm，焊接电流为160~180A，焊接电压为22~26V，焊接速度为140~160mm/min。试验时先焊试验焊缝1，待试件冷至室温后，再用相同的焊接参数焊接试验焊缝2。

焊后将试件在室温放置48h后进行解剖。按图1-19(a)中点画线所示的尺寸进行机加工切割。每条试验焊缝取3块试片，共切取6块。对试样检测面作金相研磨和腐蚀处理，在10~100倍显微镜下检测有无裂纹，并按图1-19(b)所示测量裂纹长度。

按式(1-17)、式(1-18)计算上、下板的裂纹率，即

$$C_1 = \frac{\sum l_1}{S_1} \times 100\% \qquad (1-17)$$

$$C_2 = \frac{\sum l_2}{S_2} \times 100\% \qquad (1-18)$$

式中 C_1——上板裂纹率，%；

C_2——下板裂纹率,%;

$\sum l_1$——上板试样裂纹长度之和，mm；

$\sum l_2$——下板试样裂纹长度之和，mm。

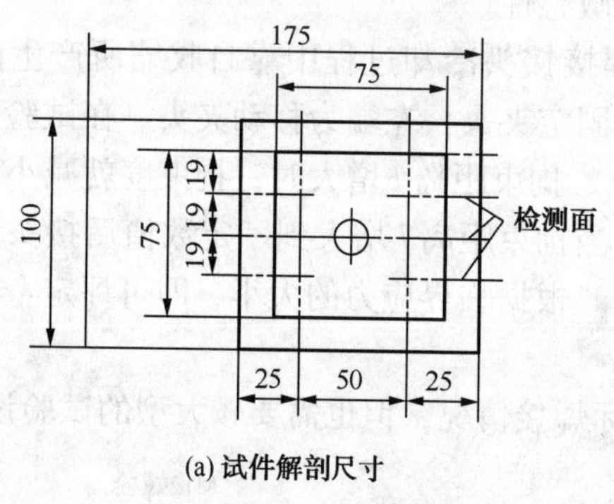

(a) 试件解剖尺寸

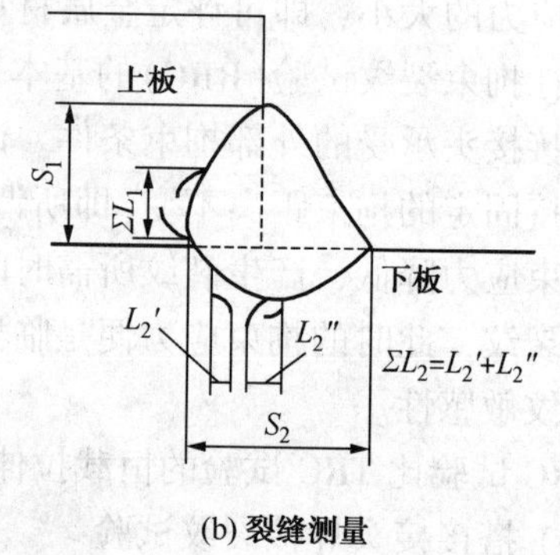

(b) 裂缝测量

图1-19 试件解剖尺寸及裂纹测量

1.4.2 焊接热裂纹试验方法

焊接热裂纹是在焊接高温区产生的一种常见裂纹，主要发生在低碳钢、低合金钢、奥氏体不锈钢、铝及铝合金等金属材料的焊缝金属中，有时也会发生在其焊接热影响区。常用的焊接热裂纹试验方法有压板对接焊接裂纹试验、可调拘束裂纹试验、可变刚性裂纹试验等，其中最常用的是压板对接焊接裂纹试验和可调拘束裂纹试验两种。

（1）压板对接焊接裂纹试验

主要用于评定碳素钢、低合金钢、奥氏体不锈钢焊条及焊缝金属的热裂纹敏感性。试验装置如图1-20所示。

1）试件制备。试件的形状及尺寸如图1-21(a)所示。一般采用I形坡口，若试件厚板较大时，也可用Y形坡口，采用机械加工，坡口附近表面要打磨干净。

2）试验过程。试验时，先将试件安装在C形夹具内，在试件坡口的两端按试验要求装入相应尺寸的定位塞片，以保证坡口间隙(变化范围为0~6mm)。先将横向4个螺栓以6×10^4N的力将试板牢牢固定，再将垂直方向14个紧固螺栓以3×10^5N的力压紧试板。然后按所选择的焊接方法和焊接工艺参数，依次焊接1、2、3、4试验焊缝，焊缝间距约10mm，弧坑不必填满，如图1-21(a)所示。焊后经过10min后将试件从装置上取出，待试件冷却至室温后将试板沿焊缝纵向弯断进行裂纹检测。

3）检测与裂纹率计算。分别检查4条试验焊缝断面上有无裂纹并测量裂纹长度，如图1-21(b)所示。压板对接试验的裂纹率C_f按式(1-19)计算。

$$C_f=\frac{\sum l_i}{\sum L_i}\times100\% \qquad (1-19)$$

式中 $\sum l_i$——4条试验焊缝上裂纹长度之和，mm；

$\sum L_i$——4条试验焊缝长度之和，mm。

(2)可调拘束裂纹试验

主要用于评定低合金高强钢焊接热裂纹敏感性。这种方法的原理是在焊缝凝固后期施加

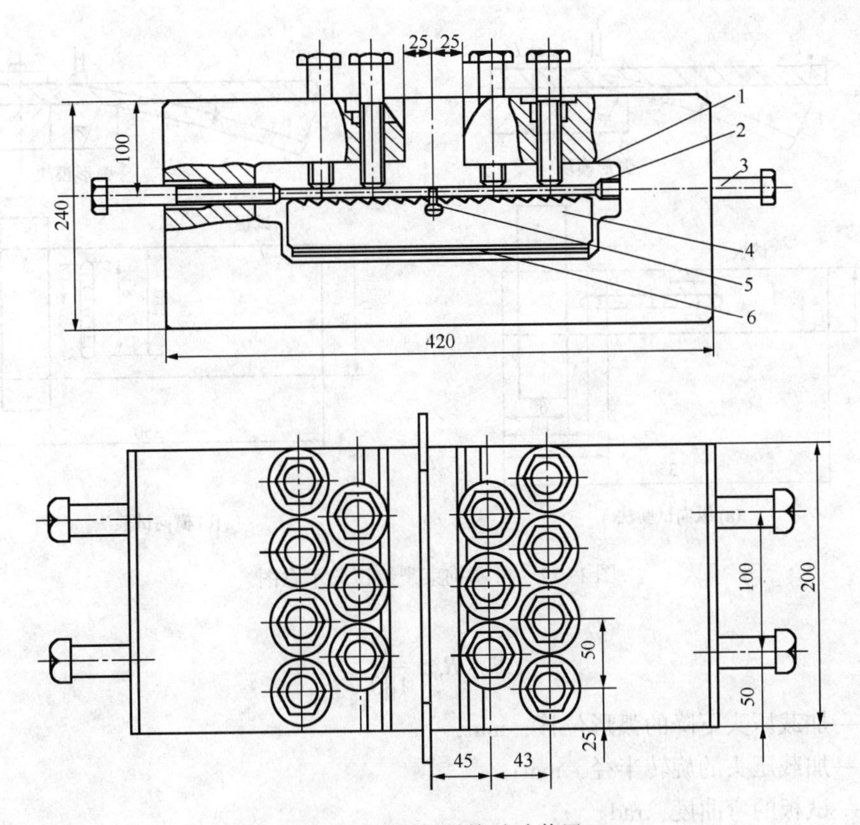

图 1-20　压板对接试验装置

1—C 形拘束框架；2—试板；3—紧固螺栓；4—齿形底板

5—定位塞片；6—调节板

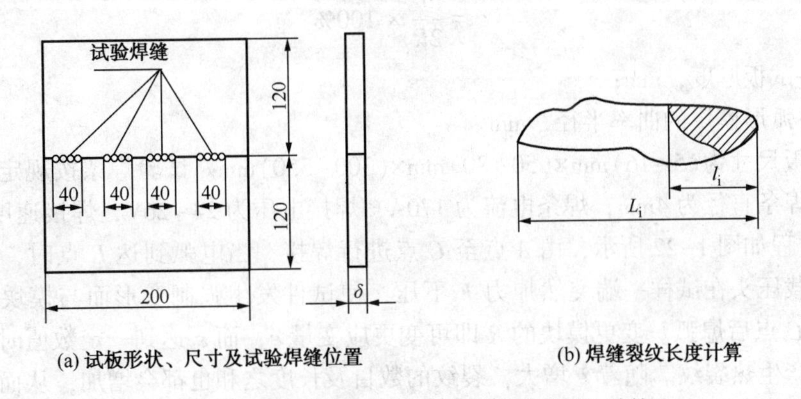

图 1 21　压板对接(FISCO)试板尺寸及裂纹计算

一定的应变，当外加应变值在某一温度区间超过焊缝或热影响区金属的塑性变形能力时，就会出现热裂纹，从而可以评定焊接热裂纹敏感性。试验可分为纵向和横向两种试验方法，如图 1-22 所示。

可调拘束裂纹试验时，加载变形有快速和慢速两种形式。慢速变形时，采用支点弯曲的方式，应变量由压头下降弧形距离 S 控制，应变速度约为每秒 0.3%~7.0%。

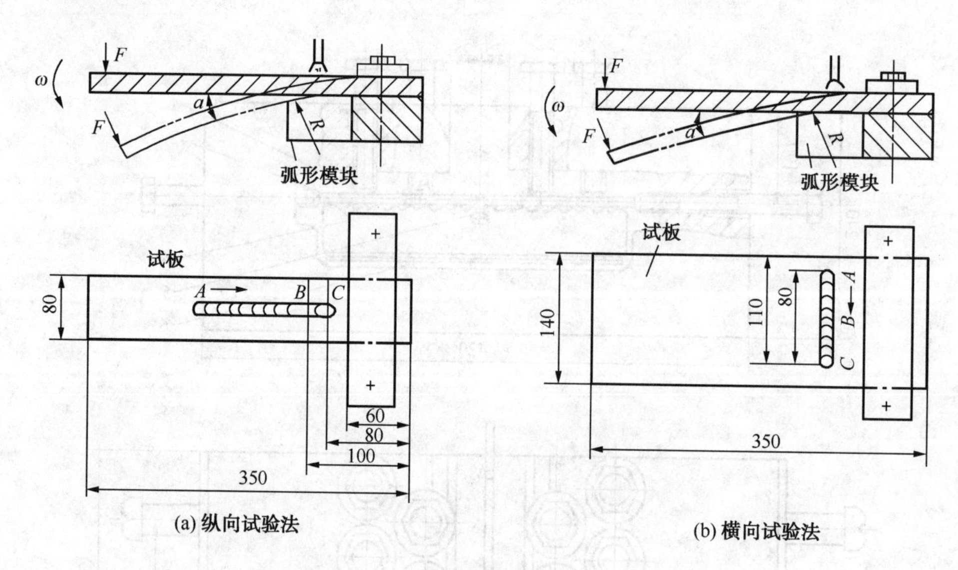

图 1-22 可调拘束裂纹试验示意图

$$S = R_0 \alpha \frac{\pi}{180} \tag{1-20}$$

式中 S——加载压头下降的弧形位移，mm；

R_0——加载压头的旋转半径，mm；

α——试板的弯曲度，rad。

快速变形时，应变量由可更换的弧形模块的曲率半径控制，该应变量 ε 可用式(1-21)计算。

$$\varepsilon = \frac{\delta}{2R} \times 100\% \tag{1-21}$$

式中 δ——试板厚度，mm；

R——弧形模块的曲率半径，mm。

所用试板尺寸为(5~16)mm×(50~80)mm×(300~350)mm。试验焊条按规定烘干。焊接工艺参数：焊条直径为4mm，焊条电流为170A，焊接电压为24~26V，焊接速度为150mm/min。试验过程如图1-22所示，由 A 点至 C 点进行焊接，当电弧到达 B 点时，由行程开关控制，使加载压头在试样一端突然加力 F 下压，使试件发生强制变形而与模块贴紧，电弧继续前行至 C 点后熄弧。变更模块的 R 即可变更应变量 ε，而 ε 达到一定数值时就会在焊缝或热影响区产生热裂纹。随着 ε 增大，裂纹的数目及长度之和也都会增加，从而可以获得一定的规律。

横向可调拘束裂纹试验主要用于评定结晶裂纹和高温失塑裂纹，如图1-23(a)所示。试验可直接测得材料不产生结晶裂纹所能承受的最大应变量(临界应变量)ε_{cr}、某应变下的最大裂纹长度 L_{max}、某应变下的裂纹总长度 L_t 和某应变下的裂纹总条数 N_t 等数据作为评定指标。

纵向可调拘束裂纹试验主要用于评定结晶裂纹和焊接热影响区液化裂纹，如图1-23(b)所示。试验可直接测得不产生结晶(或液化)裂纹的最大应变值 ε_{cr}、某应变下结晶(或液化)裂纹的最大长度 L_{max}、某应变下结晶(或液化)裂纹的总长度 L_t 和某应变下结晶(或液化)裂纹的总条数 N_t 等数据作为评定指标。

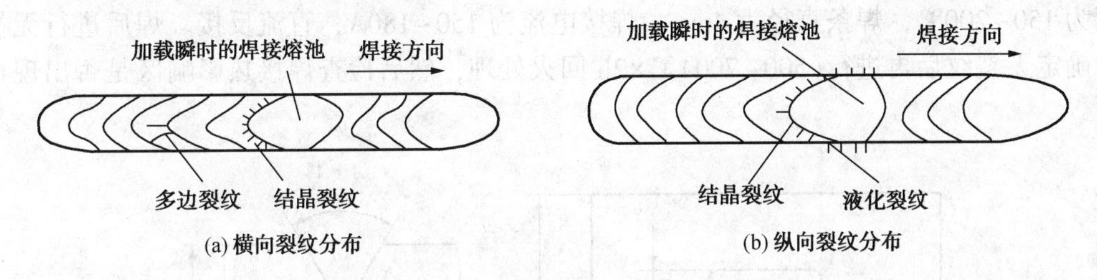

图 1-23　可调拘束试验的裂纹分布

1.4.3　焊接再热裂纹试验方法

焊接再热裂纹是指含有某些沉淀强化合金元素钢材(低合金高强钢、珠光体耐热钢、奥氏体不锈钢和某些镍基合金等)的厚板焊接结构，焊后在对其焊接接头再次加热(焊后热处理或高温服役)至 500~600℃时，在焊接热影响区的粗晶区部位所产生的开裂现象。常用的焊接再热裂纹试验方法有斜 Y 形坡口再热裂纹试验、插销再热裂纹试验和 H 形拘束试验等，其中最常用的是斜 Y 形坡口再热裂纹试验。

(1)斜 Y 形坡口再热裂纹试验

试验用试件的形状和尺寸与斜 Y 形坡口焊接裂纹试验方法完全相同。试验过程及要求也基本一样，只是为了防止产生冷裂纹，焊前应适当预热，焊后检查无裂纹后再进行(500~700)℃×2h 的再热处理，然后进行再热裂纹检测，一般以裂与不裂为评定标准。

(2)插销再热裂纹试验

试验用试件的形状和尺寸以及试验装置，基本与冷裂纹插销试验一样，只是在焊接插销的部位安装了再加热用电炉。

试验时将插销试棒装在底板上，底板的材质应与插销试棒相同。焊条直径为 4mm，焊条烘干为 400℃×2h，焊接电流为 160A，焊接电压为 22V，焊接速度为 0.25cm/s。为了保证插销缺口部位不产生冷裂纹，焊接时应适当预热。焊后在室温下放置 24h，经检查无裂纹后，再进行再热裂纹试验。试验时，将焊好的插销试棒安装在试验机带水冷的夹头上，并留一定间隙，以保证插销在升温时能自由伸缩处于无载荷状态。然后接通电炉，加热至再热温度，保温使温度均匀，然后按下式计算的载荷加载。

$$\sigma_0 = 0.8\sigma_s \times \frac{E_T}{E} \tag{1-22}$$

式中　σ_0——在 T 温度下所加的初始应力，MPa；

σ_s——在室温下插销试棒的屈服点，MPa；

E_T——温度 T 时的弹性模量，MPa；

E——室温时的弹性模量，MPa。

当加载达到 σ_0 后立即停载，在高温恒载过程中，由于蠕变的发展，施加在插销上的初始应力将逐渐下降，直至断裂。由于该试验是一种应力松弛试验，当在再热温度范围内断裂时间超过 120min，就可认为该试验钢材对再热裂纹不敏感。

(3) H形拘束试验

试验用试件形状及尺寸如图1-24所示。试件厚度δ为25mm，焊接时焊前预热及层间温度为150~200℃，焊条直径为4mm，焊接电流为150~180A，直流反接。焊后进行无损检测，确定无裂纹后再进行(500~700)℃×2h回火处理，然后检查焊接热影响区是否出现再热裂纹。

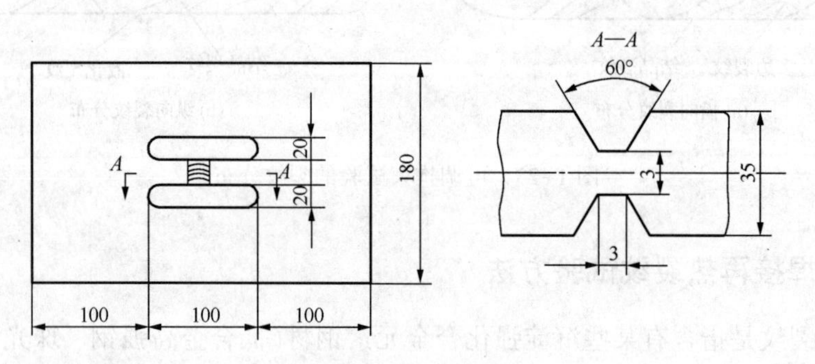

图1-24 H形拘束试件形状及尺寸

1.4.4 层状撕裂试验方法

层状撕裂是一种在大型厚壁结构焊接过程中，因钢板厚度方向承受较大的拉伸应力而沿钢板轧制方向出现的具有阶梯状特征的裂纹。常用的层状撕裂试验方法有Z向拉伸试验和Z向窗口试验。

(1) Z向拉伸试验

利用钢板厚度方向(即Z向)的断面收缩率来测定钢材的层状撕裂敏感性。对于板厚度$\delta>25$mm的钢材，可直接沿板厚方向(Z向)截取小型拉伸试棒，试件的制取及其形状尺寸如图1-25(a)所示；对于板厚为$\delta<25$mm或需制备常规拉伸试棒时，应按图1-25(b)所示加工试棒。

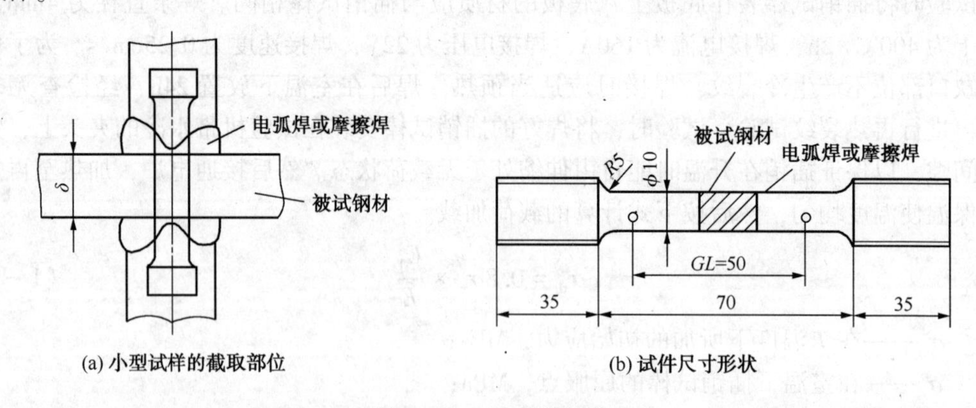

图1-25 Z向拉伸试验

同常规拉伸试验一样，对试件进行拉伸试验，测定断面收缩率ψ_z(%)。一般当$\psi_z<5\%$时，对层状撕裂非常敏感；当$\psi_z>25\%$时，对层状撕裂不敏感。层状撕裂试验的评定标准，见表1-7。

表 1-7 抗层状撕裂标准分类

级 别	硫的质量分数/%	Z 向断面收缩率 ψ_z/%	备 注
ZA 级	≤0.010	未规定	一般应≥15%
ZB 级	≤0.008	≥15~20	一般
ZC 级	≤0.006	≤25	良好
ZD 级	≤0.004	≤30	优异

(2) Z 向窗口试验

试件的形状及尺寸如图 1-26 所示。在拘束板(300mm×350mm×30mm)的中心开一"窗口"，如图 1-26(a)所示。将试验板(150mm×170mm×20mm)插入此窗口，如图 1-26(b)所示。按图 1-26(c)所示的顺序焊 4 条角焊缝，其中 1、2 为拘束焊缝，3、4 为试验焊缝。装配时应将未加工表面放在试验焊缝一侧，焊后在室温下放置 24h 后再切取试件检查裂纹率。裂纹率按式(1-23)计算。

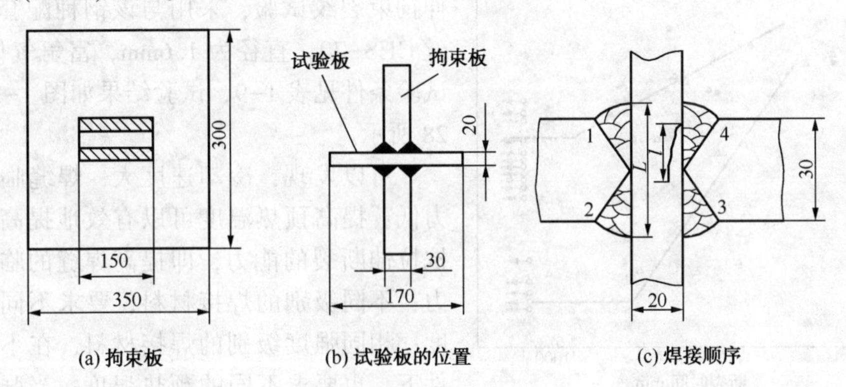

(a) 拘束板 (b) 试验板的位置 (c) 焊接顺序

图 1-26 Z 向窗口试验

$$C_R = \frac{\sum l}{\sum L} \times 100\% \quad (1-23)$$

式中 $\sum l$——各截面上撕裂长度之和，mm；

$\sum L$——各截面上焊缝长度之和，mm。

1.5 几种典型高强钢的焊接裂纹试验

1.5.1 HQ60 钢

HQ60 钢是抗拉强度大于 590MPa 级的高强钢，已广泛用于工程机械等行业。试验方法为斜 Y 形坡口对接裂纹试验，试验板厚为 38mm；采用埋弧焊接，焊丝为 H08MnMoTi，直径为 4mm，焊剂为 SJ104，焊接线能量为 40kJ/cm。施焊时的环境温度为 12℃、环境湿度为

38%。不同预热条件下的裂纹率和裂纹部位见表 1-8。可以发现，埋弧焊焊接 HQ60 钢时，推荐的预热温度是 50℃以上。

表 1-8　HQ60 钢的斜 Y 形坡口焊接裂纹试验结果

预热温度/℃	裂纹率/%			裂纹部位
	根部	表面	断面	
不预热	100	94	97	焊缝中心
50	0	0	0	无裂纹
100	0	0	0	无裂纹

1.5.2　HQ70 钢

HQ70 钢是抗拉强度大于 690MPa 级的高强钢，主要用于工程机械等结构。试验方法为拉伸拘束裂纹试验，采用与该钢种配套的实心焊丝 GHS-70，直径为 1.6mm，富氩气体保护焊，试验条件见表 1-9，试验结果如图 1-27、图 1-28 所示。

可以发现，冷却速度大，焊缝临界断裂应力低；提高预热温度可以有效地提高焊缝金属抗拉伸断裂的能力，即提高焊缝的临界拉伸应力；不同级别的焊接材料，要求不同的预热温度；相同强度级别的焊接材料，在不同拘束条件下，也要求不同的预热温度；当强度高、拘束条件苛刻时，出现裂纹的危险性增大，必须采取更可靠的措施来预防裂纹的产生。

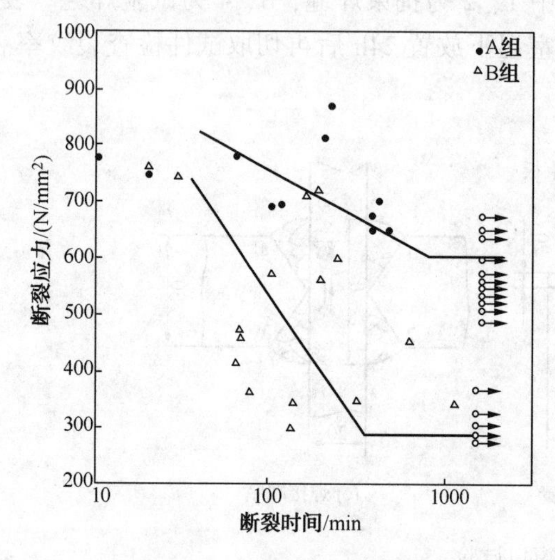

图 1-27　HQ70 钢的临界断裂应力

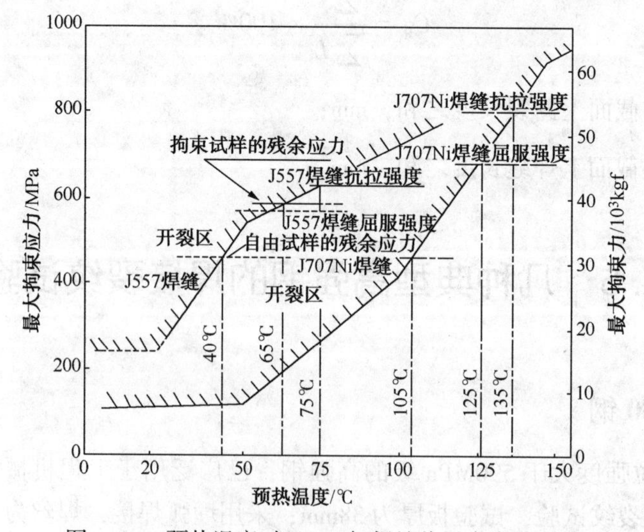

图 1-28　预热温度对 HQ70 钢焊缝临界应力的影响

表 1-9　HQ70 拉伸拘束裂纹试验条件

组别	焊接电流 /A	焊接电压 /V	焊接速度 /(cm/min)	线能量 /(kJ/cm)	环境温度 /℃	环境湿度 /%	保护气体	$t_{8/5}$/s
A	280~290	27~33	26.4	17~21	24~28	53~84	Ar+20%CO_2	9.42
B	280~290	28~30	44.2	10~12	12~14	47~80	Ar+20%CO_2	4.28

1.5.3　12MnCrMoVCu 钢

12MnCrMoVCu 钢是屈服强度大于 590MPa 级的高强钢，用于压力容器、船舶等。试验方法为斜 Y 形坡口焊接裂纹试验。采用焊条电弧焊进行裂纹试验，板厚为 20mm，焊条为 J707，焊条直径为 4mm。试验结果见表 1-10。

表 1-10　12MnCrMoVCu 钢斜 Y 形坡口焊接裂纹试验结果

焊条烘干温度/℃	预热温度/℃	表面裂纹率/%	断面裂纹率/%	备　注
450	6~12	0	30	
450	80	0	0	
450	140	0	0	
400	6~12	50	100	
400	80	0	10	
400	140	0	0	15min 内焊缝裂开
350	6~12	100	100	
350	80	弧坑裂纹	17	
350	140	0	0	
205	6~12	100	100	10min 内焊缝裂开
250	80	100	100	
250	140	0	80	

可以看出，为了避免裂纹，焊条的烘干温度不得低于 350℃，预热温度随着焊条烘干温度的升高可适当降低，但不得低于 80℃。

1.5.4　14MnMoNbB 钢

14MnMoNbB 钢是屈服强度大于 690MPa 级的高强钢，用于压力容器及压力管道等。采用焊条电弧焊进行裂纹试验，板厚分别为 16mm、28mm 和 50mm，坡口为直 Y 形，焊条为 J707，焊条直径为 4mm。直 Y 形坡口焊接裂纹试验结果见表 1-11。

表 1-11　14MnMoNbB 钢的直 Y 形坡口焊接裂纹试验结果

板厚/mm	预热温度/℃	后热制度	表面裂纹率/%	断面裂纹率/%
16	不预热	不后热	100	100
	100	不后热	0	0
	150	不后热	0	0
28	不预热	不后热	100	100
	100	不后热	0	0
	150	不后热	0	0
	100	250℃×2h	0	0
	150	250℃×2h	0	0

续表

板厚/mm	预热温度/℃	后热制度	表面裂纹率/%	断面裂纹率/%
50	不预热	不后热	100	100
	100	不后热	0	0
	150	不后热	0	0

可以发现，对于各种板厚试板，在不预热条件下，焊缝都会产生穿透性裂纹，推荐的预热温度是100℃以上，必要时也可以施以后热。

1.5.5 HQ100 钢

HQ100 钢是抗拉强度大于 950MPa 级的高强钢，用于工程机械的耐磨构件。试验方法为斜 Y 形坡口对接裂纹试验，板厚为 20mm；焊条电弧焊，采用 J956 焊条；富氩气体保护焊，采用 GHQ-100 焊丝，HQ100 钢斜 Y 形坡口焊接裂纹试验结果见表 1-12。

表 1-12　HQ100 钢斜 Y 形坡口焊接裂纹试验结果

焊接方法	预热温度/℃	线能量/(kJ/cm)	表面裂纹率/%	断面裂纹率/%
焊条电弧焊	75	17.0	43.3	69
	100	17.0	0	0
气体保护焊	75	16.8	26.0	72
	100	16.8	0	0

可以发现，不论是采用焊条电弧焊还是采用富氩气体保护焊在焊接 HQ100 钢时，推荐的预热温度均在 100℃以上。但由于实际生产中往往采用低强度的焊接材料，所以预热温度可以稍低一点。

思考题

1. 什么是焊接性？影响焊接性的因素有哪些？
2. 什么是工艺焊接性？什么是使用焊接性？并举例说明二者之间的关系。
3. 什么是冶金焊接性？什么是热焊接性？冶金焊接性和热焊接性各涉及焊接过程中的什么问题？
4. 碳当量和冷裂纹敏感性指数有什么关系？其计算公式是如何建立的？在实际应用中应注意哪些问题？
5. 试分析 Q235、16Mn、35CrMo 及 HT-150 的焊接性。
6. 斜 Y 形坡口焊接裂纹试验与直 Y 形坡口焊接裂纹试验有何区别？
7. 简述斜 Y 形坡口焊接裂纹试验的目的及其试验过程。
8. 简述插销试验的目的及其试验过程。
9. 分析如何利用插销试验确定低合金高强钢焊接时所需的预热温度？
10. 在低合金高强钢焊接时，为什么可以采用热影响区最高硬度来评定其冷裂纹敏感性？焊接工艺条件对热影响区最高硬度有什么影响？

2 合金结构钢的焊接

合金结构钢作为一种结构材料，已广泛用于制造压力容器、工程机械、石油化工、桥梁、船舶和车辆等重要焊接结构，同时随着大型化、重型化和高参数焊接结构的应用越来越广泛，就会对其安全可靠性提出越来越高的要求，即就是提出了如何针对合金结构钢的焊接特点，分析研究各种焊接缺陷形成规律及防止措施，制定合理的焊接工艺，保证焊接质量，满足工程需要的问题。

2.1 合金结构钢的分类

用于制造机械零件和各种工程结构的钢材统称为结构钢，最早使用的结构钢是碳素结构钢。含碳量不超过 0.25%的碳素钢称为低碳钢，含碳量在 0.25%~0.6%的碳素钢称为中碳钢，含碳量大于 0.6%的碳素钢称为高碳钢。随着社会和科学技术的发展，对结构钢的性能提出了越来越高的要求，促进了合金结构钢的产生和发展。合金结构钢是在碳素钢基础上加入一定数量的合金元素来达到所需性能要求的钢材。合金元素的总含量不超过 5%的合金钢称为低合金钢，合金元素的总含量在 5%~10%的合金钢称为中合金钢，合金元素的总含量大于 10%的合金钢称为高合金钢。焊接生产中常用的合金结构钢，可分为高强钢、珠光体耐热钢、低温钢和低合金耐蚀钢四类。

2.1.1 高强钢

屈服强度大于 345MPa 的合金结构钢均可称为高强钢。这种钢的主要特点是强度高，塑性、韧性好，广泛应用于制造压力容器、桥梁、船舶、飞机和其他金属结构。国产高强钢包括 GB/T 1591—2008《低合金高强度结构钢》、GB/T 16270—2009《高强度结构用调质钢板》、GB/T 3077—1999《合金结构钢》中规定的一些钢种，另外一些特殊结构用钢，如锅炉压力容器用钢也可称为高强钢。

合金结构钢的牌号一般有两种表示方式，第一种表示方式一般包括前缀(用汉语拼音字母“Q”表示)、屈服强度数值和质量等级(A、B、C、D、E)，如 Q345B 表示屈服强度数值为 345MPa，+20℃冲击吸收功 KV_2为 34J 以上，必要时需标明用途，如 Q345R 的执行标准为 GB 713—2008《锅炉和压力容器用钢板》，其中“R”表示容器用钢；第二种表示方式一般包括含碳量(以万分之几十计)、合金元素及其含量(平均含量<1.50%时，仅标明元素不标明含量；平均含量为 1.50%~2.49%、2.50%~3.49%时，分别以 2、3 表示，以此类推)、质量等级(以 S、P 的含量区分为优质、高级优质、特级优质)，如 30CrMnSiA，表示平均含碳量为 0.30%、Cr、Mn、Si 的平均含量均低于 1.50%的高级优质钢。

在 GB/T 1591—2008《低合全高强度结构钢》中，低合金高强钢的牌号用化学元素符号表示，如 16Mn，16 表示碳的质量分数为 0.12%～0.20%，Mn 的质量分数为 1.2%～1.6%。这种方法能直观反映含碳量和合金元素及其含量，在目前的设计图纸和工艺文件中仍有应用。两种牌号的对照见表2–1。

表 2–1　低合金高强钢新旧标准中牌号对照

<table>
<tr><th>项　目</th><th colspan="2">GB/T 1591—2008</th><th colspan="2">GB/T 1591—1988</th></tr>
<tr><td rowspan="4">牌号</td><td colspan="2">Q345</td><td colspan="2">12MnV、14MnNb、16Mn</td></tr>
<tr><td colspan="2">Q390</td><td colspan="2">15MnV、15MnTi、16MnNb</td></tr>
<tr><td colspan="2">Q420</td><td colspan="2">15MnVN、14MnVTiRE</td></tr>
<tr><td colspan="2">Q460、Q500、Q550、Q620、Q690</td><td colspan="2">—</td></tr>
<tr><td rowspan="5">冲击吸收功</td><td>A</td><td>无要求</td><td rowspan="5">12MnV、14MnNb、Q345、16MnR 等</td><td rowspan="5">+20℃冲击吸收功 $KV_2 \geq 34J$</td></tr>
<tr><td>B</td><td>+20℃冲击吸收功 $KV_2 \geq 34J$</td></tr>
<tr><td>C</td><td>0℃冲击吸收功 $KV_2 \geq 34J$</td></tr>
<tr><td>D</td><td>−20℃冲击吸收功 $KV_2 \geq 34J$</td></tr>
<tr><td>E</td><td>−40℃冲击吸收功 $KV_2 \geq 34J$</td></tr>
</table>

高强钢按照其屈服强度级别及热处理状态，一般可分为热轧及正火钢、热机械轧制钢、低碳调质钢和中碳调质钢四类。

1）热轧及正火钢。把钢锭加热到 1300℃左右，经热轧成板材，空冷后即称为热轧钢；钢板轧制和冷却后，再加热到 900℃左右，然后在大气中冷却称为正火钢。这类钢的屈服强度为 345～460MPa，一般在热轧、正火、正火+回火状态下使用，属于非热处理强化钢。其按用途可分为压力容器用钢、锅炉用钢、焊接气瓶用钢和桥梁用钢等，在钢种牌号后分别标以 R、g、HP、q 等。

2）热机械轧制（TMCP）钢。20 世纪 60 年代以前是低合金高强钢的发展阶段，20 世纪 70 年代起以微合金化和控制轧制技术为基础，开发了热机械轧制钢。通过定量的预定程序控制轧制钢的形变温度、压下量（形变量）、形变道次、形变间歇停留时间、终轧温度以及终轧后的冷却速率、终冷温度、卷取温度等参数的轧制工艺，获得最佳的细化晶粒和组织状态，综合性能优良。这类钢的屈服强度为 345～690MPa，广泛应用于造船、管线管、海洋结构件、建筑及桥梁等领域。

3）低碳调质钢。钢板轧制和冷却后，加热到 900℃左右，然后放入淬火设备进行淬火处理，最后在进行 600℃左右回火处理称为调质钢（QT）。这类钢的屈服强度为 490～980MPa，一般在调质状态下使用，属于热处理强化钢。这类钢的特点是含碳量较低（一般为 0.22%以下），既有高的强度，又有较好的塑性和韧性，可以直接在调质状态下进行焊接，焊后不要求进行调质处理。随着我国大型工程机械、压力容器及舰船制造技术的发展，这类钢的应用也会越来越广泛。

4）中碳调质钢。这类钢的屈服强度一般在 880～1176MPa，含碳量较高（0.25%～0.5%），属于热处理强化钢。其淬硬性比低碳调质钢高得多，具有很高的硬度和强度，但韧性相对较低，焊接性相对较差。主要用于制造强度要求很高的产品或部件，如火箭发动机壳体、飞机起落架等。

2.1.2 珠光体耐热钢

珠光体耐热钢具有较好的高温强度和高温抗氧化的特性。它主要用于制造最高工作温度为500~600℃的高温设备，如热动力设备和化工设备等。这是一种以Cr、Mo为基础的低合金钢、中合金钢。随着工作温度的提高，还可加入V、W、Nb、B等合金元素。这种钢根据使用需要可以进行包括调质处理在内的各种热处理。焊后一般不进行调质处理，主要进行高温回火处理。

2.1.3 低温钢

低温钢是指工作温度在-20~-269℃之间的工程结构用钢。这类钢一般是含Ni的低碳低合金钢，并在正火或调质状态使用。主要用于制造各种低温装置(-40~-196℃)和在严寒地区工作的一些工程结构，如液化石油气、天然气的储存容器等。低温钢与普通低合金钢高强钢相比，低温钢除了要满足通常的强度要求外，还必须保证在相应的低温条件下具有足够高的低温韧性。

2.1.4 低合金耐蚀钢

低合金耐蚀钢除具有一般的力学性能外，还必须具有耐腐蚀性能这一特殊要求。由于所处的介质不同，耐蚀钢的类型和成分也不同。耐蚀钢中应用最广泛的是耐大气和耐海水腐蚀用钢。一般在热轧或正火状态下使用，属于非热处理强化钢。主要用于制造能耐大气、海水及硫化氢等介质腐蚀的石油、化工、海底电缆等设备。

国内外常见合金结构钢牌号见表2-2。

表2-2 国内外常见合金结构钢牌号

类型	屈服强度/MPa	钢材牌号
热轧及正火钢	345~460	Q345、Q390、Q420、Q460、18MnMoNb、14MnMoV
热机械轧制钢	345~690	Q345、Q390、Q420、Q460、Q500、Q550、Q620、Q690、X70、X80、X90、X100、X120
低碳调质钢	460~960	Q460、Q500、Q550、Q620、Q690、Q800、Q890、Q960 14MnMoVN、14MnMoNbB、T-1、Ht-80、WEL-TEN80C、HY-80、HY110、Ns-63、HY-130、HP9-4-20、HQ70、HQ80、HQ100、HQ130
中碳调质钢	880~1176	35CrMoA、35CrMoVA、30CrMnSiA、30CrMnSiNi2A、40CrMnSiMoA、40CrNiMoA、34CrNi3MoA、4340、H-11
珠光体耐热钢	265~640	12CrMo、15CrMo、2.25Cr1Mo、12Cr1MoV、15Cr1Mo1V、12Cr5Mo、12Cr9Mo1、12Cr2MoWVB、12Cr3MoVSiTiB
低温钢	343~585	16MnDR、15MnNiDR、09MnNiDR、09Mn2V、06AlCuNbN、2.5Ni、3.5Ni、5Ni、9Ni
低合金耐蚀钢	—	Q235NH、Q295NH、Q355NH、Q415NH、Q460NH、Q500NH、Q550NH、Q265GNH、Q310GNH、12MnCuCr、09MnCuPTi、09CuPCrNi、12AlMoV、12Cr2AlMoV、12AlMo、15Al3MoWTi

2.2 高强钢的成分和性能

高强钢中除了含有 Mn、Si 等主要合金元素外，还可能含有 V、Ti、Nb、Al、Cr、Mo、B、Cu 等元素，其中 V、Ti、Nb、Al 为细化晶粒元素，主要作用是在钢中形成微细的碳化物和氮化物，在金属相变时沿奥氏体晶界析出，形成细小弥散相，阻止晶粒长大，有效防止钢的过热，改善钢的强度，提高钢的韧性和抗层状撕裂性。同时，为了满足高强钢的使用要求，一般对其中 C、S、P 含量及 *CE*(碳当量)的上限、最高硬度值以及夏比冲击功的下限均有严格限制。

2.2.1 热轧及正火钢的成分和性能

屈服强度为 345~460MPa 的低合金高强钢，一般是在热轧或正火状态下供货使用，故称为热轧钢或正火钢，属于非热处理强化钢。这类钢价格便宜，具有良好的综合力学性能和加工工艺性能，应用广泛。常用的热轧及正火钢的化学成分和力学性能分别见表 2-3 和表 2-4。

表 2-3 常用的热轧及正火钢的化学成分

%(质量)

成分 钢材牌号	C	Si	Mn	Cr	Ni	Mo	V	Nb	Ti	Cu	N	S	P
Q345C	≤0.20	≤0.5	≤1.7	≤0.30	≤0.50	≤0.10	≤0.15	≤0.07	≤0.20	≤0.30	≤0.012	≤0.030	≤0.030
Q390D	≤0.20	≤0.50	≤1.7	≤0.30	≤0.50	≤0.10	≤0.20	≤0.07	≤0.20	≤0.30	≤0.015	≤0.025	≤0.030
Q420E	≤0.20	≤0.50	≤1.7	≤0.30	≤0.80	≤0.20	≤0.20	≤0.07	≤0.20	≤0.30	≤0.015	≤0.020	≤0.025
18MnMoNb	0.17~0.23	0.17~0.37	1.35~1.65			0.45~0.65		0.025~0.05				≤0.035	≤0.035
14MnMoV	0.10~0.18	0.20~0.50	1.20~1.60			0.40~0.65	0.05~0.15					≤0.035	≤0.035
19Mn5	0.17~0.23	0.40~0.60	1.00~1.30									≤0.05	≤0.050

表 2-4 常用的热轧及正火钢的力学性能

性能 钢材牌号	热处理状态	屈服强度/MPa	抗拉强度/MPa	伸长率/%	冲击吸收功/J
Q345	热轧	≥345	≥490	≥20	≥59
Q390	热轧	≥390	≥529	≥18	≥59
Q420	正火	≥420	≥588	≥17	≥59
18MnMoNb	正火+回火	≥490	≥637	≥16	≥69
14MnMoV	正火+回火	≥490	≥637	≥16	≥69
19Mn5	正火+回火	≥304	510~608	—	≥49

(1) 热轧钢

屈服强度为345~460MPa的普通低合金钢都属于热轧钢，这类钢是在C≤0.2%的基础上，通过Mn、Si等合金元素的固溶强化作用来保证钢的强度，属于C-Mn或C-Mn-Si系的钢种。也可再加入微量的V、Nb或Ti，利用其碳化物或氮化物的沉淀析出，来达到细化晶粒和沉淀强化，进一步提高钢的强度，改善塑性和韧性。

热轧钢主要是用Mn进行合金化以达到所要求的性能，这类钢的基本成分为：C≤0.2%，Si≤0.55%，Mn≤1.5%。Si含量若超过0.6%，则对冲击韧性不利，会使韧脆转变温度提高。C含量若超过0.3%、Mn超过1.6%，则焊接时易出现裂纹，同时在焊接热影响区还会出现脆性组织。

Q345(16Mn)是我国于20世纪50年代(1957年)研制和生产的，至今应用仍最广泛的热轧钢种之一，如用于我国第一座武汉长江大桥和我国第一艘万吨远洋货轮的建设。我国低合金结构钢系列中的许多钢种是在16Mn基础上发展起来的。

热轧钢通常为铝镇静的细晶粒铁素体和珠光体组织的钢，一般在热轧状态下使用。在特殊情况下，如厚板高韧性时，也可在正火状态下使用。例如，Q345在特殊情况下，为了改善综合性能，特别是厚板的冲击韧性，可进行900~920℃正火处理，正火后强度略有降低，但塑性、韧性(特别是低温冲击韧性)会有明显提高。

(2) 正火钢

屈服强度为345~460MPa的普通低合金钢都属于正火钢，这类钢是在固溶强化的基础上，加入一些碳化物、氮化物形成元素(如V、Nb、Ti和Mo等)，通过沉淀强化和细化晶粒来进一步提高强度和韧性的钢种。正火处理的目的是为了使这些合金元素形成的碳化物、氮化合物沉淀相从固溶体中以细小的质点析出呈弥散分布，细化晶粒，可以在提高钢材强度的同时，改善钢材的塑性和韧性。大部分正火钢的组织为细晶粒的铁素体和珠光体。

正火钢实际上是在Q345(16Mn)基础上加入一些沉淀强化的合金元素，如V、Nb、Ti、Mo等强碳化物、氮化物形成元素。利用这些沉淀强化元素形成的碳、氮化物弥散质点所起的沉淀强化和细化晶粒的作用来达到良好的综合性能。另外，对于一些含Mo钢，其正火后还必须进行回火才能保证钢材具有良好的塑性和韧性。正火钢一般可分为正火状态下使用的钢和正火+回火状态下使用的Mo钢两种。

1) 正火状态下使用的钢。这种钢中主要含有V、Nb、Ti，主要利用V、Nb、Ti形成的碳、氮化物弥散质点所起的沉淀强化和细化晶粒的作用来达到良好的综合性能。另外，还可适当降低C含量，改善钢材的韧性和焊接性。这种钢的主要特点是屈强比较高。如Q390(15MnV、15MnTi、16MnNb)钢是在16Mn基础上加入少量V(0.03%~0.2%)、Nb(0.01%~0.05%)、Ti(0.10%~0.20%)发展起来的。

2) 正火+回火状态使用的Mo钢。这种钢中Mo含量较高，其一方面细化了组织、提高了强度，另一方面也提高了中温性能。但因含Mo钢在较高的正火温度或较快速度的连续冷却下，得到的组织为上贝氏体和少量的铁素体，因此必须回火后才能保证获得良好的塑性和韧性。当壁厚在100mm以上时，为了改善低温缺口韧性，可以加入适量的Ni。另外，也可以加入适量的Nb，通过Nb的沉淀强化和细化晶粒的作用，使钢的屈服强度达到不低于490MPa。同时，由于Mo和Nb都能提高钢的热强性，因此这种钢一般适用于制造中温厚壁压力容器，如14MnMoV、18MnMoNb等。

属于正火钢的还包括抗层状撕裂的 Z 向钢，屈服强度不小于 343MPa。由于冶炼中采用了钙或稀土处理和真空除气等特殊的工艺措施，使 Z 向钢具有 S 含量低(不大于 0.005%)、气体含量低和 Z 向断面收缩率高(不小于 35%)等特点。

2.2.2 热机械轧制钢的成分和性能

热机械轧制钢是屈服强度为 345～690MPa 的高强钢。一般而言，在钢中质量分数为 0.1%左右，且对钢的微观组织和性能有显著或特殊影响的合金元素称为微合金元素。在低碳钢或低合金钢中加入能形成碳化物或氮化物的微合金元素(如 Nb、V、Ti)，且这些微合金元素的含量(质量分数)一般低于 0.20%的钢材称为微合金钢。微合金元素的加入可以细化钢的晶粒，提高钢的强度并获得较好的韧性。但钢的良好性能不仅依靠添加微合金元素，更主要的是通过控轧和控冷工艺的热变形导入的物理冶金因素的变化。因此，与一般热轧钢相比，在强度级别相同的情况下，这种钢的碳当量低，焊接性优良。

1) 微合金控轧钢(Thermo—Mechanical Control Process，简称 TMCP)。在微合金钢热轧过程中，通过对金属加热温度、轧制温度、变形量、变形速率、终轧温度和轧后冷却工艺等参数的合理控制，使轧件的塑性变形与固态相变相结合，以获得良好的组织，提高钢材的强韧性，使其成为具有优良综合性能的钢。通常可分为奥氏体再结晶区(≥950℃)、奥氏体未再结晶区(950℃～A_{r3}点)和奥氏体与铁素体两相区(A_{r3}点以下终轧)三种不同的控轧温度下生产的几种微合金钢。钢的晶粒尺寸在 50μm 以下的钢种称为细晶粒钢。TMCP 钢通过控轧控冷技术可使其晶粒尺寸小于 50μm，最小可达到 10μm。

2) 微合金控轧控冷钢(TMCP+ACC)。在轧制过程中，通过冷却装置，在轧制线上对热轧后轧件的温度和冷却速度进行控轧，即利用轧件轧后的余热进行在线热处理生产的钢。这种钢具有更好的强韧性，同时又省去再加热、淬火等热处理工艺。在控轧冷却中，主要控制轧件的轧制开始温度、终轧温度、冷却速度和冷却的均匀程度。

石油天然气输送用钢(简称管线钢)是一种典型的热机械轧制钢，其碳含量低，甚至超低，同时含有 Nb、V、Ti 等能形成强碳化物、氮化物的微合金元素。这些微合金元素通过在轧制再热过程中，其未溶的碳、氮化物质点钉扎晶界的机制而明显阻止奥氏体晶粒的粗化过程、延迟奥氏体的再结晶和相变过程以及沉淀析出强化，同时结合现代冶金技术，采用铁水预处理、转炉精炼、钢包冶金和连铸等多种新技术新工艺确保杂质元素和气体元素在低或超低含量水平，配以控轧控冷工艺，就可获得很高的强度和韧性。典型管线钢的化学成分和力学性能分别见表 2-5 和表 2-6。

表 2-5 典型管线钢的化学成分

%(质量)

钢材牌号＼成分	C	Si	Mn	P	S	Nb+V+Ti	Cu	Ni	Cr	Mo
X60	≤0.12	≤0.45	≤1.60	≤0.025	≤0.015	≤0.15	≤0.50	≤0.50	≤0.50	≤0.50
X65	≤0.12	≤0.45	≤1.60	≤0.025	≤0.015	≤0.15	≤0.50	≤0.50	≤0.50	≤0.50
X70	≤0.12	≤0.45	≤1.70	≤0.025	≤0.015	≤0.15	≤0.50	≤0.50	≤0.50	≤0.50
X80	≤0.12	≤0.45	≤1.85	≤0.025	≤0.015	≤0.15	≤0.50	≤1.00	≤0.50	≤0.50
X90	≤0.10	≤0.55	≤2.10	≤0.020	≤0.010	≤0.15	≤0.50	≤1.00	≤0.50	≤0.50
X100	≤0.10	≤0.55	≤2.10	≤0.020	≤0.010	≤0.15	≤0.50	≤1.00	≤0.50	≤0.50
X120	≤0.10	≤0.55	≤2.10	≤0.020	≤0.010	≤0.15	≤0.50	≤1.00	≤0.50	≤0.50

表 2-6 典型管线钢的力学性能

钢材牌号＼性能	屈服强度 $R_{t0.5}$/MPa	抗拉强度 R_m/MPa	伸长率 A/%	冲击功(-10℃) KV_8/J
X60	415~565	520~760	≥17	≥80
X65	450~600	535~760	≥17	≥80
X70	485~635	570~760	≥16	≥100
X80	555~705	625~825	≥15	≥120
X90	625~775	695~915		
X100	690~840	760~990	协商	协商
X120	830~1050	915~1145		

2.2.3 低碳调质钢的成分和性能

屈服强度为490~980MPa的钢材一般都是低碳调质钢，属于热处理强化钢。根据用途不同，采用不同的合金成分及不同热处理工艺，可以获得具有不同综合性能的低合金调质钢。几种低碳调质钢的化学成分和力学性能分别见表2-7和表2-8。

表 2-7 几种低碳调质钢的化学成分 %(质量)

钢材牌号＼成分	C	Si	Mn	Cr	Ni	Mo	V	S	P	其他
14MnMoNbB	0.12~0.18	0.15~0.35	1.30~1.18	—	—	0.47~0.70	—	≤0.030	≤0.030	Nb 0.02~0.07，B 0.0005~0.005，Cu≤0.40
15MnMoVNRE	≤0.18	≤0.60	≤1.70	—	—	0.35~0.60	0.03~0.08	≤0.030	≤0.035	N 0.02~0.03，RE 0.10~0.20
HQ70	0.09~0.16	0.15~0.35	0.60~1.20	0.30~0.60	0.30~1.00	0.20~0.40	V+Nb≤0.10	≤0.030	≤0.030	B 0.0005~0.0030，Cu 0.15~0.50
HQ80C	0.10~0.16	0.15~0.35	0.60~1.20	0.60~1.20	—	0.30~0.60	0.03~0.08	≤0.015	≤0.025	B 0.0005~0.0050，Cu 0.15~0.50
HQ100	0.10~0.18	0.15~0.35	0.80~1.40	0.40~0.80	0.70~1.50	0.40~0.60	0.03~0.08	≤0.030	≤0.030	Cu 0.15~0.50
T-1(美)	0.12~0.21	0.15~0.35	0.60~1.0	1.40~0.65	0.70~1.0	0.40~0.60	0.03~0.08	≤0.035	≤0.040	Cu 0.30，B 0.004
HY-80(美)	0.13~0.18	0.15~0.18	0.10~0.40	1.40~1.80	2.5~3.5	0.35~0.60	≤0.03	≤0.008	≤0.015	Cu≤0.25，Ti≤0.02
HY-100(美)	0.14~0.20	0.15~0.38	0.10~0.40	1.40~1.80	2.75~3.5	0.35~0.60	≤0.03	≤0.008	≤0.015	Cu≤0.25，Ti≤0.02
HY-130(美)	≤0.12	0.15~0.35	0.60~0.90	0.40~0.70	4.75~5.25	0.30~0.65	0.05~0.10	≤0.008	≤0.010	Nb≤0.02，Cu≤0.25，Al 0.01~0.05
WEL-TEN60(日)	≤0.16	0.15~0.55	0.90~1.50	≤0.60	≤0.30	≤0.30	≤0.10	≤0.030	≤0.030	B≤0.006

表 2-8 几种低碳调质钢的力学性能

性能 钢材牌号	板厚/mm	拉伸性能			冲击性能	
		抗拉强度/MPa	屈服强度/MPa	伸长率/%	试验温度/℃	冲击吸收功 *KV*/J
14MnMoNbB	20~50	755~960	≥686	≥14	-40	≥29
15MnMoVNRE	8~42	785	≥685	—	-40	≥21
HQ70	≤50	≥685	≥590	≥17	-40	≥29
HQ80C	20~50	≥785	≥685	≥16	-40	≥29
HQ100	8~50	≥950	≥880	≥10	-25	≥27
T-1(美)	5~64 65~150	794~931 725~951	686 617	18 16	-46	≥68
HY-80(美)	<16 16~51	—	540~686 540~656	≥19 ≥20	-85	≥81 ≥81
HY-100(美)	—	—	≥675	≥20	—	—
HY-130(美)	<16 16~100	882~1029	≥895	≥14 ≥15	-18	≥68
WEL-TEN60(日)	6~50	590~705	≥450	—	-10	≥47
WEL-TEN80(日)	6~50	784~931	≥686	≥16	-18	≥35

低碳调质钢综合性能的获得不仅取决于其化学成分，而且更重要是取决于所采用的热处理工艺，获得良好的组织。即通过淬火获得马氏体组织，再经过回火处理改善其塑性和韧性。为保证钢的淬透性和抗回火性，一般加入的合金元素有 Cr、Ni、Mo、Cu、V、Nb、Ti、B 等。

低碳调质钢的含碳量一般在 0.18%以下，一般含有较高的 Ni 和 Cr，具有高强度，特别是具有优异的低温缺口韧性。Ni 能提高钢的强度、塑性和韧性，降低钢的脆性转变温度。Ni 与 Cr 一起加入时可显著增加淬透性，综合力学性能好。从提高淬透性出发，Cr 含量一般不大于 1.6%，否则对韧性不利。

由于采用了先进的冶炼工艺，低碳调质钢中 S、P 等杂质含量较低。高纯洁度使这类钢母材和焊接热影响区具有优异的低温韧性。这类钢的热处理工艺一般为奥氏体化-淬火-回火；获得回火低碳马氏体、下贝氏体或回火索氏体组织，可以保证得到高强度、高韧性和低的脆性转变温度。一般回火温度越低，强度越高，但塑性和韧性都会有所降低。

为了改善焊接施工条件和提高低温韧性，开发了焊接无裂纹钢(简称 CF 钢)，即 C 含量很低(<0.09%)的微合金化调质钢。为了提高钢材的抗冷裂性能和低温韧性，降低 C 含量是有效措施，但 C 含量过低会显著降低强度。可通过加入多种微量元素，特别是 B 等对淬透性有强烈影响的元素，提高淬透性，从而提高强度。与同等强度级别的低合金高强钢相比，焊接无裂纹钢具有碳当量低和冷裂纹敏感指数 P_{cm} 低的特点。钢板厚度在 50mm 以下或在 0℃环境下可不预热进行焊接。几种焊接无裂纹钢(CF 钢)的化学成分和力学性能见表 2-9 和表 2-10。

表 2-9　几种焊接无裂纹钢（CF 钢）的化学成分　　%（质量）

成分 钢材牌号	C	Si	Mn	Cr	Ni	Mo	V	S	P	其他
WEL-TEN62CF	≤0.09	0.15~0.30	1.00~1.60	≤0.30	≤0.60	≤0.30	≤0.10	≤0.30	≤0.30	—
WCF-62	≤0.09	0.15~0.40	1.20~1.60	≤0.30	≤0.50	≤0.30	0.02~0.06	≤0.020	≤0.030	B≤0.003
WCF-80	0.06~0.11	0.15~0.35	0.80~1.00	0.30~0.60	0.60~1.20	0.30~0.55	0.02~0.06	≤0.020	≤0.030	B≤0.003

表 2-10　几种焊接无裂纹钢（CF 钢）的力学性能

性能 钢材牌号	拉伸性能			冲击吸收功 *KV*/J
	抗拉强度/MPa	屈服强度/MPa	伸长率/%	-20℃
WEL-TEN62CF	≥590	≥450	≥16	≥47
WCF-62	610~740	≥495	≥17	≥47
WCF-80	785~930	≥685	≥15	≥29

2.2.4　中碳调质钢的成分和性能

屈服强度为 880~1176MPa 的钢材属于中碳调质钢。钢中的含碳量（C=0.25%~0.45%）较高，并加入合金元素，如 Cr、Ni、B、Mo、W、V、Ti 等，以保证钢的淬透性，消除回火脆性。再通过调质处理获得综合性能较好的高强钢。中碳调质钢的主要特点是具有高的比强度和高硬度，如可作为火箭外壳和装甲钢等。中碳调质钢的淬硬性比低碳调质钢高很多，焊接性较差，焊接工艺非常复杂。常用中碳调质钢的化学成分和力学性能见表 2-11 和表 2-12。

表 2-11　常用中碳调质钢的化学成分　　%（质量）

成分 钢材牌号	C	Si	Mn	Cr	Ni	Mo	V	S	P
30CrMnSiA	0.28~0.35	0.90~1.20	0.80~1.10	0.80~1.10	≤0.40	—	—	≤0.02	≤0.02
30CrMnSiNi2A	0.27~0.34	0.90~1.20	1.00~1.30	0.90~1.20	1.40~1.80	—	—	≤0.02	≤0.02
40CrMnSiMoVA	0.36~0.40	1.20~1.60	0.80~1.20	1.20~1.50	—	0.45~0.60	0.07~0.12	≤0.02	≤0.02
35CrMo	0.32~0.40	0.17~0.37	0.40~0.70	0.80~1.10	—	0.15~0.25	—	≤0.035	≤0.035
34CrNi3MoA	0.30~0.40	0.27~0.37	0.50~0.80	0.70~1.10	2.75~3.25	0.25~0.40	—	≤0.030	≤0.030
40CrNiMoA	0.37~0.44	0.17~0.37	0.50~0.80	0.60~0.90	1.25~1.65	0.15~0.25	—	≤0.025	≤0.025
40Cr	0.37~0.44	0.17~0.37	0.50~0.80	0.80~1.10	—	—	—	≤0.035	≤0.035
（美）H-11	0.30~0.40	0.80~1.20	0.20~0.40	4.75~5.50	—	1.25~1.75	0.30~0.50	≤0.010	≤0.010

表 2-12 常用中碳调质钢的力学性能

钢材牌号 \ 性能	热处理规范	屈服强度/MPa	抗拉强度/MPa	伸长率/%	断面收缩率/%	冲击吸收功 *KV*/J	硬度/HB
40Cr	850℃水淬， 520℃回火（水或油）	785	980	9	45	47	207
35CrMo(A)	850℃油淬， 550℃回火（水或油）	835	980	12	45	63	229
34CrNi3MoA	860℃油淬， 580~670℃回火	833	931	12	35	31	341
40CrNiMoA	850℃油淬， 600℃回火（水或油）	835	980	12	55	78	269
H-11(美)	980~1040℃空淬， 540℃回火，480℃回火	—	1725 2070	—	—	—	—

注：硬度为退火或高温回火状态的硬度。

中碳调质钢的合金系统可以归纳为以下几种类型。

1）Cr系。是一种广泛应用的含Cr中碳调质钢。钢中加入Cr<1.5%时能有效地提高钢的淬透性，继续增加Cr含量无实际意义。Cr含量约1%时，对钢的塑性、韧性略有提高；Cr含量超过2%时，对钢的塑性影响不大，但会使钢的冲击韧性略微下降。Cr能增加低温或高温的回火稳定性，但Cr钢有回火脆性。40Cr是一种典型的广泛应用的Cr中碳调质钢，其具有良好的综合力学性能、较高的淬透性和较高的疲劳强度，可用于制造较重要的在交变载荷下工作的机器零件，如齿轮和轴类等。

2）Cr-Mo系。是在Cr钢基础上发展起来的中碳调质钢。加入少量Mo（Mo=0.15%~0.25%）可以消除Cr钢的回火脆性，提高淬透性，并使钢具有较好的强度与韧性匹配，同时Mo还能提高钢的高温强度。V可以细化晶粒，提高强度、塑性和韧性，增加高温回火稳定性。典型钢种有35CrMoA、35CrMoVA等。这类钢一般在动力设备中，用于制造一些承受较高负荷、截面较大的重要零部件，如汽轮机叶轮、主轴和发电机转子等。

3）Cr-Mn-Si系。这种钢退火状态下的组织是铁素体和珠光体，调质状态下的组织为回火索氏体。Cr-Mn-Si钢具有回火脆性的缺点，在300~450℃出现第一类回火脆性，因此回火时必须避开该温度范围。这类钢还具有第二类回火脆性，因此高温回火时必须采取快冷的办法，否则冲击韧性会显著降低。典型钢种有30CrMnSiA、30CrMnSiNi2A和40CrMnSiMoVA等，以及在该基础上发展起来的含Ni钢。

4）Cr-Ni-Mo系。在钢中加入Ni和Mo能显著提高淬透性和抗回火软化能力，对改善钢的韧性也有好处，使其具有良好的综合性能，如强度高、韧性好、淬透性大等优点。典型钢种有40CrNiMoA和34CrNi3MoA。主要用于高负荷、大截面的轴类以及承受冲击载荷的构件，如汽轮机、喷气涡轮机轴、喷气式客机的起落架和火箭发动机外壳等。

5）超高强度钢。在含Cr5%和Mo1.5%的热加工工具钢的基础上，经500℃以上回火后，由于特殊碳化物的弥散析出，其强度可达1960MPa，并具有较高的耐热性。为了保证钢材的韧性，应采取严格的真空冶炼和严格的热处理工艺。主要用作超音速喷气机机体材料。

2.3 高强钢的焊接性分析

高强钢的焊接性主要取决于它的化学成分、轧制工艺及热处理状态。随着钢材强度级别的提高和合金元素含量的增加，焊接性也会随之发生变化。焊接性分析的原则是从焊接性的概念出发，一般分析其工艺焊接性和使用焊接性。大量的分析研究认为，高强钢焊接时易于产生的焊接问题主要是焊接裂纹和焊接热影响区脆化。另外，对于热机械轧制钢或调质钢焊接热影响区，还存在软化区问题。

2.3.1 热裂纹

热裂纹具有高温沿晶断裂性质。从金属断裂理论可知，发生高温沿晶断裂的条件，是在高温阶段晶间塑性形变能力不足以承受当时所发生的塑性应变量。其产生的内因是存在有低熔点共晶物，外因是受到了较大的拉伸应力。

1）热轧及正火钢一般C含量较低，而Mn含量较高，这类钢的Mn/S比较高，具有较好的抗热裂纹性能，焊接过程中的热裂纹倾向较小，正常情况下焊缝中不会出现热裂纹。但个别情况下也会在焊缝中出现热裂纹，这主要与热轧及正火钢中C、S、P等元素含量偏高或严重偏析有关。焊缝中的C含量越高，为了防止S的有害作用，所需的Mn含量也要求越高；随着C含量的增加，要求Mn/S比也提高。一般，当C含量为0.12%时，Mn/S比不应低于10；当C含量为0.16%时，Mn/S比大于40，焊缝才可能不产生热裂纹。

2）低碳调质钢的含碳含量较低，Mn含量较高，而且对S、P的控制也较严格，热裂纹倾向亦较小。但高Ni、低Mn类型的低碳调质钢却有一定的热裂纹敏感性，其主要是在热影响区粗晶区产生液化裂纹。液化裂纹的产生也与Mn/S比有关。C含量越高，要求的Mn/S比也越高。当C含量不超过0.2%，Mn/S比大于30时，液化裂纹敏感性较小；Mn/S比超过50后，液化裂纹的敏感性很低。此外，Ni对液化裂纹的产生起着明显的促进作用。对于HY-80钢，由于Mn/S比较低，Ni含量又较高，所以对液化裂纹也较敏感。相反，HY-130钢的Ni含量比HY-80更高，但由于C含量小于0.12%，S含量小于0.01%，Mn/S比高达60~90，因此它对热影响区的液化裂纹也不敏感。

3）中碳调质钢的含碳量及合金元素含量较高，焊缝凝固结晶时，固-液相温度区间大，结晶偏析倾向严重，焊缝易产生结晶裂纹，具有较大的热裂纹敏感性。例如，30CrMnSi由于C、Si含量较高，因此热裂纹倾向较大。为了防止产生热裂纹，要求采用低C低Si焊丝，严格限制母材及焊丝中的S、P含量（$w_S+w_P<0.035\%$），对于重要产品的钢材和焊丝，要求采用真空熔炼或电渣精炼，将S和P总的质量分数限制在0.025%以下。在焊接中碳调质钢时，应考虑到可能出现热裂纹问题，尽可能选用C含量低以及含S、P等杂质少的焊接材料，同时在焊接工艺上应注意填满弧坑和保证良好的焊缝成形。

2.3.2 冷裂纹

冷裂纹是高强钢焊接过程中可能出现的一种严重缺陷。冷裂纹一般是在焊后冷却过程中，在马氏体开始转变温度Ms点附近或更低的温度区间逐渐产生的，多发生在100℃以下。

冷裂纹有时焊后立即出现，有时要经过一段时间才出现，因而冷裂纹往往具有延迟裂纹的特征。大量的生产实践和理论研究证明，钢材的淬硬倾向、焊接接头含氢量及其分布以及焊接接头所承受的拘束应力状态是高强钢焊接时产生冷裂纹的三大主要因素。

1）热轧及正火钢含有少量的合金元素，碳当量比较低，一般情况下冷裂倾向不大。但由于正火钢含合金元素较多，淬硬倾向会有所增加，若强度级别及碳当量较低，一般其冷裂纹倾向不大；但随着碳当量及板厚的增加，淬硬性及冷裂纹倾向也会随之增大，这就需要采取控制焊接线能量、降低扩散氢含量、预热和及时焊后热处理等措施，以防止焊接冷裂纹的产生。热机械轧制钢的碳含量和碳当量都很低，冷裂纹敏感性较低。一般除超厚焊接结构外，490MPa 及以下强度级别的热机械轧制钢焊接不需要预热。

钢材的淬硬倾向主要取决于其化学成分，其中以碳的作用最明显。可以通过碳当量来大致估算不同钢种的冷裂敏感性。通常钢材的碳当量越高，冷裂纹敏感性就越大。一般认为钢材的碳当量小于 0.4%时，其冷裂纹敏感性较小。屈服强度为 345~392MPa 热轧钢的碳当量一般都小于 0.4%，焊接性良好，除钢板厚度很大和环境温度很低等情况外，一般不需要预热和严格控制焊接线能量。屈服强度为 441~490MPa 正火钢的碳当量为 0.4%~0.6%，有一定的淬硬倾向，但若碳当量不超过 0.5%时，淬硬倾向一般不大，焊接性尚好，但随着板厚增加需要采取一定的预热措施，如 15MnVN 钢。钢材的碳当量在 0.5%以上时，其冷裂纹敏感性较大，焊接时为避免冷裂纹的产生，需要采取较严格的工艺措施，包括严格控制线能量、预热和焊后热处理等，如 18MnMoNb 钢。

焊接热影响区产生淬硬的马氏体或(M+B+F)混合组织时，对氢致延迟裂纹比较敏感；而产生 B 或 B+F 组织时，对氢致延迟裂纹不敏感。淬硬倾向可以通过焊接热影响区连续冷却转变图(SHCCT 图)或钢材的连续冷却组织转变图(CCT 图)来进行分析。凡是淬硬倾向大的钢材，连续冷却转变曲线都是向右移。例如，与低碳钢相比，Q345 钢在连续冷却时，珠光体转变右移较多，在快速快冷过程中铁素体析出后剩下的富 C 奥氏体来不及转变为珠光体，而是转变为含碳较高的贝氏体或马氏体，淬硬倾向增大。Q345 钢与低碳钢的焊接性有一定差别，但当冷却速度不大时，两者很相近，如图 2-1 所示。

2）低碳调质钢的合金化原则是在低碳基础上通过加入多种提高淬透性的合金元素，来保证获得强度高、韧性好的低碳“自回火”马氏体和部分下贝氏体的混合组织。这类钢由于淬硬性大，在焊接热影响区粗晶区有产生冷裂纹和韧性下降的倾向。但若焊接热影响区的淬硬组织为低碳“自回火”马氏体，因其具有一定韧性，在一定程度上降低了冷裂纹敏感性。

HQ80C 的焊接连续冷却转变曲线如图 2-2 所示。可以发现，过冷奥氏体的稳定性很高，尤其是在高温转变区，使曲线大大地向右移。这类钢的淬硬倾向相当大，本应有很大的冷裂纹倾向，但由于这类钢的特点是马氏体中的碳含量很低，所以它的开始转变温度 Ms 点较高，如果在该温度下冷却较慢，所生成的马氏体还能来得及进行一次“自回火”处理，因而冷裂纹倾向并不一定很大。也就是说，在马氏体形成后如果能从工艺上提供一个“自回火”处理的条件，即保证马氏体转变时的冷却速度较慢，得到强度和韧性都较高的回火马氏体或回火贝氏体，则冷裂纹是有可能避免的；但若马氏体转变时的冷却速度很快，得不到“自回火”效果，则冷裂纹倾向必然会增大。此外，限制焊缝含氢量在超低氢水平对于防止低碳调质钢焊接冷裂纹十分重要。钢材强度级别越高，冷裂倾向越大，对低氢焊接条件的要求就越严格。

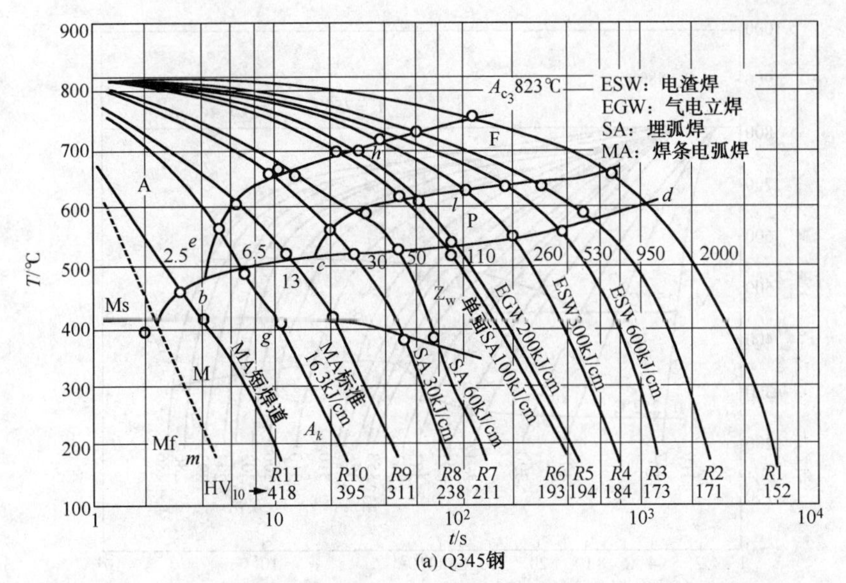

(a) Q345钢

w_C=0.15%, w_{Si}=0.37%, w_{Mn}=1.32%, w_p=0.012%, w_S=0.009%, w_{Cs}=0.03%, T_m=1350℃

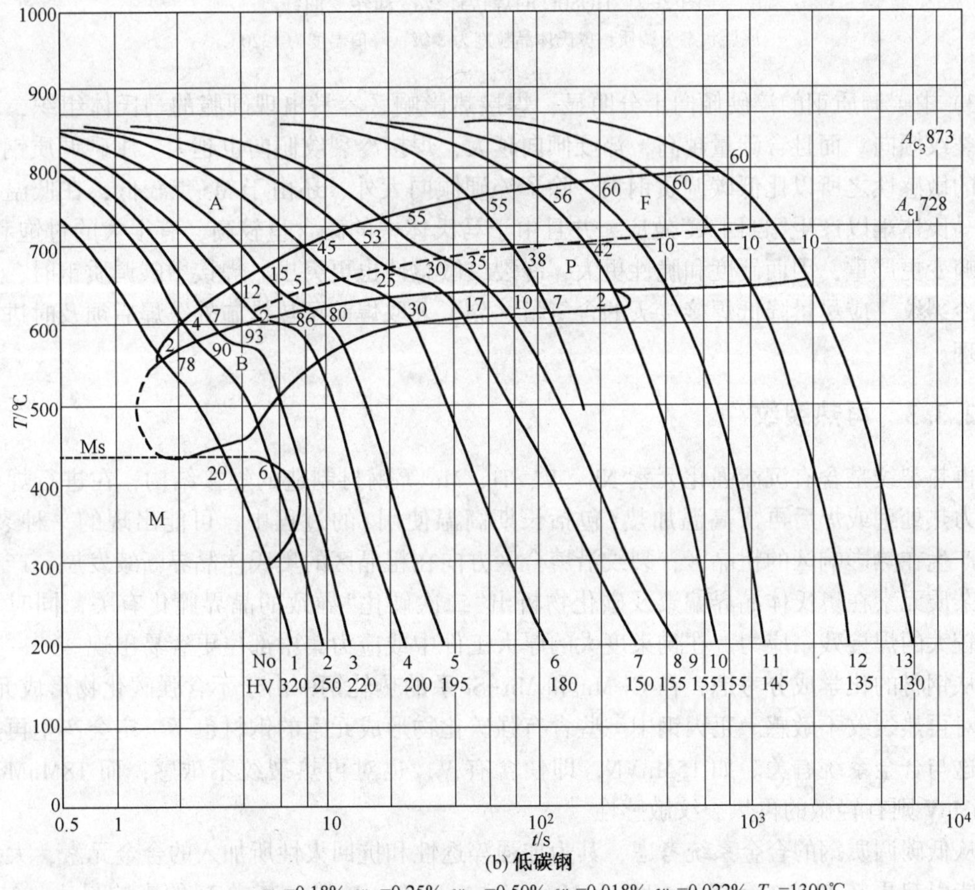

(b) 低碳钢

w_C=0.18%, w_{Si}=0.25%, w_{Mn}=0.50%, w_p=0.018%, w_S=0.022%, T_m=1300℃

图 2-1　Q345 钢与低碳钢连续冷却曲线

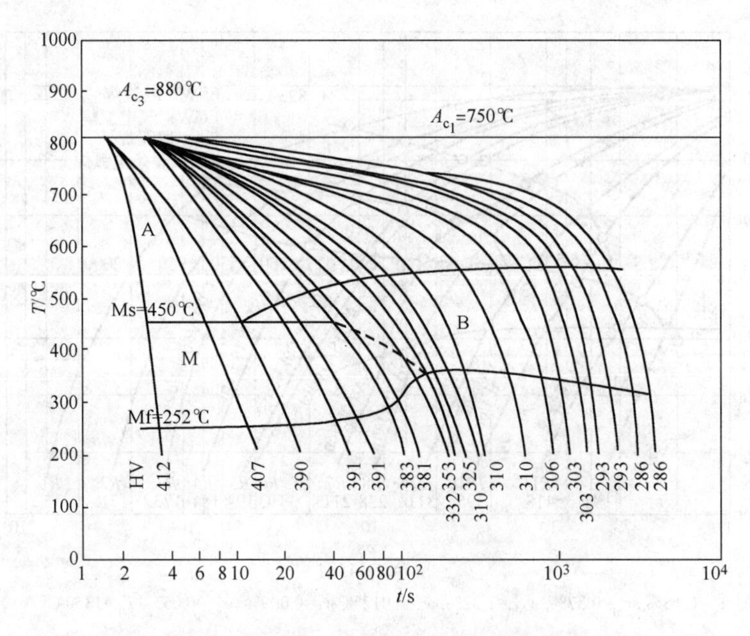

图 2-2　HQ80C 的焊接连续冷却转变曲线

原始状态为调质；奥氏体晶粒度为 8 级；峰值温度为 1320℃

3）中碳调质钢的淬硬倾向十分明显，焊接热影响区容易出现硬脆的马氏体组织，增大了冷裂纹倾向。而且含碳量越高，淬硬倾向越大，焊接冷裂纹倾向也越大。中碳调质钢对冷裂纹的敏感性之所以比低碳调质钢大，除了淬硬倾向大外，还由于 Ms 点较低，在低温下形成的马氏体难以产生“自回火”效应，并且由于马氏体中的碳含量较高，有很大的过饱和度，点阵畸变更严重，因而硬度和脆性更大，冷裂纹敏感性也更突出。焊接中碳调质钢时，为了防止冷裂纹，应尽量降低焊接接头的含氢量，除了采取焊前预热措施外，焊后须及时进行回火处理。

2.3.3　再热裂纹

再热裂纹是含有沉淀强化元素 Nb、V、Ti、Mo 等钢材制造的焊接结构，在进行焊后消除应力热处理或焊后再次高温加热(包括长期高温使用)的过程中，可能出现的一种裂纹。一般产生在热影响区的粗晶区，裂纹沿熔合区方向在粗晶区的奥氏体晶界断续发展，产生原因与杂质元素在奥氏体晶界偏聚及碳化物析出“二次硬化”导致的晶界脆化有关，同时一般须有较大的焊接残余应力，在拘束度大的厚大工件中或应力集中部位更容易出现。

从钢材的化学成分考虑，在 C-Mn 和 Mn-Si 系的热轧钢中由于不含强碳化物形成元素，因此对再热裂纹不敏感。正火钢中一些含有强碳化物形成元素的钢材也不一定会产生再热裂纹，这与合金系统有关。如 15MnVN，即使含有 V，也对再热裂纹不敏感；而 18MnMoNb、14MnMoV 则有轻微的再热裂纹敏感性。

从低碳调质钢的合金系统考虑，其为加强淬透性和抗回火性所加入的合金元素，大多数属于能引起再热裂纹的元素，如 Cr、Mo、V、Nb、Ti、B 等，其中 V 的影响最大，Mo 次之，而 V 和 Mo 同时加入时就更严重。Cr 的影响与其含量有关，在 Cr-Mo 和 Cr-Mo-V 钢中，当 Cr 小于 1%时，随着 Cr 含量的增加再热裂纹的倾向加大；当 Cr 大于 1%后，继续增加 Cr 含量时再热裂纹倾向减小。一般认为 Mo-V 钢，特别是 Cr-Mo-V 钢对再热裂纹较敏感，Mo-B 钢也有一定的再热裂纹倾向。此外，焊接 Cr-Ni-Mo、Cr-Mo-V 和 Ni-Mo-V 等类型钢时，也要注意再热裂纹的问题。

2.3.4 层状撕裂

层状撕裂是一种特殊形式的裂纹，它主要发生于要求熔透的角接接头或丁字接头的厚板结构中。焊接大型厚板焊接结构(如海洋工程、锅炉吊架、核反应堆及船舶等)时，如果在钢材厚度方向承受较大的拉伸应力时，可能沿钢材轧制方向发生呈明显阶梯状的层状撕裂。

层状撕裂的产生不受钢材种类和强度级别的限制，从 *Z* 向拘束力考虑，层状撕裂与板厚有关，板厚在 16mm 以下一般不会产生层状撕裂。层状撕裂主要取决于钢材的冶炼质量，钢中的片状硫化物与层状硅酸盐或大量成片地密集于同一平面内的氧化物夹杂都使 *Z* 向塑性降低，其中层片状硫化物的影响最为严重。因此，一般认为，硫含量和 *Z* 向断面收缩率是评定钢材层状撕裂敏感性的主要指标。

合理选择层状撕裂敏感性小的钢材，改善接头形式以减轻钢板 *Z* 向所承受的应力应变以及在满足产品使用要求前提下，选用强度级别较低的焊接材料、采用预热及降氢等措施，都有利于防止层状撕裂。

2.3.5 焊接接头的强度匹配和焊缝韧性

(1) 焊接接头的强度匹配

长期以来，焊接结构的传统设计原则基本上是强度设计。在实际的焊接结构中，焊缝与母材在强度上的配合关系一般有焊缝强度等于母材(等强匹配)、焊缝强度超出母材(超强匹配，也叫高强匹配)及焊缝强度低于母材(低强匹配)三种。从焊接结构的安全可靠性考虑，一般都要求焊缝强度至少与母材强度相等，即“等强”设计原则。但实际生产中，多是按照熔敷金属强度来选择焊接材料，而熔敷金属强度并非是实际的焊缝金属强度，特别是高强钢用焊接材料，其焊缝金属强度往往比熔敷金属的强度高出许多。所以，就会出现名义“等强”而实际“超强”的结果。超强匹配是否一定安全可靠，认识上并不一致，并且有所质疑。如我国九江长江大桥设计中就限制焊缝的“超强值”不大于 98MPa。美国学者 Pellini 则提出，为了达到保守的结构完整性目标，可采用在强度方面与母材相当的焊缝或比母材低 137MPa 的焊缝(即低强匹配)。日本学者佑藤邦彦等也提出，只要焊缝金属的强度不低于母材强度的 80%，仍可保证接头与母材等强，但是低强匹配的接头整体伸长率要低一些。在疲劳载荷作用下，如不消除焊缝余高，疲劳裂纹将产生在熔合区；但若消除焊缝余高，疲劳裂纹将产生在低强度的焊缝之中。但天津大学张玉凤等人的研究指出，超强匹配应该有利。显然，涉及焊接结构安全可靠的有关焊缝强度匹配的设计原则，还缺乏充分的理论和实践依据，且尚没有统一的认识。

对于强度级别较高的钢材焊接，要使焊缝金属与母材达到等强匹配往往存在很大的技术难度，即使焊缝强度达到了等强，却使焊缝的塑性、韧性降低到了不可接受的程度；抗裂性能也显著下降，为了防止产生焊接裂纹，施工条件要求将极为严格，施工成本将大大提高。为了避免这种只追求强度而损害结构整体性能，提高施工可靠性，就不得不选用低强匹配。如日本的潜艇用钢 NS110，它的屈服强度不小于 1098MPa，而与之配套的焊条和气体保护焊焊丝的熔敷金属屈服强度则要求不小于940MPa，其屈服强度匹配系数为0.85。采用低强匹配的焊接材料后，焊缝的含碳量及碳当量都可以降低，这将使焊缝的塑性、韧性得到提高，抗裂性得到改善，给焊接施工带来了方便，降低了施工成本。

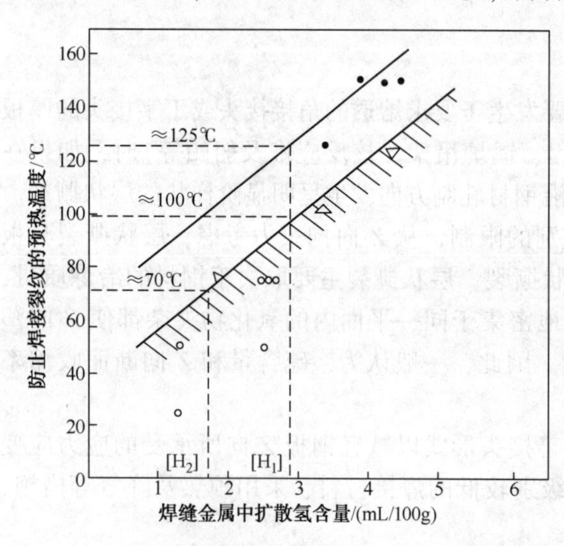

图2-3　不同匹配焊条为防止冷裂纹所需的预热温度
●等强匹配焊条(E11016—G)；△低强匹配焊条(E9016-G)；○抗潮低强匹配焊条；
H_1—含氢量2.9mL/100g；H_2—含氢量1.7mL/100g

采用等强匹配、低强匹配和低氢抗潮型焊条等不同匹配焊条为防止焊接冷裂纹所需的预热温度如图2-3所示。可以发现，采用“等强匹配”E11016-G焊条焊接时，扩散氢含量为2.9mL/100g，为防止裂纹的预热温度为125℃。而在相同含氢量条件下采用“低强匹配”E9016-G焊条焊接时，只需预热至100℃。若采用“低强匹配”更低氢的抗潮型焊条焊接，扩散氢含量为1.7mL/100g，预热温度仅70℃即可防止裂纹。降低预热温度，能明显改善生产条件，同时也降低了能耗，有良好的经济效益。

总之，在焊接接头强度匹配方面，对于低强度的钢种，可采用等强或超强匹配；对于高强度的钢种，宜采用等强或低强匹配，超强匹配对结构的安全可靠性是不利的。此时，还应当结合具体条件进行一些试验工作为宜。

(2) 焊缝韧性

韧性是表征金属材料对脆性裂纹产生和扩展难易程度的性能。金属材料的韧性与其显微组织、夹杂和析出物等密切相关。即使是相同的组织，其数量、晶粒尺寸、形态等不同，韧性也不一样。尽管影响金属材料韧性的因素很复杂，但起决定作用的是显微组织。低合金高强钢焊缝金属的组织主要包括先共析铁素体PF(也叫晶界铁素体GBF)、侧板条铁素体FSP、针状铁素体AF、上贝氏体B_u、珠光体P等，马氏体M较少。

韧性是焊缝金属性能评定中的一个重要指标。特别是800MPa级以上低合金高强钢的焊接，焊缝韧性是一个很突出的问题。高强钢焊缝金属与母材的强韧性匹配如图2-4所示。可以发现，焊缝金属总是未能达到母材的韧性水平；与氩弧焊相比，手工电弧焊更为突出。而且，随着屈服强度的提高，要求钢材安全工作的断裂韧性K_{IC}也要相应提高，而钢材实际具有的韧性水平却随着屈服强度的提高而降低，这是现实存在的矛盾。

对于较低强度的钢，无论是母材或焊缝都有较高的韧性储备，所以按等强匹配选用焊接材料，既可保证接头区具有较高的强度，也不会损害焊缝的韧性。但对于高强钢，特别是超高强钢，焊缝韧性储备是不高的，其焊接结构发生脆性破坏的根源是焊缝韧性不足。

焊缝韧性取决于焊缝金属中针状铁素体(AF)和先共析铁素体(PF)组织所占的比例，如图2-5所示。一般认为，焊缝金属中存在较高比例的针状铁素体组织，韧性显著升高，韧脆转变温度(vT_{rs})亦降低，如图2-5(a)所示；焊缝金属中先共析铁素体组织比例增多则韧性下降，韧脆转变温度亦升高，如图2-5(b)所示。这是因为针状铁素体晶粒细小，晶粒边界交角大且相互交叉，每个晶界都对裂纹的扩展起阻碍作用，导致韧性提高；而先共析铁素体沿晶界分布，裂纹易于萌生、也易于扩展，导致韧性降低。研究表明，以针状铁素体组织为主的焊缝金属，屈强比一般大于 0.8；以先共析铁素体组织为主的焊缝金属，屈强比一般小于 0.8；焊缝金属中若有上贝氏体存在，屈强比一般小于 0.7。

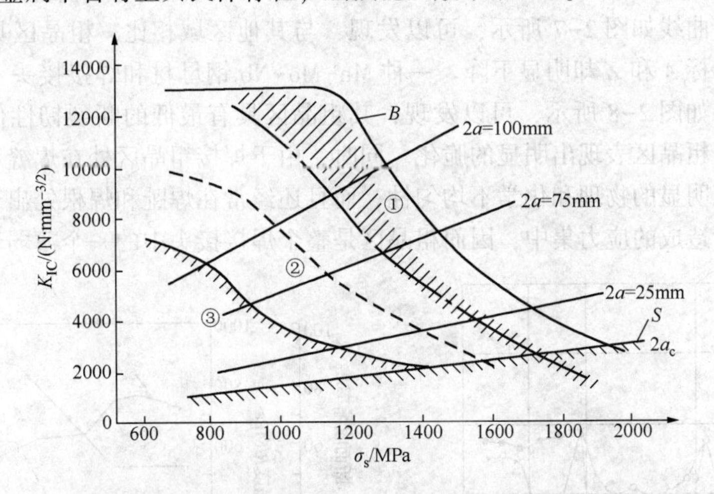

图 2-4　高强钢焊缝金属与母材在强度和韧性上的匹配水平

B—母材韧性水平；S—安全工作界限；

①—TIG 焊缝韧性水平；②—MIG 焊缝韧性水平；③—SMAW 焊缝韧性水平

注：图中 $2a$ 为裂纹长度，$2a_c$ 为临界裂纹长度。

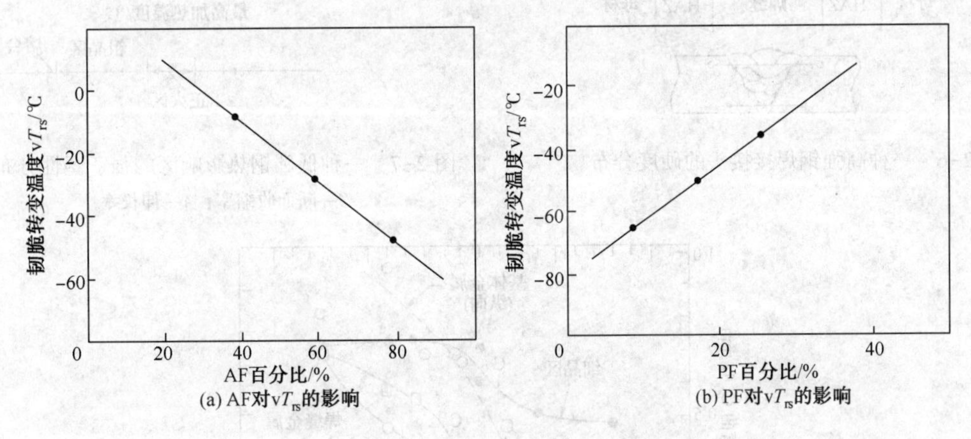

图 2-5　不同铁素体形态对高强钢焊缝韧性的影响

2.3.6　焊接热影响区性能变化

焊接热影响区性能变化与所焊钢材的类型、合金系统以及供货状态等密切相关。高强钢焊接时，其焊接热影响区性能变化的主要表现是粗晶区局部脆化问题。此外，对于不同合金系统及供货状态的钢材，其焊接热影响区有时也可能出现热应变脆化或软化问题。从韧性方面考虑，焊接粗晶区是焊接接头的最薄弱的区域；而从强度方面考虑，焊接软化区则是焊接接头的最薄弱的区域。

（1）粗晶区局部脆化

1）粗晶区局部脆化现象。焊接热影响区是一个连续变化的梯度组织区域，这一组织分布特征必然影响到它的性能分布的变化。一种高强钢手工电弧焊焊接接头的硬度分布曲线如图 2-6 所示，可以发现，近邻焊缝的粗晶区具有较高的硬度值。一种低碳钢焊接热影响区的强、塑性分布曲线如图 2-7 所示，可以发现，与其他区域相比，粗晶区具有较高的强度水平，而塑性指标 A 和 Z 却明显下降。一种 Mn-Mo-Nb 钢母材和焊接接头不同区域的断裂韧性的测试结果如图 2-8 所示，可以发现，其粗晶区具有最低的断裂韧性值。因此，在焊接热影响区中，粗晶区表现出明显的脆化。同时，由于焊接粗晶区处在焊缝和母材的过渡区域，它不仅具有明显的物理和化学不均匀性，而且还经常在焊趾和焊根处出现咬边和裂纹等几何不均匀性所造成的应力集中，因而粗晶区是整个焊接接头中的一个薄弱环节。

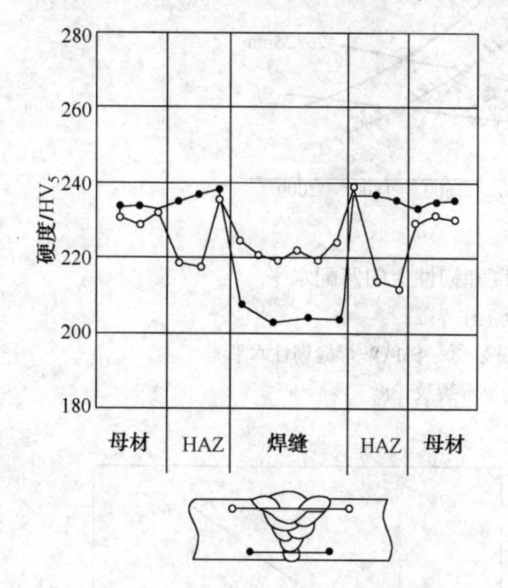

图 2-6　一种高强钢焊接接头的硬度分布

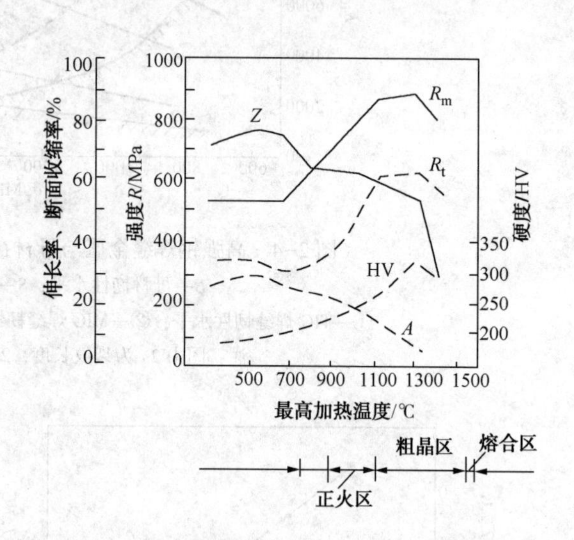

图 2-7　一种低碳钢热影响区的强、塑性分布

Z—断面收缩率；A—伸长率

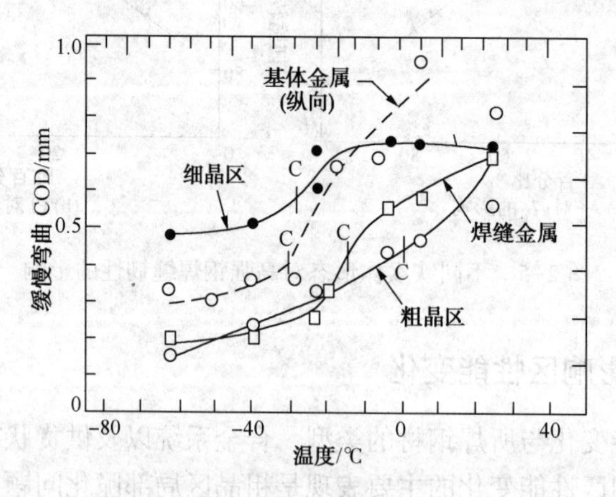

图 2-8　一种 Mn-Mo-Nb 钢焊接接头的韧性分布

2）粗晶区局部脆化机理。

① 粗晶脆化　粗晶区脆化首先归因于晶粒的长大。钢的奥氏体晶粒长大受到多种因素

的影响。对于确定化学成分和组织状态的钢材而言，奥氏体晶粒长大主要是受加热温度和保温时间的影响，其中加热温度是促使奥氏体晶粒长大的主要因素。在焊接过程中，焊接粗晶区的加热温度接近钢材的固相线温度，即使停留时间短暂，奥氏体晶粒仍然会急剧长大。几种微合金钢奥氏体晶粒尺寸与焊接热影响区峰值温度的关系如图 2-9 所示。可以发现，当加热温度大于 1300℃而处于粗晶区时，奥氏体晶粒尺寸明显长大，从而导致粗晶脆化。

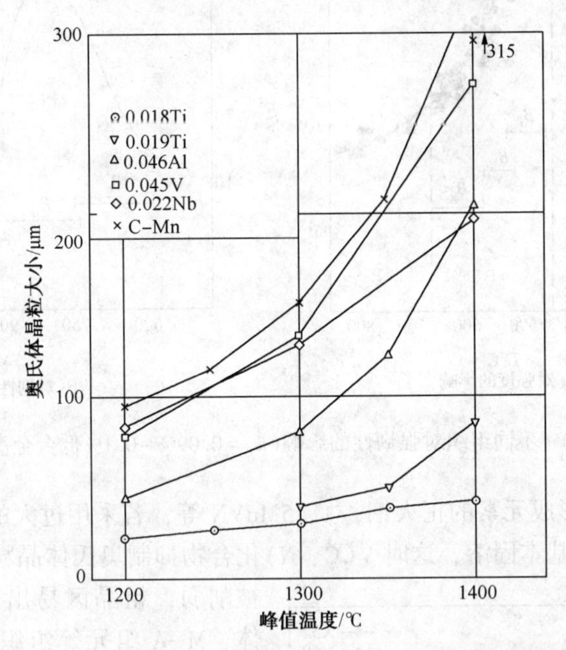

图 2-9 不同微合金钢奥氏体晶粒大小与焊接热影响区峰值温度的关系

注：加热速度 60℃/s，线能量 14.4kJ/cm，板厚 25 mm。

② 组织脆化　粗晶区脆化除上述分析的粗晶致脆外，显微组织因素是导致粗晶区脆化的另一重要原因。高强钢焊接粗晶区的显微组织特征首先表现在其组织的多样化。采用不同的焊接方法和焊接工艺，如手工电弧焊、气体保护焊、埋弧焊等焊接高强钢时，即采用不同的焊接线能量进行焊接，在这种不同的焊接热过程参数下，粗晶区的显微组织将呈现出不同的组织状态。

低合金钢高强钢粗晶区的显微组织主要是低碳马氏体、贝氏体、M-A 组元和珠光体类组织，导致其具有不同的硬度、强度、塑性和韧性。几种典型组织对强韧性的影响如图 2-10 所示。

M-A 组元形成条件与上贝氏体（B_u）相似，故 B_u 的形成常伴随 M-A 组元。上贝氏体在 500~450℃温度范围形成，长大速度很快，而碳的扩散较慢，由条状铁素体包围着的岛状富碳奥氏体区一部分转变为马氏体，另一部分保持为残余奥氏体，即形成 M-A 组元。M-A 组元的韧性低是由于残余奥氏体增碳后易于形成孪晶马氏体，夹杂于贝氏体与铁素体板条之间，在界面上产生微裂纹并沿 M-A 组元的边界扩展。因此，M-A 组元的存在导致脆化，M-A组元数量越多脆化越严重。M-A 组元实质上成为潜在的裂纹源，起应力集中的作用。

对于热轧及正火钢，选择合适的焊接线能量是防止粗晶区脆化的一个有效措施。在热轧钢焊接时，若采用过大的焊接线能量，粗晶区将因晶粒长大或出现魏氏组织而降低韧性；在

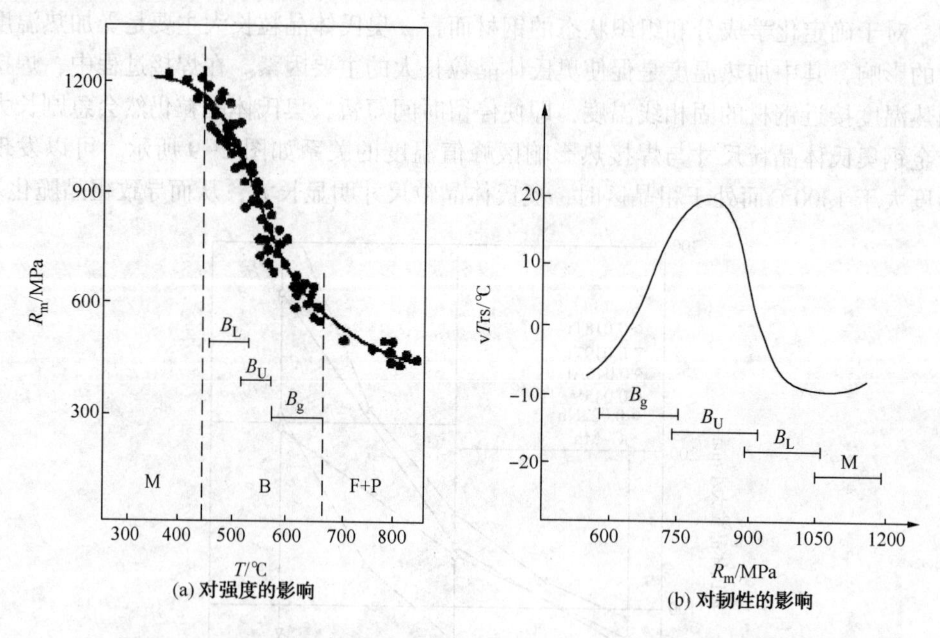

图 2-10　不同组织对强韧性的影响(w_C=0.09%~0.1%低合金高强钢)

焊接含有碳、氮化物形成元素的正火钢，如15MnVN等，若采用过大的焊接线能量时，粗晶区的V(C、N)析出相基本固溶，这时V(C、N)化合物抑制奥氏体晶粒长大及组织细化作用被削弱，粗晶区易出现粗大晶粒及上贝氏体、M-A组元等组织，导致粗晶区韧性降低。因此，对含碳量偏高的热轧钢，焊接线能量要适中；对于含有碳、氮化物形成元素的正火钢，应选用较小的焊接线能量。由于管线钢属于微合金钢，含有Ti、Nb、V等碳、氮化物形成元素，因此随着焊接线能量增大，其粗晶区也易出现粗大晶粒及上贝氏体、M-A组元等组织，导致粗晶区韧性降低。不同焊接线能量下，不同级别管线钢粗晶区韧性测试结果如图2-11所示。可以发现，随着焊接线能量的变化，不同级别管线钢粗晶区的韧性呈现相似的变化趋势。普遍的规律是，在不同的焊接线能量下，粗晶区的韧性均低于母材的韧性。同时，粗晶区的脆化程度与焊接线能量有关。相比较而言，中等焊接线能量(如10~30kJ/cm)可使粗晶区获得较好的韧性水平。当焊接线能量大于30kJ/cm时，粗晶区的韧性下降明显，发生严重脆化。

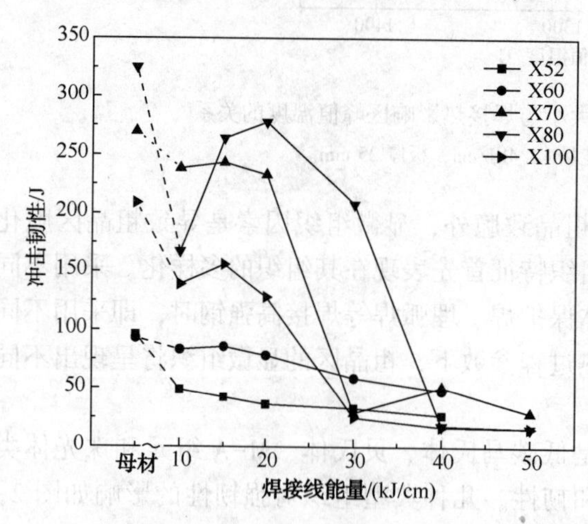

图 2-11　不同级别管线钢焊接粗晶区的冲击韧性与焊接线能量的关系

对于低碳调质钢粗晶区脆化除晶粒粗化外，更主要的是由于上贝氏体和M-A组元的形成，特别是M-A组元的产生对低碳调质钢热影响区韧性不利的影响尤为突出。冷却时间$t_{8/5}$对M-A组元数量的影响如图2-12所示。可以发现，M-A组元在中间一段时间内形成。一般调整工艺参数可以控制热影响区 M-A 组元的数量。控制焊接线能量和采用多层多道焊工艺，使低碳调质钢热影响区避免出现高硬度的马氏体或 M-A 混合组织，可改善其抗脆化能力，对提高热影响区韧性有利。

中碳调质钢由于碳含量较高(一般 $w_C = 0.25\% \sim 0.45\%$)，合金元素较多，有相当大的淬硬倾向，马氏体开始转变温度(Ms)低(一般低于 400℃)，无“自回火”过程，因而在焊接热影响区粗晶区很容易产生脆硬的高碳马氏体组织，导致粗晶区脆化。冷却速度越大，产生的高碳马氏体越多，脆化也就越严重。为了减少粗晶区脆化，应从减小淬硬倾向出发，可采用大线能量焊接才有利，但由于这种钢的淬硬性强，仅通过增大焊接线能量还难以避免马氏体的形成，相反却增大了奥氏体的过热和提高了奥氏体稳定性，促使形成粗大的马氏体，反而使粗晶区脆化更为严重。为此，在实际生产中一方面可采用小线能量以减少高温停留时间，避免奥氏体晶粒的过热和降低奥氏体的稳定性；另一方面也可采取预热、缓冷和后热等措施来降低冷却速度，从而改善粗晶区韧性。

另外，在主要合金元素相同的条件下，高强钢中含有不同类型和不同数量杂质时，其粗晶区韧性也会显著降低。S 和 P 均能降低粗晶区韧性，如图 2-13 所示，特别是大线能量焊接时，P 的影响较为严重，如 P>0.013%时，韧性明显下降。

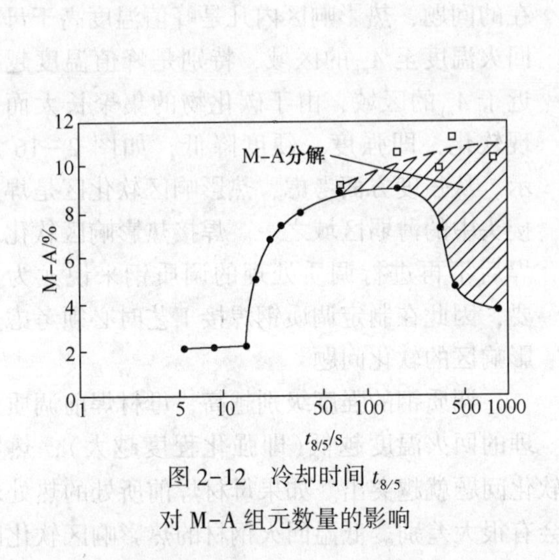

图 2-12　冷却时间 $t_{8/5}$ 对 M-A 组元数量的影响

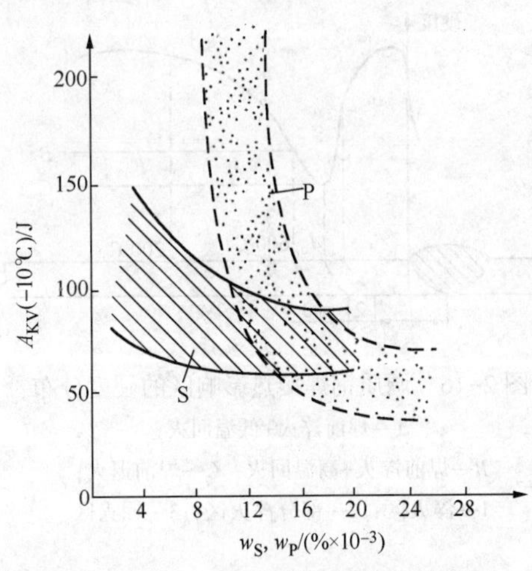

图 2-13　S、P 对热影响区韧性的影响（低合金钢三丝埋弧焊）

(2) 热应变脆化

热应变脆化是在热和应变同时作用下产生的一种动态应变时效，其易于发生在一些固溶 N 含量较高而强度级别不高的低合金钢，如抗拉强度 490MPa 级的 C-Mn 钢的最高加热温度低于 A_{c_1}(200~400℃)的亚临界热影响区。一般认为，热应变脆化是由于 N、C 原子聚集在位错周围，对位错造成钉轧作用造成的。如果焊前已经存在缺口，这种脆化将变得更为严重，如图 2-14 所示。

一般在钢中加入足够量的氮化物形成元素(如 Al、Ti、V 等)，可以降低热应变脆化倾向，如 15MnVN 比 16Mn 的热应变脆化倾向小。另外，焊后退火处理也可有效降低热应变脆化，如图 2-15 所示。可以发现，焊后退火后热应变脆化倾向明显减小，韧性大幅度提高，甚至基本达到母材水平。

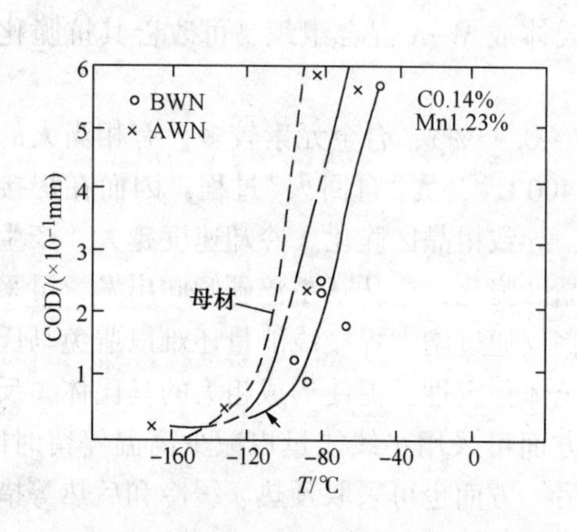

图 2-14　热应变对亚临界热影响区 *COD* 的影响

BWN—焊前开缺口；AWN—焊后开缺口

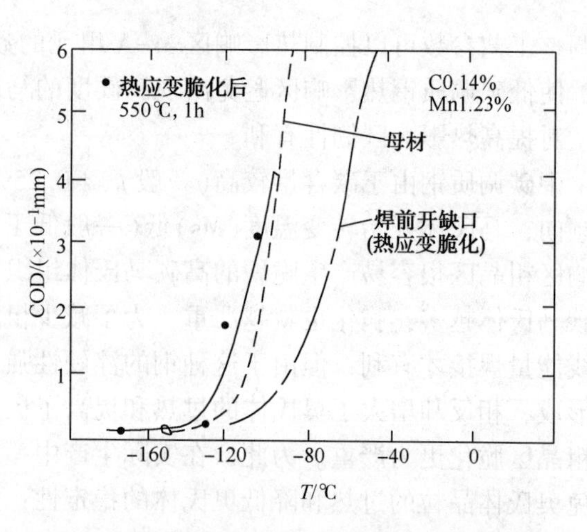

图 2-15　焊后热处理对热应变脆化的影响

(3) 软化

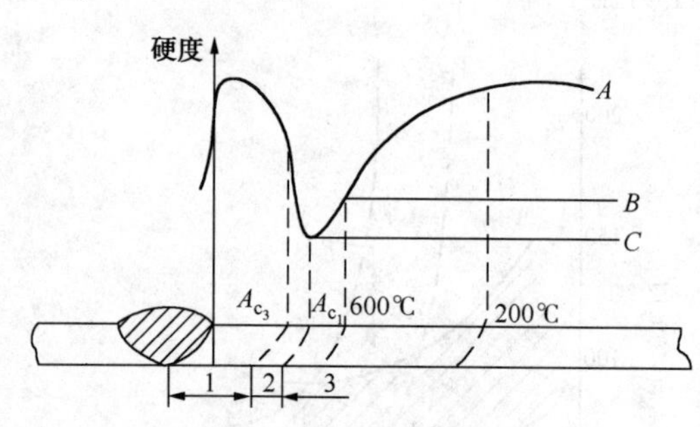

图 2-16　调质钢焊接热影响区的硬度分布

A—焊前淬火+低温回火；

B—焊前淬火+高温回火；*C*—焊前退火；

1—淬火区；2—部分淬火区；3—回火区

焊接热影响区软化是调质钢焊接时普遍存在的问题，热影响区内凡是峰值温度高于母材回火温度至 A_{c1} 的区域，特别是峰值温度越接近于 A_{c1} 的区域，由于碳化物的集聚长大而出现软化，即强度、硬度降低，如图 2-16 所示。从强度方面考虑，热影响区软化区是焊接接头中的薄弱区域之一。焊接热影响区软化对焊后不再进行调质处理的调质钢来说尤为重要，因此在制定调质钢焊接工艺时必须考虑热影响区的软化问题。

调质钢的强度级别越高，母材焊前调质处理的回火温度越低(即强化程度越大)，热影响区软化区的范围就越宽，焊后热影响区的软化问题就越突出。如果母材焊前所处的热处理状态不同，软化区的温度范围和软化程度就会有很大差别。低温回火钢材的热影响区软化区的温度区间大，相对于母材的软化程度亦大。焊接热影响区软化的程度和软化的宽度与焊接工艺也有很大关系，特别是焊接方法和线能量的影响，减小焊接线能量可使其热影响区软化区宽度减小，软化程度也有所降低。采用不同的焊接方法，在调质状态下焊接 30CrMnSi 钢焊接接头区的强度分布规律如图 2-17 所示。可以发现，经气焊后，热影响区软化区的抗拉强度为 590~685MPa；而采用焊条电弧焊时，软化区的抗拉强度为 880~1030MPa。气焊时的热影响区软化区比电弧焊时宽得多，可以认为焊接热源越集中，对减少软化越有利。

另外，近年来，随着 X100 和 X120 等高强度管线钢的开发，发现焊接热影响区的硬度分布如图 2-18 所示，表现为热影响区软化。在地震、永久冻土等大位移环境中，为使管道在拉伸、压缩和弯曲状态下具有避免屈曲、失稳和延性断裂的极限应变能力，对热影响区的软化问题正日益受到关注。

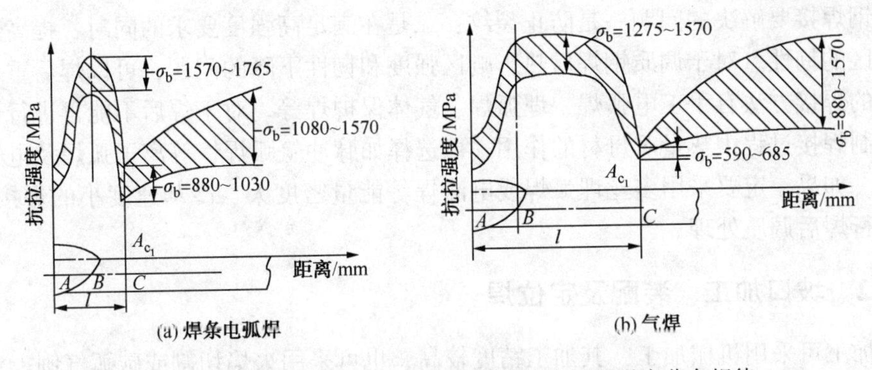

图 2-17　调质状态的 30CrMnSi 钢焊接接头区的强度分布规律

在 X100 和 X120 等高强度管线钢中，由于在控轧、控冷过程中强烈加速冷却和贫合金化技术路线的实施，焊接热影响区软化是普遍存在的，多道焊软化区的宽度通常在 3~5mm 之间。研究也表明，软化区宽度是焊接热过程的函数，低速、高预热、大的焊接线能量使软化区宽度增加。因此，为防止焊接热影响区软化，应兼顾材料的选择和焊接工艺的优化。

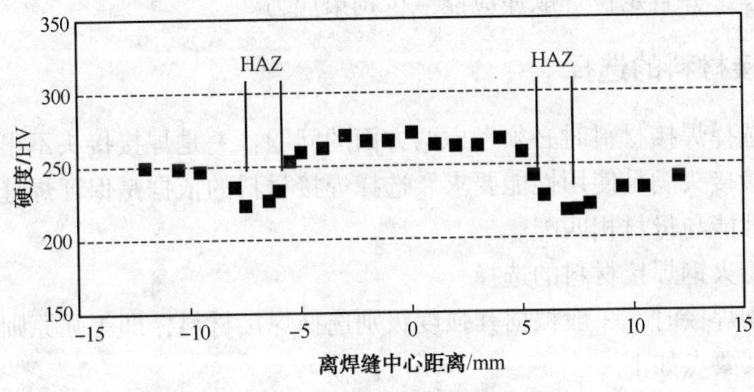

图 2-18　管线钢焊接热影响区软化

2.4　高强钢的焊接工艺特点

焊接工艺是指焊接过程中的一整套工艺程序及其技术规定，包括焊接方法、焊前准备加工、装配、焊接材料、焊接设备、焊接顺序、焊接操作技术与焊工培训、焊接工艺参数、焊后热处理工艺、焊接检验以及产品焊接试板检验等的技术规定。焊接工艺编制的依据是产品图纸或技术条件对焊接接头性能的要求。焊接工艺编制的程序包括产品图纸的焊接工艺审查、可行性分析，提出焊接工艺评定项目，编写焊接工艺设计书，焊接工艺评定试验，编制焊接工艺规程等。

2.4.1　焊接方法的选择

热轧及正火钢焊接对焊接方法无特殊要求，一般可根据板厚、产品结构、使用性能要求及具体生产条件等因素来选择。常用的焊接方法有手工电弧焊、埋弧自动焊、气体保护焊和电渣焊等。

调质钢焊接要解决的问题一是防止裂纹；二是在满足高强度要求的同时，提高焊缝金属及热影响区的韧性。对于调质钢焊后热影响区强度和韧性下降的问题，可以焊后重新调质处理，常用的焊接方法有手工电弧焊、埋弧焊、气体保护焊等。对于焊后不能再进行调质处理的，要限制焊接过程中热量对母材的作用，可选择如脉冲氩弧焊、等离子弧焊及电子束焊等焊接方法。如果一定要采用多丝埋弧焊或电渣焊等能量密度大、冷却速度小的焊接方法时，就必须进行焊后调质处理。

2.4.2 坡口加工、装配及定位焊

坡口加工可采用机械加工，其加工精度较高，也可采用火焰切割或碳弧气刨。对强度级别较高、厚度较大的钢材，经过火焰切割和碳弧气刨的坡口应用砂轮仔细打磨、清除氧化皮及凹槽；在坡口两侧约 50mm 范围内，应去除水、油、锈及脏物等。

焊接件的装配间隙不应过大，应尽量避免强力装配，减小装配应力。为防止定位焊缝开裂，要求定位焊缝应有足够的长度(一般不小于 50mm)，对厚度较薄的板材定位焊缝长度应不小于 4 倍板厚。定位点固焊缝应对称均匀分布，可选用同类型的焊接材料，也可选用强度稍低的焊条或焊丝，并且定位焊顺序应能减少拘束应力。

2.4.3 焊接材料的选择

高强钢焊接选择焊接材料时必须考虑两方面的问题：一是焊接接头不出现焊接裂纹等焊接缺陷；二是焊接接头满足使用性能要求。选择焊接材料的依据是保证焊缝金属的强度、塑性和韧性等力学性能与母材相匹配。

(1) 热轧及正火钢焊接材料的选择

热轧及正火钢焊接时，一般根据其强度级别选择焊接材料，即等强原则，而不要求与母材同化学成分，其要点如下。

1) 选择与母材力学性能匹配的相应级别的焊接材料。从焊接接头力学性能“等强匹配”的角度选择焊接材料，一般要求焊缝的强度性能与母材相同或稍低于母材。焊缝中的碳含量不应超过 0.14%，焊缝中其他合金元素也要求低于母材中的含量，以防止裂纹及焊缝强度过高。

2) 考虑熔合比和冷却速度的影响。焊缝的化学成分和性能不仅取决于焊接材料，而且也与母材的熔入量(熔合比)有很大关系，而焊缝组织的过饱和度与冷却速度有很大关系。采用同样的焊接材料，由于熔合比或冷却速度不同，所得焊缝的力学性能也会有很大差别。因此，对于同一母材的焊接结构，其板厚或坡口形式或接头形式不同，也可选用不同的焊接材料。

3) 考虑焊后热处理对焊缝力学性能的影响。如果焊后需要进行热处理，当焊缝强度裕量不大时，焊后热处理(如消除应力退火)后焊缝强度有可能低于要求。因此，对于焊后要进行热处理的焊缝，应选择强度高一些的焊接材料。

热轧及正火钢焊接常用的焊接材料见表 2-13。为保证焊接过程的低氢条件，焊丝应严格去油，必要时应对焊丝进行真空除氢处理。保护气体水分含量较多时要进行干燥处理。刚性较大的焊接结构件，对焊前不便预热、焊后不能进行热处理的部位，在不要求母材与焊缝金属等强度的条件下，也可采用奥氏体不锈钢焊条。

表 2-13 热轧及正火钢焊接常用焊接材料

焊接材料 钢材牌号	强度级别/MPa	焊条	埋弧焊		电渣焊		CO$_2$气体保护焊焊丝
			焊剂	焊丝	焊剂	焊丝	
Q345 Q345(Cu)	345	E5015 E5003 E5015 E5015-G E5016 E5016-G E5018 E5028	SJ501	薄板：H08A H08MnA	HJ431 HJ360	H08MnMoA	H08Mn2Si H08Mn2SiA YJ502-1 YJ502-3 YJ506-4
			HJ430 HJ431 SJ301	不开坡口对接 H08A 中板开坡口对接 H08MnA H10Mn2			
			HJ350	厚板深坡口 H10Mn2 H08MnMoA			
Q390 Q390(Cu)	390	E5001 E5003 E5015 E5015-G E5016 E5016-G E5018 E5028 E5515-G E5516-G	HJ430 HJ431	不开坡口对接 H08MnA 中板开坡口对接 H10Mn2 H10MnSi	HJ431 HJ360	H10MnMo H08Mn2MoVA	H08Mn2Si H08Mn2SiA
			HJ250 HJ350 SJ101	厚板深坡口 H08MnMoA			
Q420 15MnVTiRE 15MnVNCu	440	E5515-G E5516-G E6015-D$_1$ E6015-G E6016-D	HJ431	H10Mn2	HJ431 HJ360	HH10MnMo H08Mn2MoVA	H08Mn2Si H08Mn2SiA
			HJ350 HJ250 SJ101	H08MnMoA H08Mn2MoA			
18MnMoNb 14MnMoV 14MnMoVCu	490	E6015-D$_1$ E6015-G E6016-D$_1$ E7015-D$_2$ E7015-G	HJ250 HJ350 SJ101	H08Mn2MoA H08Mn2MoVA H08Mn2NiMo	HJ431 HJ360 HJ250	H10Mn2MoA H108Mn2MoVA H10Mn2NiMoA	H08Mn2SiMoA

(2) 低碳调质钢焊接材料的选择

低碳调质钢焊后一般不再进行热处理，在选择焊接材料时要求焊缝金属的力学性能在焊态下应接近母材的力学性能。特殊条件下，如结构的刚度很大，冷裂纹很难避免时，应选择比母材强度稍低一些的焊接材料。几种不同强度级别低碳调质钢焊接常用焊接材料见表 2-14。

表 2-14　几种低碳调质钢焊接常用焊接材料

钢材牌号＼焊条材料	强度级别/MPa	焊条	气体保护焊	
			焊丝	保护气体
14MnMoVN	700	E6015，E7015	H08Mn2SiA H08Mn2MoA	CO_2或 Ar+CO_2混合气体
14MnMoVNbB 15MnMoVNRe	750	E7015，E7515	H08Mn2MoA H08MnNi2Mo	CO_2或 Ar+CO_2混合气体
HQ70	700	E7015G	GHS-70	CO_2或 Ar+CO_2混合气体
HQ80	800	E7515，E8015	H08Mn2Ni3CrMo （ER100S）	CO_2或 Ar+CO_2混合气体
HQ100	1000	E9015，E10015	H08Mn2Ni3SiCrMo	Ar+CO_2混合气体
12Ni3CrMoV	≥590	专用焊条	H08Mn2Ni2CrMo	Ar+CO_2 混合气体
10Ni5CrMoV	≥785	专用焊条	H08Mn2Ni3CrMoA	Ar+CO_2 混合气体
HY-80(美)	≥540	E11018，E9018	Mn-Ni-Cr-Mo 专用焊丝	Ar+2%CO_2 混合气体
HY-130(美)	≥880	E14018	Mn-Ni-Cr-Mo 专用焊丝	Ar+2%CO_2 混合气体

（3）中碳调质钢焊接材料的选择

中碳调质钢焊接材料应采用低碳合金系，降低焊缝金属的 S、P 杂质含量，以确保焊缝金属的韧性、塑性和强度，提高焊缝金属的抗裂性。应根据焊缝受力条件、性能要求及焊后是否进行热处理等选择焊接材料。几种中碳调质钢焊接常用焊接材料见表 2-15。

表 2-15　几种中碳调质钢焊接常用焊接材料

钢材牌号＼焊条材料	焊条电弧焊		气体保护焊		埋弧焊	
	焊条型号	焊条牌号	保护气体	焊丝	焊丝	焊剂
30CrMnSiA	E8515-G E10015-G	J857Cr J107Cr HT-1（H08CrMoA 焊芯） HT-3（H08A 焊芯） HT-3（H08CrMoA 焊芯）	CO_2 Ar	H08Mn2SiMoA H08Mn2SiA H18CrMoA	H20CrMoA H18CrMoA	HJ431 HJ431 HJ260
30CrMnSiNi2A	—	HT-3（H08CrMoA 焊芯）	Ar	H18CrMoA	H18CrMoA	HJ350-1 HJ260
35CrMoA	E10015-G	J107Cr	Ar	H20CrMoA	H20CrMoA	HJ260
35CrMoVA	E8515-G E10015-G	J857Cr J107Cr	Ar	H20CrMoA	—	—
34CrNi3MoA	E8515-G	J857Cr	Ar	H20Cr3MoNiA	—	—
40Cr	E8515-G E9015-G E10015-G	J857Cr J907Cr J107Cr	—	—	—	—

2.4.4 焊接工艺参数的确定

(1) 焊接线能量

焊接线能量是指熔焊时，由焊接热源输入给单位长度焊缝上的能量。高强钢焊接线能量的确定主要取决于焊接粗晶区脆化和冷裂纹两个因素。对于碳当量(C_{eq})小于0.40%的钢材，如09Mn2、09Mn2Si和16Mn，焊接线能量可适当放宽。对于碳当量大于0.40%的钢材，随其碳当量和强度级别的提高，焊接线能量范围随之变窄。对于碳当量为0.40%~0.60%的钢材，由于淬硬倾向加大，马氏体含量也会增加，小线能量时冷裂倾向会增大，粗晶区脆化也变得严重，在这种情况下线能量偏大一些比较好。但在加大线能量、降低冷速的同时，会引起焊接接头区过热的加剧(增大线能量对冷速的降低效果有限，但对过热的影响较明显)。在这种情况下采用大线能量的效果不如采用小线能量+预热更有效。预热温度控制恰当时既能避免焊接接头产生裂纹，又能防止焊接接头过热。

焊接线能量对热轧及正火钢热影响区晶粒尺寸和冲击韧性的影响如图2-19所示。对于一些含Nb、V、Ti的正火钢，为了避免焊接中由于沉淀析出相的溶入以及过热引起的热影响区脆化，焊接线能量应偏小一些。多层焊的第一道焊缝需用小直径的焊条及小线能量进行焊接，以减小熔合比。

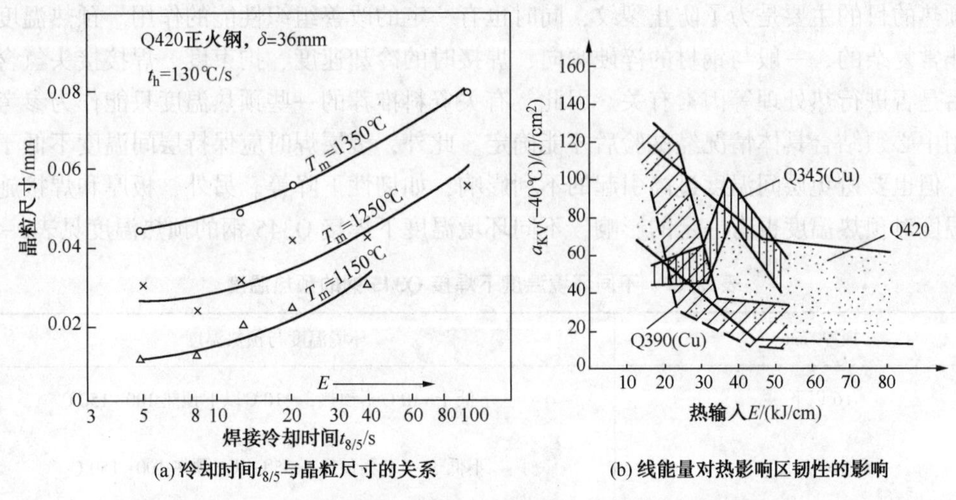

(a) 冷却时间$t_{8/5}$与晶粒尺寸的关系　(b) 线能量对热影响区韧性的影响

图2-19 焊接线能量对热影响区晶粒尺寸和冲击韧性的影响

焊接线能量对组织变化和韧性的影响如图2-20所示。线能量增大使热影响区晶粒粗化，同时也促使形成上贝氏体，甚至形成M-A组元，使韧性降低。当线能量过小时，热影响区的淬硬性明显增强，也使韧性下降。

在保证不出现裂纹和满足热影响区韧性的条件下，线能量应尽可能选择得大一些。一般通过试验确定每种钢的线能量的最大允许值，然后根据最大线能量时的冷裂纹倾向再来考虑是否需要采取预热。HQ70和HQ80低碳调质钢焊接时，所采取的预热温度和最大焊接线能量见表2-16。

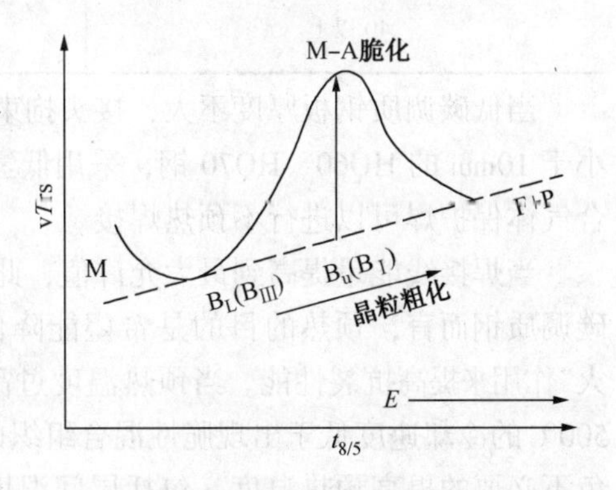

图2-20 焊接线能量对HAZ组织和韧性的影响

表 2-16　HQ70 和 HQ80 低碳调质钢的预热温度及最大焊接线能量

钢材牌号＼项目	板厚/mm	预热温度/℃			层间温度/℃	焊接线能量/(kJ/cm)
		手工电弧焊	气体保护焊	埋弧焊		
HQ70	6~13	50	25	50	≤150	≤25
	13~26	75~100	50	50~75	≤200	≤45
	26~50	125	75	100	≤220	≤48
HQ80C	6~13	50	50	50	≤150	≤25
	13~26	75~100	50~75	75~100	≤200	≤45
	26~50	125	100	125	≤220	≤48

不预热条件下焊接低碳调质钢，焊接工艺对热影响区组织性能的影响很大，其中控制焊接线能量是保证焊接质量的关键，应给予足够的重视。为了限制过大的焊接线能量，低碳调质钢不宜采用大直径的焊条或焊丝施焊。

（2）预热温度

预热的目的主要是为了防止裂纹，同时也有一定的改善组织性能的作用。预热温度的确定是非常复杂的，一般与钢材的淬硬倾向、焊接时的冷却速度、拘束度、焊接接头氢含量以及焊后是否进行热处理等因素有关。因此，有关资料推荐的一些预热温度只能作为参考，工程应用中必须结合具体情况经试验后才能确定。此外，多层焊时应保持层间温度不低于预热温度，但也要避免层间温度过高引起的不利影响，如韧性下降等。另外，板厚和焊接施工的环境温度对预热温度也有一定的影响，不同环境温度下焊接 Q345 钢的预热温度见表2-17。

表 2-17　不同环境温度下焊接 Q345 钢的预热温度

板厚/mm	环境温度与预热温度
16 以下	不低于-10℃不预热，-10℃以下预热 100~150℃
16~24	不低于-5℃不预热，-5℃以下预热 100~150℃
24~40	不低于 0℃不预热，0℃以下预热 100~150℃
40 以上	预热 100~150℃

当低碳调质钢板厚度不大，接头拘束度较小时，可以采用不预热焊接工艺。如焊接板厚小于 10mm 的 HQ60、HQ70 钢，采用低氢型焊条手工电弧焊、CO_2气体保护焊或 Ar+ CO_2混合气体保护焊可以进行不预热焊接。

当焊接线能量提高到最大允许值，此时裂纹还不能避免时，就必须采取预热措施。对低碳调质钢而言，预热的目的是希望能降低马氏体转变时的冷却速度，通过马氏体的“自回火”作用来提高抗裂性能。当预热温度过高时，不仅对防止冷裂效果不明显，反而会使 800~500℃的冷却速度低于出现脆性混合组织的临界冷却速度，使热影响区韧性下降，因此要避免不必要的提高预热温度，包括层间温度。几种低碳调质钢的最低预热温度和层间温度见表 2-18。

表 2-18 几种低碳调质钢的最低预热温度和层间温度 ℃

板厚/mm	美国 T-1①	美国 HY-80①	美国 HY-130①	14MnMoVN	14MnMoNbB
<13	10	24	24	—	—
13~16	10	52	24	50~100	100~150
16~19	10	52	52	100~150	150~200
19~22	10	52	52	100~150	150~200
22~25	10	52	93	150~200	200~250
25~35	66	93	93	150~200	200~250
35~38	66	93	107	—	—
38~51	66	93	107	—	—
>51	93	93	107	—	—

注：①最高预热温度不得大于表中温度 65℃；HY-130 的最高预热温度建议：16mm 时 65℃，16~32mm 时 93℃，22~35mm 时 135℃，>35mm 时 149℃。

预热是中碳调质钢的重要工艺措施，是否预热以及预热温度的高低需根据焊件结构和生产条件而定。除了拘束度小、构造简单的薄壁壳体或焊件不用预热外，一般情况下，中碳调质钢焊接时都要采取预热或及时后热的措施，预热温度一般为 200~350℃。常用中碳调质钢焊接的预热温度见表 2-19。

表 2-19 常用中碳调质钢焊接的预热温度

钢材牌号	预热温度/℃	说明
30CrMnSiA	200~300	薄板不可预热
40Cr	200~300	—
30CrMnSiNi2A	300~350	预热温度应一直保持到焊后热处理

（3）焊接后热及消氢处理

焊接后热是指焊接结束或焊完一条焊缝后，将焊件或焊接区立即加热到 150~250℃范围内，并保温一段时间。消氢处理则是在 300~400℃加热温度范围内进行。焊后及时后热及消氢处理是防止高强钢焊接冷裂纹的有效措施之一，而且采用后热还可降低预热温度，改善焊接环境。

（4）焊后热处理

焊后热处理的目的主要是改善组织性能或消除焊接应力。除了电渣焊由于接头区严重过热而需要进行正火处理外，其他焊接条件应根据使用要求来考虑是否需要焊后热处理。确定焊后热处理温度的原则是：

1）不应超过母材原来的回火温度，以免影响母材本身的性能；

2）对于有回火脆性的材料，应避开出现回火脆性的温度区间。例如对含 V 或 V+Mo 的低合金钢，回火时应提高冷却速度，避免在 600℃左右的温度区间停留较长时间，以免因 V 的二次碳化物析出而造成脆化，如 15MnVN 的消除应力热处理的温度为 550℃±25℃。

如焊后不能及时进行热处理，应立即在 200~350℃保温 2~6h，以便焊接接头中氢扩散逸出。

热轧及正火钢一般不需要焊后热处理，但对要求抗应力腐蚀的焊接结构、低温环境下使用的焊接结构和厚板结构等，焊后需进行消除应力的高温回火处理。几种热轧及正火钢的预热温度和焊后热处理工艺见表 2-20。

表 2-20　几种热轧及正火钢预热温度和焊后热处理的工艺

强度级别/MPa	典型钢种	预热温度	焊后热处理工艺	
			电弧焊	电渣焊
345	Q345	100~150℃ (δ≥16mm)	一般不进行，或 600~650℃回火	900~930℃正火 600~650℃回火
390	Q390	100~150℃ (δ≥28mm)	560~590℃或 630~650℃回火	900~980℃正火 560~590℃或 630~650℃回火
420	Q420 15MnVTiRE	100~150℃ (δ≥25mm)	—	950℃正火 650℃回火
490	18MnMoNb 14MnMoV	≥200℃	600~650℃回火	950~980℃正火 600~650℃回火

低碳调质钢焊接结构一般是在焊态下使用，正常情况下不进行焊后热处理。但若焊后焊接接头区强度和韧性过低、焊接结构受力大或承受应力腐蚀以及焊后需要进行高精度加工以保证结构尺寸等，则要进行焊后热处理。为了保证材料的强度性能，焊后热处理温度必须比母材原调质处理的回火温度低 30℃左右。

中碳调质钢焊接结构一般在退火或正火状态下进行焊接，焊后再进行整体调质处理，常用中碳调质钢的焊后热处理工艺参数见表 2-21。

表 2-21　常用中碳调质钢的焊后热处理工艺参数

钢材牌号	焊后热处理/℃	说明
30CrMnSiA	淬火+回火：480~700	使焊缝金属组织均匀化，焊接接头获得最佳性能
30CrMnSiNi2A	淬火+回火：200~300	
30CrMnSiA	回火：500~700	消除焊接应力，以便于冷加工
30CrMnSiNi2A		

2.4.5　热轧及正火钢的焊接工艺要点

(1) 焊条电弧焊

适用于各种不规则形状、各种焊接位置的焊缝焊接。一般根据焊件厚度、坡口形式、焊缝位置等选择焊接工艺参数。多层焊的第一层以及非平焊位置焊接时，焊条直径应小一些。由于热轧及正火钢的焊接性良好，因此在保证焊接质量的前提下，应尽可能采用大直径焊条和适当稍大的焊接电流，以提高生产率。热轧及正火钢手工电弧焊推荐工艺参数见表 2-22。

表 2-22 热轧及正火钢焊条电弧焊推荐工艺参数

焊缝空间位置	坡口形式	焊件厚度/mm	第一层焊缝		其他各层焊缝	
			焊条直接/mm	焊接电流/A	焊条直接/mm	焊接电流/A
平对接焊缝	I形	2	2	55~60	—	—
		2.5~4	3.2	90~120	—	—
		4~5	3.2	100~130	—	—
			4	160~200	—	—
	V形	5~6	4	160~210	—	—
		≥6	4	160~210	4	160~210
					5	220~280
	X形	≥12	4	160~210	4	160~210
					5	220~280

(2) 自动焊

热轧及正火钢常用的自动焊方法有埋弧自动焊、电渣焊、CO_2气体保护焊等。埋弧焊由于具有熔敷率高、熔深大以及机械化程度高的优点，特别适用于大型焊接结构的制造，广泛用于船舶、管道和要求长直焊缝的结构制造，多用于平焊和平角焊。对于厚壁压力容器等大型厚板结构，电渣焊有时也是常用的焊接方法，由于电渣焊焊缝及热影响区晶粒粗化，焊后一般必须进行正火处理。CO_2气体保护焊具有操作方便、生产率高、焊接热输入小、热影响区窄等优点，适用于不同位置焊缝焊接。

Q345 钢对接和角接埋弧焊的工艺参数见表 2-23。热轧及正火钢 CO_2气体保护焊的工艺参数见表 2-24。

表 2-23 Q345 钢对接和角接埋弧焊的工艺参数

接头形式	焊件厚度/mm	焊缝次序(层数)	焊丝直径/mm	焊接电流/A	焊接电压/V	焊接速度/(m/h)	焊丝+焊剂
不开坡口(双面焊)	8	正 反	4.0	550~580 600~650	34~36	34.5	H08A+HJ431
	10~12	正 反	4.0	620~680 680~700	36~38	32	H08A+HJ431
V形坡口(双面焊) $\alpha=60°\sim70°$	14~16	正 反	4.0	600~640 620~680	34~36	29.5	H08A+HJ431
	18~20	正 反	4.0	680~700 700~720	36~38	27.5	H08MnA+HJ431
	22~25	正 反	4.0	700~720 720~740	36~38	21.5	H08MnA+HJ431
T形接头不开坡口(双面焊)	16~18	(2层)	4.0	600~650 680~720	32~34 36~38	34~38 24~29	H08A+HJ431
	20~25	(2层)	4.0	600~700 720~760	32~34 36~38	30~36 21~26	H08A+HJ431

表 2-24　热轧及正火钢 CO_2 气体保护焊的工艺参数

焊接	焊丝直径/mm	保护气体	气体流量/(L/min)	预热或层间温度/℃	焊接参数		
					焊接电流/A	焊接电压/V	焊接速度/(cm/min)
单道焊	1.2	CO_2	8~15	~100	100~150	21~24	12~18
多道焊			8~15	≤100	160~240	22~26	14~22
单道焊	1.6	CO_2	10~18	~100	300~360	33~35	20~26
多道焊			10~18	≤100	280~340	30~32	18~24

(3) 氩弧焊

主要用于一些重要焊接结构多层焊缝的打底焊或管-板焊接，以保证焊缝根部的焊接质量(焊缝根部往往是最容易产生裂纹的部位)。热轧及正火钢钨极氩弧焊的工艺参数见表 2-25，熔化极氩弧焊的工艺参数见表 2-26。

表 2-25　热轧及正火钢钨极氩弧焊的工艺参数

焊件厚度/mm	钨棒直径/mm	焊丝直径/mm	焊接电流/A	焊接电压/V	气体流量/(L/min)
1.0~1.5	1.5	1.6	35~80	11~15	3.5~5.0
2.0	2.0	2.0	75~120	11~15	5.0~6.0
3.0	2.0~2.5	2.0	110~160	11~15	6.0~7.0

表 2-26　热轧及正火钢熔化极氩弧焊的工艺参数

对接形式	焊件厚度/mm	焊丝直径/mm	焊接电流/A	焊接电压/V	焊接速度/(cm/min)	焊接层数	氩气流量/(L/min)
I 形坡口	2.5~3.0	1.6~2.0	190~300	20~30	30~60	1	6~8
	4.0	2.0~2.5	240~330	20~30	30~60	1	7~9
V 形坡口	6.0~8.0	2.0~3.0	300~430	20~30	25~50	1~2	9~15
	10	2.0~3.0	360~460	20~30	25~50	2	12~17

2.4.6　热机械轧制钢的焊接工艺要点

管线钢是一种典型的热机械轧制钢，广泛应用于石油天然气输送管线工程之中。管线钢的焊接包括制管焊接和现场安装焊接等两种方式。在焊管制造方面，主要有螺旋缝埋弧焊(Submerged-Arc Welding Helical，SAWH)钢管，直缝埋弧焊(Submerged-Arc Welding Longitudinal，SAWL)钢管和直缝高频焊(High Frequency Welding，HFW)钢管。在安装焊接方面，为了降低长输管线的施工成本，一般采用高效焊接工艺方法。

(1) 螺旋缝埋弧焊管工艺要点

螺旋缝钢管是将带钢按设计的成型角(带钢送进方向与管子中心线水平投影的夹角，也就是管子螺旋焊缝与管子中心线投影的夹角)通过成型机组螺旋成型，随后依次进行内、外焊接而制成的焊接钢管，如图 2-21 所示。主要用于生产直径为 $\phi127\sim\phi4000$，壁厚 5~25.4mm，长度为 6~35m 的长输管线用钢管、钢管桩和一些结构用管。

螺旋缝钢管内外焊接所采用的焊接方法为多丝埋弧自动焊。钢带、焊丝、焊剂等的品质，决定着螺旋缝钢管焊缝的强度和韧性，常用焊接材料匹配见表 2-27。螺旋埋弧焊管焊接速度一般不小于 1.5m/min，属于高速焊接，因此焊剂也属于高速焊剂。低钢级管线钢常

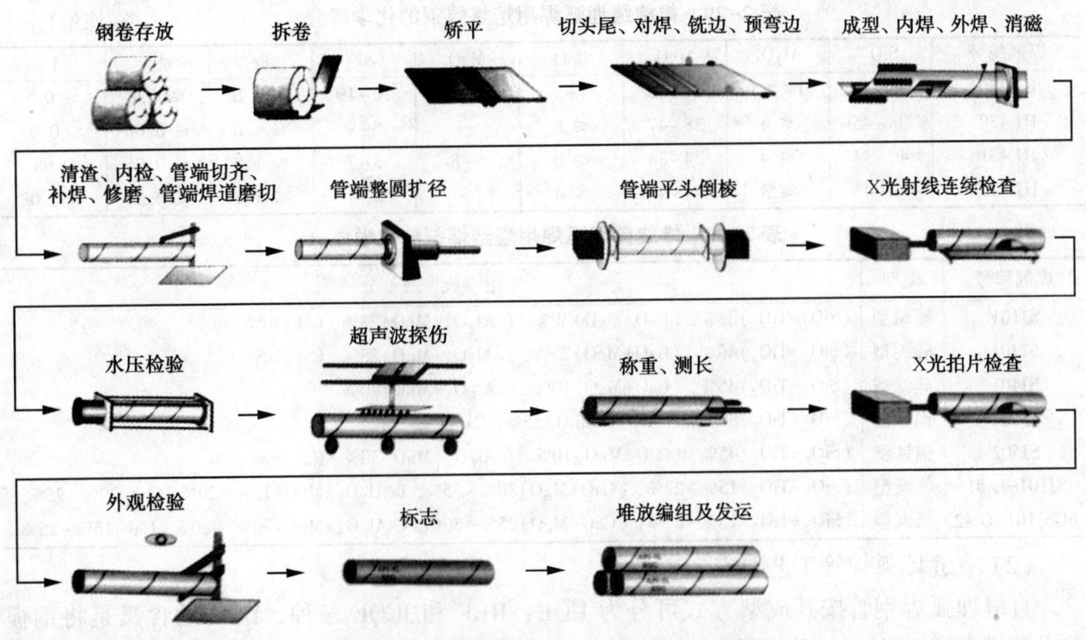

图 2-21 螺旋缝钢管生产工艺过程示意图

采用熔炼焊剂，焊速快且焊缝形貌好。高钢级管线钢需要与高强度、高韧性的焊丝、焊剂相匹配，方能生产出高强度、高韧性焊管。螺旋缝埋弧焊管用焊丝的化学成分见表 2-28，螺旋缝埋弧焊管用焊剂的化学成分见表 2-29、表 2-30。埋弧焊焊丝表面镀铜可减少导电嘴的损耗，提高导电性能并有利于存贮，但镀铜含量应小于 0.35%。也有研究认为，为防止焊接裂纹，焊丝表面尽量不要镀铜。

表 2-27 螺旋缝埋弧焊焊接材料匹配推荐

钢材牌号	焊丝牌号	焊剂牌号
X42~X52	H08A，H08MnA	HJ433，SJ101
X56~X70	H08C，H08MnMoA	SJ101，SJ101-G #1
X80~X100	H08C，BG-H06H1	SJ101-G #1，BGSJ101-G #2

表 2-28 螺旋缝埋弧焊用焊丝的化学成分 %(质量)

焊丝牌号	C	Si	Mn	S	P	Mo	Ti	B	Cr
H08A	≤0.10	≤0.03	0.30~0.55	≤0.03	≤0.03	—	—	—	—
H08MnA	≤0.10	≤0.07	0.80~1.10	≤0.04	≤0.04	—	—		—
H08MnMoA	≤0.10	≤0.25	1.20~1.60	≤0.03	≤0.03	0.30~0.50	0.15	—	—
H08CrMoA	≤0.10	0.15~0.35	0.40~0.70	≤0.03	≤0.03	0.40~0.60	—	—	0.80~1.10
H08C	≤0.11	≤0.30	1.00~1.40	≤0.03	≤0.03	0.30~0.06	0.03~0.06	0.003~0.006	—
BG-H06H1	≤0.11	≤0.45	1.40~1.95	≤0.03	≤0.03	0.3~0.6	0.03~0.09	0.002~0.008	—

表 2-29　螺旋缝埋弧焊用熔炼焊剂的化学成分　　%(质量)

焊剂牌号	SiO_2	Al_2O_3	MnO	CaO	MgO	CaF_2	Fe	S	P
HJ 360	33~37	11~15	20~26	4~7	5~9	10~19	≤1.0	≤0.1	≤0.1
HJ 430	38~45	≤5	38~47	≤6	—	5~9	≤1.8	≤0.06	≤0.08
HJ 431	40~44	≤4	34~38	≤6	5~8	3~7	≤1.8	≤0.06	0.08
HJ 433	42~45	≤3	44~47	≤4	—	2~4	≤1.8	≤0.06	≤0.08

表 2-30　螺旋缝埋弧焊用烧结焊剂的化学成分

焊剂牌号	类型	组成成分
SJ101	氟碱型	(SiO_2+TiO_2)25%，(CaO+MgO)30%，(Al_2O_3+MnO)25%，$CaF_2$20%
SJ301	硅钙型	(SiO_2+TiO_2)40%，(CaO+MgO)25%，(Al_2O_3+MnO)25%，$CaF_2$10%
SJ401	硅锰型	(SiO_2+TiO_2)45%，(CaO+MgO)10%，(Al_2O_3+MnO)40%
SJ501	铝钛型	(SiO_2+TiO_2)30%，(Al_2O_3+MnO)55%，$CaF_2$5%
SJ502	铝钛型	(SiO_2+TiO_2)45%，(CaO+MgO)10%，(Al_2O_3+MnO)30%，$CaF_2$5%
SJ101-G #1	氟碱型	(SiO_2+TiO_2)15%~22%，(CaO+MgO)30%~35%，(Al_2O_3+MnO)15%~20%，$CaF_2$20%~25%
BGSJ101-G #2	氟碱型	(SiO_2+TiO_2)15%~25%，(CaO+MgO)25%~30%，(Al_2O_3+MnO)20% ~30%，$CaF_2$15%~25%

(2) 直缝埋弧焊管工艺要点

直缝埋弧焊钢管按其成型方式可分为 UOE，RBE 和 JCOE 三种。UOE 的含义是将钢板在成型模内按 U 形—O 形的顺序成型，焊后进行扩径(U-O-Expanding)，如图 2-22 所示。RBE 的含义是将钢板经三辊辊压弯曲成型，然后进行扩径(Roll Bending -Expanding)。JCOE 的含义则是将钢板按 J 形—C 形—O 形的顺序成型，焊后进行扩径(J-C-O-Expanding)。

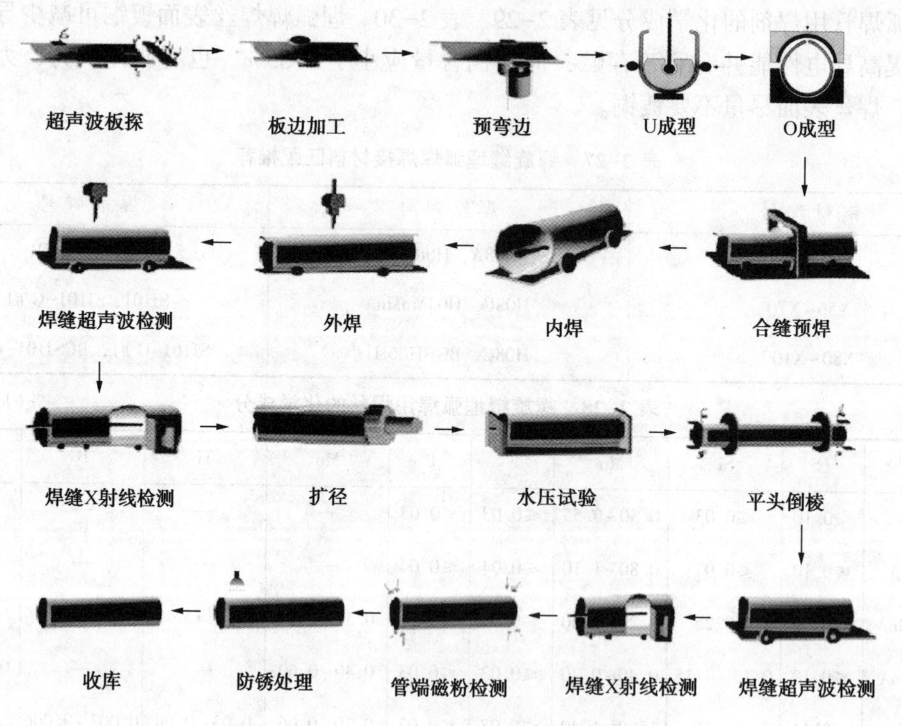

图 2-22　UOE 钢管生产工艺过程示意图

直缝埋弧焊管的成型和焊接是分开进行的。焊接分为预焊焊接和埋弧焊焊接两道工序。

1）预焊焊接。预焊是将管坯沿全长进行“浅焊”。预焊时管坯被固定在设有焊缝压紧机构的型套或型框内使板边保持平直，错边不得超过有关标准要求，板边紧贴或保持间隙均匀。预焊分为间断预焊和连续预焊两种。间断预焊是每隔一定的间隔连续焊 100mm 左右。连续预焊是在管坯焊缝沿全长施焊。无论是间断预焊还是连续预焊，都不需要大的熔深和熔宽。目前，国内机组均采用连续预焊，预焊焊缝必须保证在后续工序中焊缝不开裂并且焊缝中不得存在任何焊接缺陷。预焊后的焊道表面需要清理焊渣或其他杂物。预焊多采用 CO_2+Ar 气体保护自动焊等。预焊缝若需要修补，一般采用手工电弧焊。

2）埋弧焊焊接。预焊完成后，随后进行埋弧焊，埋弧焊是在专用的焊接装置上进行，一般先内焊、后外焊。直缝埋弧焊钢管的内焊方式有两种，一是将钢管固定，电焊机的焊头移动；另一种是将焊机的焊头固定，管坯沿直线移动。外焊大多数采用焊头固定，管坯沿直线移动的方式完成。

（3）直缝高频焊管工艺要点

直缝高频焊钢管采用的是高频对接焊，包括高频接触焊和高频感应焊两种方法，电流频率范围为 350~450kHz 。高频接触焊和高频感应焊都是利用高频电流的趋肤(趋表)效应和邻近效应这两个特性，使管坯边缘熔化，然后在挤压辊的作用下进行压力焊接，如图 2-23 所示。

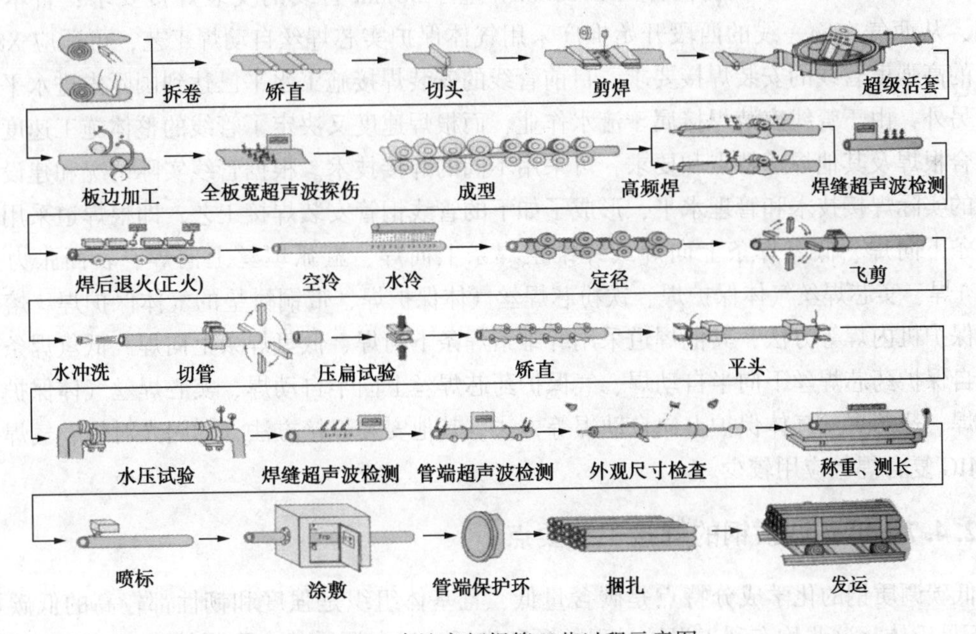

图 2-23　直缝高频焊管工艺过程示意图

高频焊的特点是没有外来填充金属，焊接热影响区小，加热速度快，生产效率高。由于钢带质量的改进，以及焊接、热处理参数的计算机控制和在线检测自动化的实现，使直缝高频焊钢管的可靠性大为提高。目前，直缝高频焊钢管在石油天然气长输管线领域正得到重要而广泛的应用。普通的直缝高频焊钢管的不足是由于受其工艺过程的限制，钢管的外径和壁厚不能太大。虽然某些直缝高频焊钢管的强度级别可达 X80，但通常情况下，直缝高频焊钢管主要用于低压输送管和支线管中，但经热涨力减径或特殊热处理后的直缝高频焊钢管已经在使用上与无缝管等同，如石油套管等。

(4) 安装焊接

管线钢管安装焊接是管线施工最重要、最主要的工作内容之一，焊接效率决定了焊接速度及施工速度，焊接合格率决定了进度及费用。管线钢管安装焊接具有野外施工的特点，且机具多、后勤支持困难、施工成本高，这就要求施工设备必须在不断移动的状态下，保持良好的性能稳定性和环境适应性，故障率要低，耐久性要好。

管线钢管安装焊接野外施工对其焊接方法的基本要求如下：

① 焊接设备便于携带、运输，设备调节简单，设备可靠性高、适用性强且耐用，设备集成化程度高；

② 焊接操作技术简单易学，容易控制，焊接速度快，填充效率高；

③ 焊接接头易于进行无损检验，满足管线设计要求，合格率高；

④ 受环境因素的影响小，焊接材料简单，便于携带，易于使用。

为了降低石油天然气长输管线的施工成本，国内外均采用高效焊接工艺方法。20 世纪 80 年代在国内推广采用纤维素焊条的下向焊工艺，可适应 X60 以下级别，管径在323~800mm 之间的管线安装焊接的要求；20 世纪 90 年代推广采用自保护药芯焊丝半自动焊工艺，可适应 X65、X70 级别，管径 1016mm，壁厚 30mm 管线的安装焊接要求；自本世纪初起，从西气东输一线的西段开始推广采用气体保护实芯焊丝自动焊工艺，可适应 X80 级以上的高强度管线的安装焊接要求；目前管线的安装焊接施工水平已达到国际先进水平。

另外，由于管线安装焊接属于流水作业，而根焊速度又决定了管线的整体施工速度，为此结合根焊及其他焊道特点和要求，可采用不同的焊接技术。根据管线实际情况和建设施工单位的实际焊接技术和管理水平，形成了如下的管线钢管安装焊接工艺，即根焊道采用纤维素焊条下向焊、低氢焊条上向焊或纤维素焊条上向焊、氩弧填丝上向焊、表面张力过渡(STT)焊、实芯焊丝气体保护焊、铁粉芯焊丝气体保护焊、带铜衬垫的气体保护焊、熔化极气体保护机内焊等方法，其他焊道采用纤维素焊条下向焊、低氢焊条上向焊、低氢焊条下向焊、自保护药芯焊丝下向半自动焊、气保护药芯焊丝上向半自动焊、实心焊丝气体保护下向自动焊、药芯焊丝气体保护上向自动焊等方法。其他安装焊接方法，如闪光对焊、气焊、激光-MIG 复合焊等应用较少。

2.4.7 低碳调质钢的焊接工艺要点

低碳调质钢的化学成分特点是碳含量低，且基体组织是强度和韧性都较高的低碳马氏体+下贝氏体，这些均有利于焊接过程的顺利进行。但在调质状态下焊接时，只要加热温度超过钢材的回火温度，性能就会发生变化。因此焊接时由于热的作用使热影响区的强度和韧性下降几乎是不可避免的。因此，低碳调质钢焊接时要注意两个基本问题：一是要求马氏体转变时的冷却速度不能太快，使马氏体有“自回火”作用，以防止冷裂纹的产生；二是要求在 800~500℃之间的冷却速度大于产生脆性混合组织的临界速度。此外，在选择焊接材料和确定焊接工艺参数时，还应考虑焊缝及热影响区组织状态对焊接接头强韧性的影响。

手工电弧焊和气体保护焊条件下，HQ60、HQ70、14MnMoNbB 和 HQ100 钢焊接接头的力学性能见表 2-31。

表 2-31 几种低碳调质钢焊接接头的力学性能

钢材牌号	状态	焊接工艺	焊接材料	拉伸性能			冲击功 KV/J			
				屈服强度/MPa	抗拉强度/MPa	伸长率/%	焊缝		热影响区	
							室温	-40℃	室温	-40℃
HQ60	焊缝金属	焊条电弧焊	E6015H，ϕ4	570	675	19	142	56	—	—
		气保焊	ER60-G，ϕ1.6	545	655	21	150	57	—	—
	焊接接头	焊条电弧焊	E6015H，ϕ4	—	650	—	142	56	85	44
		气保焊	ER60-G，ϕ1.6	—	650	—	134	48	102	44
HQ70	焊缝金属	焊条电弧焊	E7015G，ϕ4	630	750	21	113	60	—	—
		气保焊	ER70-G，ϕ1.6	615	725	22	144	72	—	—
	焊接接头	焊条电弧焊	E7015H，ϕ4	—	785	—	—	—	90	47
		气保焊	ER70-G，ϕ1.6	—	720	—	—	—	124	78
14MnMoNbB	焊缝金属	焊条电弧焊	E8015G，ϕ4	760	865	21	181	—	—	—
		气保焊	ER80-G，ϕ1.6	745	790	20	104	72	—	—
	焊接接头	焊条电弧焊	E8015H，ϕ4	—	850	—	—	—	105	81
		气保焊	ER80-G，ϕ1.6	—	770	—	—	—	112	49
HQ100	焊缝金属	焊条电弧焊	E10015H，ϕ4	910	970	18	—	40	—	—
		气保焊	ER100-G，ϕ1.6	895	975	17	—	49	—	—
	焊接接头	焊条电弧焊	E10015H，ϕ4	—	975	—	—	—	—	62
		气保焊	ER100-G，ϕ1.6	—	986	—	—	—	—	44

注：气体保护焊采用80%Ar+20%CO_2混合气体，表中数据为焊后状态的实验平均值；焊后状态的热影响区冲击试样缺口开在熔合区外0.5mm处。

2.4.8 中碳调质钢的焊接工艺要点

中碳调质钢的特点是淬透性很大，焊接性较差，焊后所形成淬火组织是硬脆的高碳马氏体，不仅冷裂纹敏感性大，而且焊后若不再进行热处理时，其焊接热影响区性能一般达不到原来基体金属的性能。中碳调质钢焊前母材所处的状态非常重要，它决定了焊接时可能出现的问题及必须采取的工艺措施。中碳调质钢一般在退火状态下焊接，焊后通过整体调质处理获得性能满足要求的均匀焊接接头。但有时必须在调质状态下焊接时，其焊接热影响区性能的恶化是很突出且难以解决的问题。

（1）退火状态下焊接

大多数情况下，中碳调质钢都是在退火（或正火）状态下焊接，焊后再进行整体调质处理，以便获得性能满足要求的焊接接头，这是中碳调质钢焊接的一种比较合理的焊接方案。焊接时所要解决的主要是裂纹问题，热影响区和焊缝的性能可通过焊后的调质处理来保证。这种情况下对焊接方法的选择几乎没有限制，常用的一些焊接方法（如焊条电弧焊、埋弧焊、TIG和MIG、等离子弧焊等）都能采用。在选择焊接材料时，除了要求保证不产生冷、热裂纹外，还有一些特殊要求，即焊缝金属的调质处理规范应与母材的一致，以保证调质后的接头性能也与母材相同。因此，焊缝金属的主要合金组成应与母材相似，但对能引起焊缝热裂倾向和促使焊缝金属脆化的元素(如C、Si、S、P等)应加以严格控制。

在焊后调质的情况下，焊接工艺参数的确定主要是保证在调质处理之前接头不出现裂纹，而接头性能由焊后热处理来保证。因此，在焊接时可采用较高的预热温度(200~350℃)和层间温度。另外，在很多情况下焊后往往来不及立即进行调质处理，为了保证焊接接头冷却到室温后在调质处理前不致产生延迟裂纹，还须在焊后及时进行一次中间热处理。

(2) 调质状态下焊接

对于必须在调质状态下焊接时，需要解决的主要问题一方面是裂纹问题，另一方面是热影响区硬化、脆化和软化问题。

由于焊后不再进行调质处理，焊缝金属成分可与母材有差别。从防止焊接冷裂纹的要求出发，可以选用塑韧性好的奥氏体焊条焊接，但在工艺上应注意异种钢焊接时存在的一些问题。

为了消除热影响区的淬硬组织和防止延迟裂纹的产生，必须合理选定预热温度，并应焊后及时进行回火处理。同时，还必须注意控制预热温度、层间温度、中间热处理温度和焊后热处理温度等比母材淬火后的回火温度至少低50℃。

为了减少热影响区的软化，从焊接方法考虑，一般采用热量越集中、能量密度越大的方法越有利，而且焊接线能量越小越好，这一点与低碳调质钢的焊接是一致的。因此气焊在这种情况下是最不合适的，气体保护焊比较好，特别是钨极氩弧焊，它的热量比较容易控制，焊接质量容易保证，因此常用它来焊接一些焊接性很差的高强钢。另外，脉冲氩弧焊、等离子弧焊和电子束焊等工艺方法，用于这类钢的焊接是很有前途的。从经济性和方便性方面考虑，目前在焊接这类钢时，焊条电弧焊还是用得最为普遍。常用的中碳调质钢的焊接工艺参数见表2-32。

表2-32 常用的中碳调质钢的焊接工艺参数

焊接方法	钢材牌号	板材厚度/mm	焊丝或焊条直径/mm	工艺参数					说明
				焊接电压/V	焊接电流/A	焊接速度/(m/h)	送丝速度/(m/h)	焊剂或保护气体流量/(L/min)	
焊条电弧焊	30CrMnSiA	4	3.2	20~25	90~110	—	—	—	—
	30CrMnSiNi2A	10	3.2	21~32	130~140	—	—	—	预热350℃，焊后680℃回火
			4.0		200~220				
埋弧焊	30CrMnSiA	7	2.5	21~38	290~400	27	—	HJ431	焊接3层
	30CrMnSiNi2A	26	3.0	30~35	280~450	—	—	HJ350	焊接3层
			4.0						
CO_2气体保护焊	30CrMnSiA	2	0.8	17~19	75~85	—	120~150	CO_2，7~8	短路过渡
		4			85~110	—	150~180	CO_2，10~14	
钨极氩弧焊	45CrNiMoV	2.5	1.6	9~12	100~200	6.75	30~52.5	Ar，10~20	预热260℃，焊后650℃回火
		23		12~14	250~300	4.5	30~57	Ar14，He5	预热300℃，焊后670℃回火

2.5　珠光体耐热钢的焊接

珠光体耐热钢具有很好的抗氧化性和热强性，工作温度可高达600℃，具有良好的抗硫和氢腐蚀的能力，广泛用于制造蒸汽动力发电设备、核动力装置、石化加氢裂化装置、合成化工容器及其他高温加工设备等。

2.5.1　珠光体耐热钢的成分及性能

珠光体耐热钢Cr的含量一般为0.5%~9%，Mo的含量一般为0.5%或1%，一般添加的合金元素总质量分数小于10%。合金元素Cr能形成致密的氧化膜，提高钢的抗氧化性能。当钢中Cr<1.5%时，随Cr的增加钢的蠕变强度也增加；Cr≥1.5%后，钢的蠕变强度随含Cr量的增加而降低。Mo是珠光体耐热钢中的强化元素，其形成碳化物的能力比Cr弱，Mo优先溶入固溶体，Mo的熔点高达2625℃，固溶后可提高钢的再结晶温度，有效地提高钢的高温强度和抗蠕变能力。另外，Mo不仅可以减小钢材的热脆性，而且还可以提高钢材的抗腐蚀能力。

在珠光体耐热钢中，一般随着Cr、Mo含量的增加，钢的抗氧化性、高温强度和抗硫化物腐蚀性能也都会增加。在Cr-Mo珠光体耐热钢中加入少量的V、W、Nb、Ti等元素后，可进一步提高钢的热强性。V能形成细小弥散的碳化物和氮化物，分布在晶内和晶界，阻碍碳化物聚集长大，提高蠕变强度。V与C的亲和力比Cr和Mo大，可阻碍Cr和Mo形成碳化物，促进Cr和Mo的固溶强化作用。V含量不宜过高，否则V的碳化物在高温下会聚集长大，造成钢的热强性下降，或使钢材脆化。W的作用和Mo相似，能强化固溶体，提高再结晶温度，增加回火稳定性，提高蠕变强度。

这类钢主要有Cr-Mo、Cr-Mo-V、Cr-Mo-W、Cr-Mo-W-V、Cr-Mo-W-V-B、Cr-Mo-V-Ti-B等合金系统。常用珠光体耐热钢的化学成分和室温力学性能分别见表2-33和表2-34。耐热钢对保证高温高压设备长期工作的可靠性有重要的意义，各种耐热钢的极限工作温度如图2-24所示。在不同的运行条件下，各种耐热钢允许的最高工作温度见表2-35。在高压氢介质中，各种Cr-Mo钢的适用温度范围如图2-25所示。

表2-33　常用珠光体耐热钢的化学成分　%

钢材牌号	C	Si	Mn	Cr	Mo	V	W	Ti	S	P	B	其他
12CrMo	≤0.15	0.20~0.40	0.40~0.70	0.40~0.70	0.40~0.55	—	—	—	≤0.04	≤0.04	—	Cu≤0.30
15CrMo	0.12~0.18	0.17~0.37	0.40~0.70	0.80~1.10	0.40~0.55	—	—	—	≤0.04	≤0.04	—	—
20CrMo	0.17~0.24	0.20~0.40	0.40~0.70	0.80~1.10	0.15~0.25	—	—	—	≤0.04	≤0.04	—	—
12CrMoV	0.08~0.15	0.17~0.37	0.40~0.70	0.90~1.20	0.25~0.35	0.15~0.30	—	—	≤0.04	≤0.04	—	—

续表

钢材牌号	C	Si	Mn	Cr	Mo	V	W	Ti	S	P	B	其他
12Cr3MoVSiTiB	0.09~0.15	0.60~0.90	0.50~0.80	2.50~3.00	1.00~1.20	0.25~0.35	—	0.22~0.38	≤0.035	≤0.035	0.005~0.011	—
12Cr2MoWVB	0.08~0.15	0.45~0.70	0.45~0.65	1.60~2.10	0.50~0.65	0.28~0.42	0.30~0.42	0.30~0.55	≤0.035	≤0.035	<0.008	—
13CrMo44	0.10~0.18	0.15~0.35	0.40~0.70	0.70~1.00	0.40~0.50	—	—	—	≤0.04	≤0.04	—	—
14CrV63	0.10~0.18	0.15~0.35	0.30~0.60	0.30~0.60	0.50~0.65	0.25~0.35	—	—	≤0.04	≤0.04	—	—
10CrMo910	≤0.15	0.15~0.50	0.40~0.60	2.00~2.50	0.90~1.10	—	—	—	≤0.04	≤0.04	—	—
10CrSiMoV7	≤0.12	0.90~1.20	0.35~0.75	1.60~2.0	0.25~0.35	0.25~0.35	—	—	≤0.04	≤0.04	—	—
WB36 (15NiCuMoNb5)	0.10~0.17	0.25~0.50	0.80~1.20	≤0.30	0.25~0.50	ω_{Ni} 1.00~1.30	ω_{Cu} 0.50~0.80	ω_{Nb} 0.015~0.045	≤0.03	≤0.03	N≤0.02	Al≤0.05

表 2-34 常用珠光体耐热钢的室温力学性能

钢材牌号	热处理状态	取样位置	屈服强度/MPa	抗拉强度/MPa	伸长率/%	冲击吸收功 *KV*/(J/cm)
12CrMo	900~930℃+680~730℃回火	—	210	420	21	68
15CrMo	930~960℃+680~730℃回火	纵向	240	450	21	59
		横向	230	450	20	49
20CrMo	880~900℃淬火,水或油冷+580~600℃回火	—	550	700	16	78
12CrMoV	980~1020℃+720~760℃回火	纵向	260	480	21	59
		横向	260	450	19	49
12Cr3MoVSiTiB	1040~1090℃+720~770℃回火	—	450	640	18	—
12Cr2MoWVB	1000~1035℃+760~780℃回火	—	350	550	18	—
13CrMo44	910~940℃+650~720℃回火	—	300	450~580	22	—
14CrV63	950~980℃+690~720℃回火	—	370	500~700	20	—
10CrMo910	900~960℃+680~780℃回火	—	270	450~600	20	—
10CrSiMoV7	970~1000℃+730~780℃回火	—	300	500~650	20	—
WB36 (15NiCuMoNb5)	900~980℃+580~660℃回火	纵向	449	622~775	19	—
		横向	—	—	17	—

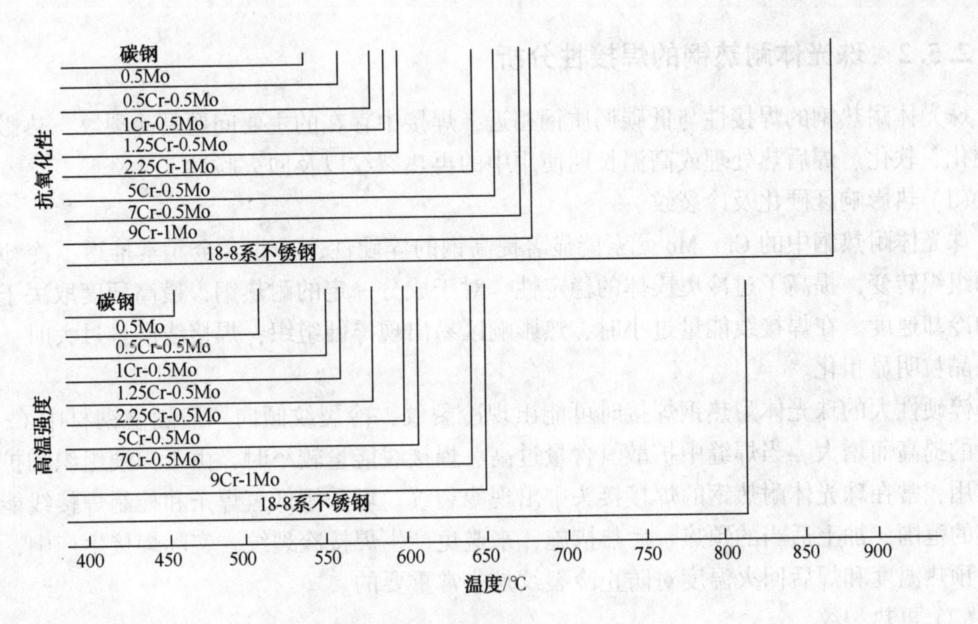

图 2-24 各种耐热钢的极限工作温度

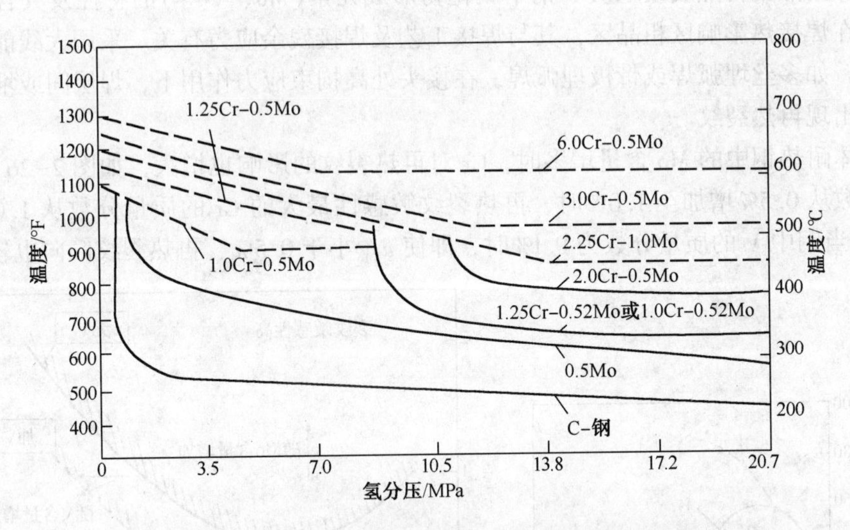

图 2-25 高压氢介质中各种 Cr-Mo 钢的适用温度

表 2-35 不同的运行条件下各种耐热钢允许的最高工作温度

钢种 / 运行条件	最高工作温度/℃						
	0. 5Mo	1. 25Cr-0. 5Mo 1Cr-0. 5Mo	2. 25Cr-1Mo 1CrMoV	2CrMoWVTi 5Cr-0. 5Mo	9Cr-1Mo 9CrMoV 9CrMoWVNb	12Cr-MoV	18-8CrNi(Nb)
高温高压蒸汽	500	550	570	600	620	680	760
常规炼油工艺	450	530	560	600	650	—	750
合成化工工艺	410	520	560	600	650	—	750
高压加氢裂化	300	340	400	550	—	—	750

2.5.2 珠光体耐热钢的焊接性分析

珠光体耐热钢的焊接性与低碳调质钢相近，焊接中存在的主要问题是冷裂纹、热影响区的硬化、软化、焊后热处理或高温长期使用中的再热裂纹以及回火脆性。

(1) 热影响区硬化及冷裂纹

珠光体耐热钢中的Cr、Mo元素能显著提高钢的淬硬性，这些合金元素推迟了冷却过程中的组织转变，提高了过冷奥氏体的稳定性。对于成分一定的耐热钢，最高硬度取决于奥氏体的冷却速度。在焊接线能量过小时，热影响区易出现淬硬组织；焊接线能量过大时，热影响区晶粒明显粗化。

淬硬性大的珠光体耐热钢焊接时可能出现冷裂纹，冷裂纹倾向一般随着钢材中Cr、Mo含量的提高而增大。当焊缝中扩散氢含量过高、焊接线能量较小时，由于淬硬组织和扩散氢的作用，常在珠光体耐热钢的焊接接头中出现冷裂纹。可采用低氢焊条和控制焊接线能量在合适的范围，加上适当的预热、后热措施，来避免产生焊接冷裂纹。实际焊接生产中，正确选定预热温度和焊后回火温度对防止冷裂纹是非常重要的。

(2) 再热裂纹

珠光体耐热钢再热裂纹取决于钢中碳化物形成元素(Mo、V等)的特性及其含量。再热裂纹出现在焊接热影响区粗晶区，其与焊接工艺及焊接残余应力有关。采用大线能量焊接方法焊接时，如多丝埋弧焊或带极埋弧焊，在接头处高拘束应力作用下，焊层间或堆焊层下的粗晶区易出现再热裂纹。

珠光体耐热钢中的Mo含量增多时，Cr对再热裂纹的影响也增大，如图2-26所示。Mo的质量分数从0.5%增加至1.0%时，再热裂纹敏感性最大的Cr的质量分数从1.0%降低至0.5%。但当钢中V的质量分数为0.1%时，即使w_{Mo}小于0.5%，再热裂纹倾向也较大。

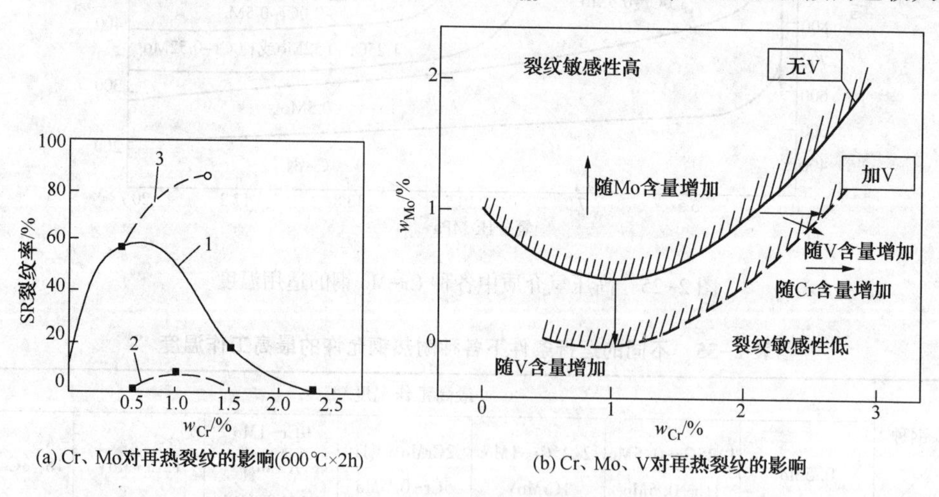

(a) Cr、Mo对再热裂纹的影响(600℃×2h)　　(b) Cr、Mo、V对再热裂纹的影响

图2-26　合金元素对钢材再热裂纹敏感性的影响

1—1%Mo；2—0.5%Mo；3—0.5%Mo-0.1%V

(3) 回火脆性

Cr-Mo珠光体耐热钢及其焊接接头在350~500℃温度区间长期运行过程中发生脆变的现象称为回火脆性。产生回火脆性的主要原因，是由于在回火脆化温度范围内长期加热后P、

As、Sb、Sn 等杂质元素在奥氏体晶界偏析而引起的晶界脆化；此外，与促进回火脆化的元素 Mn、Si 也有关。因此，对于基体金属来说，严格控制有害杂质元素的含量，同时降低 Si、Mn 含量是解决回火脆性的有效措施。此外，因为焊接材料中的杂质难以控制，焊缝金属回火脆性敏感性比母材大，必须严格控制焊缝金属中 P、Si 含量。

2.5.3 珠光体耐热钢的焊接工艺要点

(1) 焊接方法

珠光体耐热钢一般是在热处理状态下焊接，焊后大多数要进行高温回火处理。常用焊接方法以焊条电弧焊为主，埋弧焊、熔化极气体保护焊、电渣焊、钨极氩弧焊等也有应用。

(2) 焊接材料

为了保证焊缝性能与母材匹配，使焊缝金属的合金成分及使用温度下的强度性能应与母材相应的指标一致，或应达到产品技术条件提出的最低性能指标。焊缝金属一般也应具有必要的热强性，这就要求其化学成分应力求与母材相近。同时，为了防止焊缝有较大的热裂倾向，焊缝含碳量往往比母材要低一些(一般不低于 0.07%)，焊缝性能有时要比母材低一些。但若焊接材料选择适当，焊缝的性能是可以和母材匹配的。

常用珠光体耐热钢焊接材料见表 2-36。为控制焊接材料的含水量，在焊接工艺要求中应规定焊条和焊剂的保存和烘干制度。常用珠光体耐热钢焊条和焊剂的烘干制度见表 2-37。

表 2-36 常用珠光体耐热钢焊接材料

钢材牌号	焊条电弧焊 焊条型号(牌号)	气体保护焊 焊丝型号(牌号)	埋弧焊(焊丝+焊剂) 牌号	埋弧焊(焊丝+焊剂) 型号	氩弧焊焊丝型号 (牌号)
15Mo	E5015-A1 (R107)	ER55-D2 (H08MnSiMo)	H08MnMoA+ HJ350	F5114- H08MnMoA	TGR50M(TIG) (H08MnSiMo)
12CrMo	E5505-B1 (R207)	ER55-B2 (H08CrMnSiMo)	H10CrMoA+ HJ350	F5114- H10CrMoA	TGR50M(TIG (H08CrMnSiMo)
15CrMo	E5515-B2 (R307)	ER55-B2 (H08Mn2SiCrMo)	H08CrMoVA+ HJ350	F5114- H08CrMoVA	TGR55CM(TIG) (H08MnSiCrMo)
20CrMo	E5515-B2 (R307)		H08CrMoA+ HJ350	—	H05Cr1MoVTiRE
12Cr1MoV	E5515-B2-V (R317)	ER55-B2MnV (H08CrMnSiMoV)	H08CrMoA+ HJ350	F6114- H08CrMoV	TGR55V(TIG) (H08CrMnSiMoV)
12Cr2Mo	E6015-B3 (R407)	ER62-B3 (08Cr3MnSiMo)	H08Cr3MnMoA+ HJ350 SJ101	F6124- H08Cr3MnMoA	TGR59C2M(TIG) (H08Cr3MnSiMo)
12Cr2MoWVB	E5515-B3-VWB (R347)	ER55-B2 (08Cr2WVNbB)	H08Cr2MoWVNbB+ HJ250	F6111- H08Cr2MoWVNbB	TGR55WB(TIG) (H08Cr2WVNbB)
10CrMo910	E6015-B3 (R407)	—	—	—	(H05Cr2MoTiRE)
10CrSiMoV7	E5515-B2-V (R347)	—	H08CrMoV+ HJ350	—	(H05Cr1MoVTiRE)

注：气体保护焊的保护气体为 CO_2 或 Ar+20%CO_2 或 Ar+(1%~5%)O_2。

表 2-37 常用珠光体耐热钢焊条和焊剂的烘干制度

焊条、焊剂的型号(牌号)	烘干温度/℃	烘干时间/h	保存温度/℃
E5003-A_1(R102), E5503-B_1(R202), E5503-B_2(R302)	150~200	1~2	50~80
E5015-A_1(R107), E5515-B_1(R207), E5515-B_2(R307) E5515-B_2-V(R317), E6015-B_3(R407), E5515-B_3-VWB(R347)	350~400	1~2	127~150
F5114(HJ350), F6111(HJ250)	400~450	2~3	120~150
F7124(SJ101), F5123(SJ301)	300~350	2~3	120~150

(3)预热及焊后热处理

珠光体耐热钢焊接时，为了防止冷裂纹和消除热影响区硬化现象，在实际生产中，应结合钢材化学成分、产品结构尺寸以及结构拘束度等具体条件因素，通过有关试验合理选定预热温度和焊后热处理温度。常用珠光体耐热钢的预热温度和焊后热处理温度见表 2-38。

表 2-38 常用珠光体耐热钢的预热温度和焊后热处理温度

钢材牌号	预热温度/℃	焊后热处理温度/℃	钢材牌号	预热温度/℃	焊后热处理温度/℃
12CrMo	200~250	650~700	12MoVWBSiRE	200~300	750~770
15CrMo	200~250	670~700	12Cr2MoWVB①	250~300	760~780
12Cr1MoV	250~350	710~750	12Cr3MoVSiTiB	300~350	740~760
17CrMo1V	350~450	680~700	20CrMo	250~300	650~700
20Cr3MoWV	400~450	650~670	20CrMoV	300~350	680~720
Cr2.25Mo	250~350	720~750	15CrMoV	300~400	710~730

注：①12Cr2MoWVB 气焊接头焊后应正火+回火处理。推荐：正火 1000~1030℃+回火 760~780℃。

2.6 低温钢的焊接

通常把-40~-196℃的温度范围称为“低温”，低于-196℃直至-273℃的温度范围称为“超低温”。低温钢主要是为了适应能源、石油化工的需要而发展起来的一种专用钢，主要用于制造贮存和运输各类液化气体的容器等，这就要求这类钢必须具备的最重要的性能就是抵抗低温脆化，同时也要求其焊接接头必须具备足够的抵抗低温脆化能力。

2.6.1 低温钢的成分及性能

(1) 低温钢的化学成分

众所周知，除了面心立方的金属材料(如奥氏体钢、铝、铜等)外，所有体心立方或六方晶格的金属材料均有低温脆化现象。可以通过细化晶粒、合金化和提高纯净度等措施来改善铁素体钢的低温韧性。Mn-Si 系钢中各种氮化物细化奥氏体晶粒的效果如图 2-27

所示。可以看出，Ti、Al、Nb 等均有很好的细化晶粒作用。此外，通过正火处理也有利于获得细化晶粒的效果。

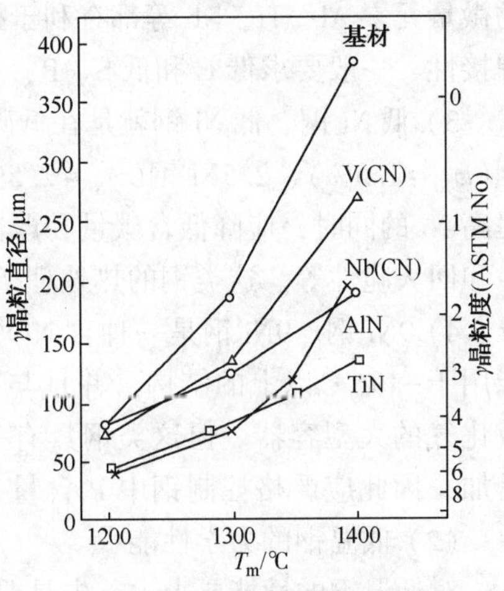

图 2-27　Mn-Si 系钢中各种氮化物细化晶粒的效果

合金元素 Ni 加入钢中，固溶于铁素体，可使基体的低温韧性得到明显改善。因此，Ni 是低温钢中的一个重要元素。为了充分发挥 Ni 的有利作用，在提高 Ni 的同时，应降低碳含量和严格限制 S、P 含量。

常用低温钢类型及其使用温度范围如图 2-28 所示。可以发现，低温钢包括的钢种很广泛，从低碳铝镇静钢、低合金高强钢、低 Ni 钢，一直到 Ni 含量为 9%的钢。常用低温钢的温度等级和化学成分见表2-39。

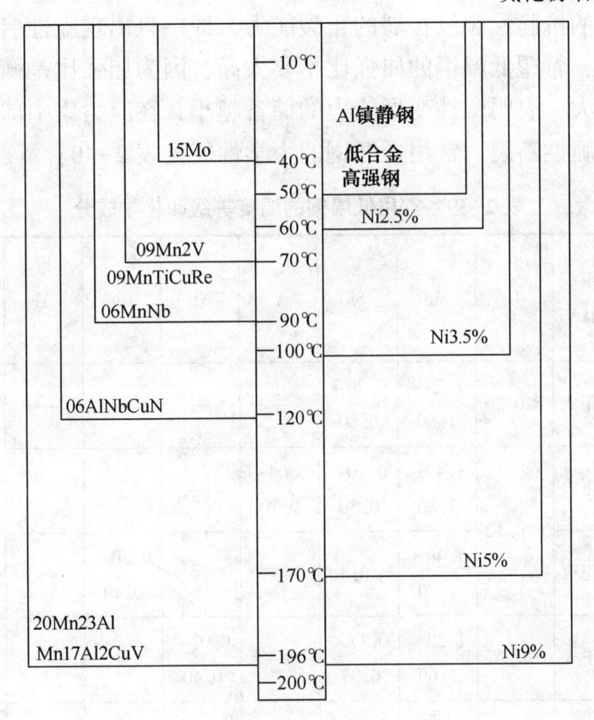

图 2-28　常用低温钢类型及其使用温度范围

1）低碳铝镇静钢。低碳铝镇静钢是一些不含特殊元素的低碳钢，在用 Al 脱氧的同时还形成了稳定的 AlN，阻止了脆化。这类钢为了提高韧性，从成分上采取了降低碳含量和提高 Mn/C 比（Mn/C>11）的措施。这类钢还可通过正火处理或调质处理来细化晶粒，提高其低温韧性。实际上这类钢就是一些强度级别不太高的正火或调质的 C-Mn 钢，如 Q345 等。

2）低合金高强钢。低合金高强钢是指屈服强度大于 441MPa 的低温用高强钢。这类钢是在 Mn-Si 钢基础上，加入了一些提高强度的合金元素，其中 Mn、Ni 以及能促使晶粒细化的微量元素 Al、Ti、Nb 等都有利于提高低温韧性。此外，为了保证良好的综合力学性能和焊接性，一般要求低 C 和低 S、P，如 09MnTiCuRE、06AlCuNbN 等。

3）低 Ni 钢。低 Ni 钢就是在低碳钢中加入一定量的 Ni，提高强度，改善韧性。如 1.5Ni 钢($w_{Ni}=1.5\%$)、2.5Ni 钢($w_{Ni}=2.5\%$)、3.5Ni 钢($w_{Ni}=3.5\%$)以及 5Ni 钢($w_{Ni}=5\%$)等。在提高 Ni 的同时，应降低含碳量和严格限制 S、P 含量及 N、H、O 的含量，防止产生时效脆性和回火脆性等。这类钢的热处理条件为正火、正火+回火和淬火+回火等。

4）9Ni 钢。9Ni 钢是一种含 Ni9%的低碳钢，由于 Ni 含量较高，具有很高的低温韧性，能用于-196℃以上的结构，并且与奥氏体不锈钢相比具有更高的强度，可用于制造贮存液化气的大型容器。但这类钢具有一定的回火脆性敏感性，并随着 P 含量的增加而显著增加，因此应严格控制钢中 P 含量。这类钢的热处理条件为正火+回火和淬火+回火等。

（2）低温钢的力学性能

对低温钢的性能要求，首先是要保证其在使用温度下具有足够韧性。不仅要求其在使用温度下具有足够的抗脆性启裂的能力，而且在一些重要结构上，为了防止意外事故的发生，还要求材料具有足够的抗脆性裂纹扩展的止裂能力，即一旦出现脆性启裂后可以停止继续破坏。从安全角度考虑，希望低温钢的屈强比不要太高，因为屈强比是衡量低温缺口敏感性的指标之一。屈强比越大，表明塑性变形能力的储备越小，在应力集中部位的应力再分配能力越低，从而易于促使脆性断裂。常用低温钢的力学性能见表 2-40。

表 2-39　常用低温钢的温度等级和化学成分　　%(质量)

分类	温度等级/℃	钢材牌号	组织状态	C	Mn	Si	V	Nb	Cu	Al	Cr	Ni	其他
无镍低温钢	-40	Q345	正火	≤0.20	1.20~1.60	0.20~0.60	—	—	—	—	—	—	—
	-70	09Mn2VRE	正火	≤0.12	1.40~1.80	0.20~0.50	0.04~0.10	—	—	—	—	—	—
		Q9MnTiCuRE	正火		1.40~1.70	≤0.40	—	—	0.20~0.40	—	—	—	Ti0.30~0.80 RE＊0.15
	-90	06MnNb	正火	≤0.07	1.20~1.60	0.17~0.37	—	0.02~0.40	—	—	—	—	—
	-100	06MnVTi	正火	≤0.07	1.40~1.80	0.17~0.37	0.04~0.10	—	—	0.04~0.08	—	—	—
	-105	06AlCuNbN	正火	≤0.08	0.80~1.20	≤0.35	—	0.04~0.08	0.30~0.40	0.04~0.15	—	—	N0.010~0.015
	-196	26Mn23Al	固溶	0.1~0.25	2.10~2.60	≤0.50	0.06~0.12	—	0.10~0.20	0.7~1.2	—	—	N0.03~0.08 B0.001~0.005
	-253	15Mn26Al4	固溶	0.13~0.19	2.45~2.70	≤0.80	—	—	—	3.8~4.7	—	—	—

续表

分类	温度等级/℃	钢材牌号	组织状态	C	Mn	Si	V	Nb	Cu	Al	Cr	Ni	其他
含镍低温钢	-60	0.5NiA	正火或调质	≤0.14	0.70~1.50	0.10~0.30	0.02~0.05	0.15~0.50	≤0.35	0.15~0.50	≤0.25	0.30~0.70	Mo≤0.10
		0.5NiA		≤0.14	0.30~0.70							1.30~1.60	
		1.5NiA		≤0.18	0.5~0.150							1.30~1.70	
		1.5NiB		≤0.14	≤0.80		—	—				2.00~2.50	
		2.5NiB		≤0.18	≤0.80							2.00~2.50	
	-100	3.5NiA	正火或调质	≤0.14	≤0.80	0.10~0.30	0.02~0.05	0.15~0.50	≤0.35	0.10~0.50	≤0.25	3.25~3.75	—
		3.5NiB		≤0.18									
	-120~-170	5Ni	淬火+回火	≤0.12	≤0.80	0.10~0.30	0.02~0.05	0.15~0.50	≤0.35	0.10~0.50	≤0.25	4.75~5.25	—
	-196	9Ni	淬火+回火	≤0.10	≤0.80	0.10~0.30	0.02~0.05	0.15~0.50	≤0.35	0.10~0.50	≤0.25	8.0~10.0	—
	-196~-253	Cr18Ni9	固溶	≤0.08	≤2.0	≤1.0	—	—	—	—	17.0~19.0	9.0~11.0	—
		Cr18Ni9Ti											Ti5C~0.8
	-269	Cr25Ni20				≤1.5					24~26	19~22	—

注：* 表示加入量，RE 为稀土元素。

表 2-40 常用低温钢的力学性能

钢材牌号	热处理状态	试验温度/℃	屈服强度/MPa	抗拉强度/MPa	伸长率/%	屈强比	冲击吸收功 KV/J
Q345	正火	-40	≥343	≥510	≥21	0.65	≥34 *
09Mn2V	正火	-70	≥343	≥490	≥20	0.70	≥47 *
09MnTiCuRE	正火	-70	≥343	≥490	≥20	0.70	≥47 *
06MnNb	正火	-90	≥294	≥432	≥21	0.68	≥47 *
06AlCuNbN	正火	-120	≥294	≥392	≥20	0.75	≥20.5
2.5Ni	正火	-50	≥255	450~530	≥23	0.57~0.48	≥20.5 *
3.5Ni	正火	-101	≥255	450~530	≥23	0.57~0.48	≥20.5 *
5Ni	正火+回火	-170	≥448	655~790	≥20	0.68~0.54	≥34.5
9Ni		-196	≥517	690~828	≥20	0.75~0.63	≥34.5
	淬火+回火	-196	≥585	690~828	≥20	0.85~0.71	≥34.5

注：冲击吸收功为三个试样的平均值，* 为 U 形缺口。

2.6.2 低温钢的焊接性分析

这类钢中的低碳铝镇静钢和低合金高强钢，实际上就是前面讲过的C-Mn钢和低碳调质钢，在此不再赘述。

含Ni较低的(Ni含量为2.5%、3.5%)低温钢，虽然由于Ni的加入提高了钢材的淬透性，但由于含碳量限制得较低，冷裂纹倾向并不严重。一般情况下，焊接薄板时可不预热，但焊接厚板时需预热100℃。

含Ni高的9Ni钢，淬透性很大，焊接热影响区会得到淬火组织。但由于含碳量很低，并采用了奥氏体焊接材料，冷裂纹倾向也不严重。一般情况下，厚度小于50mm钢板焊接时可不预热。

虽然Ni能增大焊接热裂纹倾向，但由于低温钢中含碳量和S、P含量控制严格，一般情况下，焊接热裂纹倾向也不严重。但含Ni钢存在回火脆性问题，焊后需要注意控制回火温度和冷却速度。

另外，9Ni钢是一种强磁性材料，采用直流电源焊接时易产生磁偏吹现象，影响焊接质量。一般做法是焊前避免接触磁场，选用适于交流电源焊接的焊条(如镍基合金焊条)。

但对于易淬火的低温钢，一方面可采用焊前预热、控制层间温度及焊后缓冷等工艺措施，以降低冷却速度，避免淬硬组织；另一方面可采用较小的焊接热输入，使热影响区的晶粒不至于严重粗化，达到防止冷裂纹及改善热影响区韧性的目的。

2.6.3 低温钢的焊接工艺要点

低温钢焊接时，除了要防止出现焊接裂纹外，关键是要保证焊缝和焊接粗晶区的低温韧性。一般通过严格控制焊接线能量来解决焊接热影响区韧性问题。焊缝韧性不仅与焊接线能量有关，而且主要取决于焊缝的化学成分。由于焊缝金属是粗大的铸态组织，韧性一般低于同样成分的母材，故焊缝化学成分不能与母材完全相同。合理选择焊缝化学成分是解决焊缝韧性问题的关键。由于对低温条件的要求不同，在不同类型低温钢焊接时，应正确选择不同的焊接材料和焊接线能量。

(1) 焊条电弧焊

1) 焊条选用　根据低温焊接结构的工作条件，所选焊条应使焊缝韧性达到不低于母材的水平。对于承受交变载荷或冲击载荷低温焊接结构，焊缝金属还应具有较好的抗疲劳断裂性能、良好的塑性和抗冲击性能。对于接触腐蚀介质低温焊接结构，应使焊缝金属的化学成分与母材大致相同，或选用能保证焊缝及熔合区的抗腐蚀性能不低于母材的焊条。几种常用低温钢焊条型号和牌号见表2-41。

表2-41　几种常用低温钢焊条型号和牌号

钢材牌号	供货状态	焊条型号	焊条牌号
16MnDR	正火	E5016-G E5015-G	J506RH J507RH
09MnVDR	正火	E5015-G E5015-G1	W607A W607Ni

续表

钢材牌号	供货状态	焊条型号	焊条牌号
06MnNbDR	正火 800~900℃空冷	E5015-G2	W907Ni
15MnNiDR	正火	E5015-G	W507R
09MnNiDR	正火或正火+回火	E5015-G	W707R

2）焊接工艺　低温钢焊接时，一般要求采用较小的焊接线能量，焊条直径一般不大于4mm，但对于开坡口的对接焊缝、丁字焊缝和角接焊缝，为获得良好的熔透和背面成形，打底焊时应尽量采用较小的焊接电流，以减小焊接线能量，保证接头有足够的低温韧性，焊条直径一般不大于3.2mm。低温钢焊条电弧焊平焊时的焊接规范参数见表2-42。横焊、立焊和仰焊时使用的焊接电流应比平焊时小10%。此外，在多层多道焊时，每一焊道焊接时应采用快速不摆动的操作方法。

表2-42　低温钢焊条电弧焊平焊时的焊接规范参数

焊缝金属类型	焊条直径/mm	焊接电流/A	焊接电压/V
铁素体	3.2	90~120	23~24
	4.0	140~180	24~26
Fe-Mn-Al 奥氏体	3.2	80~100	23~24
	4.0	100~120	24~25

（2）埋弧焊

1）焊丝和焊剂的选择　低温钢埋弧焊接时，为了保证焊缝金属的低温韧性，所选用的焊丝应严格控制C含量，S、P含量应尽量低。常选用烧结焊剂配合Mn-Mo或含Ni焊丝。如采用C-Mn焊丝，配合烧结焊剂，通过焊剂向焊缝金属中过渡微量Ti、B合金元素，可细化晶粒，同时所得焊缝的含氧量低，可保证焊缝金属具有较高的低温韧性。

低温钢埋弧焊接时也可采用中性熔炼焊剂配合含Mo的C-Mn焊丝或采用碱性熔炼焊剂配合含Ni焊丝。对于2.5Ni钢、3.5Ni钢选用w_{Ni}为2.5%焊丝和w_{Ni}为3.5%焊丝。9Ni钢一般选用镍基焊丝Ni-Cr-Nb-Ti、Ni-Cr-Mo-Nb、Ni-Fe-Cr-Mo等。

常用低温钢埋弧焊时焊剂与焊丝的组合见表2-43。

表2-43　常用低温钢埋弧焊时焊剂与焊丝的组合

钢材牌号	工作温度/℃	焊剂	配用焊丝
16MnDR	-40	SJ101、SJ603	H10MnNiMoA、H06MnNiMoA
09MnTiCuREDR	-60	SJ102、SJ603	H08MnA、H08Mn2
09Mn2VDR、2.5Ni钢	-70	SJ603	H08Mn2Ni2A
3.5Ni钢	-90	SJ603	H05Ni3A

2）焊接工艺　埋弧焊的焊接线能量比焊条电弧焊大，故焊缝及热影响区的组织也比焊条电弧焊的粗大。为了保证焊接接头的韧性，一般采用直流焊接电源（焊丝接正极）。对于-40~-105℃低温钢，应将焊接线能量控制在20~25kJ/cm；对于-196℃低碳9Ni钢，应将焊接线能量控制在35~40kJ/cm。常用低温钢埋弧焊的焊接规范参数见表2-44。

表 2-44　低温钢埋弧焊的焊接参数

温度级别/℃	钢　种	焊丝		焊剂	焊接电流/A	焊接电压/V
		牌号	直径/mm			
-40	Q345（热轧或正火）	H08A	2.0	HJ431	260~400	36~42
			5.0		750~820	36~43
-70	09Mn2V(正火) 09MnTiCuRe(正火)	H08Mn2MoVA	3.0	HJ431	320~450	32~38
-196~-253	20Mn23Al(热轧) 15Mn26Al4(固溶)	Fe-Mn-Al 焊丝	4.0	HJ173	400~420	32~34

由于受焊接线能量的限制，低温钢埋弧焊接时一般不采用单面焊双面成形技术，通常采用加衬垫的单面焊技术，对接接头坡口为单面 V 形或 U 形坡口。焊接时，一般先用焊条电弧焊或 TIG 焊打底，然后再用埋弧焊焊接。第一层打底焊时，若出现裂纹必须铲除重焊。为减小焊接线能量，通常采用细丝多层多道焊接，而且应严格控制层间温度，以避免过热。

（3）氩弧焊

1）钨极氩弧焊(TIG)。低温钢 TIG 焊可填充焊丝，也可不填充焊丝。一般采用直流正接法，主要用于焊接薄板和管子，以及进行打底焊接。低温钢 TIG 焊的喷嘴直径为 8~20mm；钨极伸出长度为 3~10mm；喷嘴与工件间的距离为 5~12mm，气体流量为 3~30L/min。焊接电流根据工件厚度及对线能量的要求而定。若电流过大，易产生烧穿和咬边等缺陷，并且使接头过热而降低低温韧性。焊接电压过高，易形成未焊透，并影响气体保护效果。

钨极氩弧焊常用的保护气体是纯氩气，还有 Ar+He、$Ar+O_2$、$Ar+CO_2$ 等混合气体。对于 C-Mn 钢，可选用 Ni-Mo 焊丝，3.5Ni 钢可选用 4NiMo 焊丝。9Ni 钢可选用镍基焊丝，如 Ni-Cr-Ti、Ni-Cr-Nb-Ti、Ni-Cr-Mo-Nb 等。如 9Ni 钢贮罐板的立焊、仰焊，多采用自动 TIG 焊法，而且是单面焊，背面不再清根，9Ni 钢采用高 Ni 合金焊丝自动 TIG 焊接头的力学性能见表 2-45。

表 2-45　9Ni 钢自动 TIG 焊接头的力学性能

焊丝	板厚/mm	线能量/(kJ/cm)	焊缝金属			焊接接头		-196℃冲击吸收功 *KV*/J		
			抗拉强度/MPa	屈服强度/MPa	伸长率/%	抗拉强度/MPa	断裂位置	焊缝	熔合区	HAZ
70Ni-Mo-W	15	35.5	738.9	443.9	43	728.1	焊缝	140	107	120
		44.4	700.7	380.2	41	733.4		135	70.5	130
	24	34.9	700.7	380.2	42	742.8	熔合区	110	150	110
		47.8	706.6	358.7	39	750.7		159	170	200
	30	38	710.5	475.3	44	747.7	焊缝	113	115	143
60Ni-Mo-W	15	32.2	686.9	435.1	38	725.0	焊缝	—	—	—
		52.5	741.4	385.1	41	745.8		122	141	113
	24	31	738.9	575.3	34	750.7	焊缝	97	120	170
		509	714.4	441.9	39	743.8		107	122	172

2）熔化极氩弧焊（MIG）。MIG 焊对熔池的保护效果要求较高，保护不当时焊缝表面易氧化，故喷嘴直径及氩气流量比 TIG 焊大。若熔池较大而焊接速度又很快时，可采用附加喷嘴装置，或用双层气流保护，也可采用椭圆喷嘴。

MIG 焊时，一般根据熔滴过渡形式、工件厚度、坡口形式、焊接位置等选择焊接电流和焊接电压，同时为获得优良的低温钢焊接接头，要合理地控制焊接线能量，焊丝直径一般在 3mm 以下。9Ni 低温钢 MIG 焊的焊接规范参数见表 2-46。

表 2-46 9Ni 低温钢 MIG 焊的焊接规范参数

熔滴过渡形式	短路过渡		滴状过渡		射流过渡	
焊丝直径/mm	0.8	1.2	1.2	1.6	1.2	1.6
氩气流量/(L/min)	15	15	20~25	20~25	20~25	20~25
焊接电流/A	65~100	80~140	170~240	190~260	220~270	230~300
焊接电压/V	21~24	21~25	28~34	28~34	35~38	35~38

2.7 典型高强钢焊接结构的焊接案例

2.7.1 Q345 工字梁焊接

某大型焊接结构车间按工艺要求布置共设置 H 形 36000mm 长钢梁 6 根，材质为 Q345，规格及截面形式如图 2-29 所示。钢梁上、下翼板及腹板的拼装、装配 H 形梁的四条角焊缝均采用埋弧自动焊。上翼板与腹板的连接焊缝要求焊透，其中下翼受拉区的对接焊缝质量等级为 Ⅰ 级，其他部位等强拼接，级别为 Ⅱ 级。

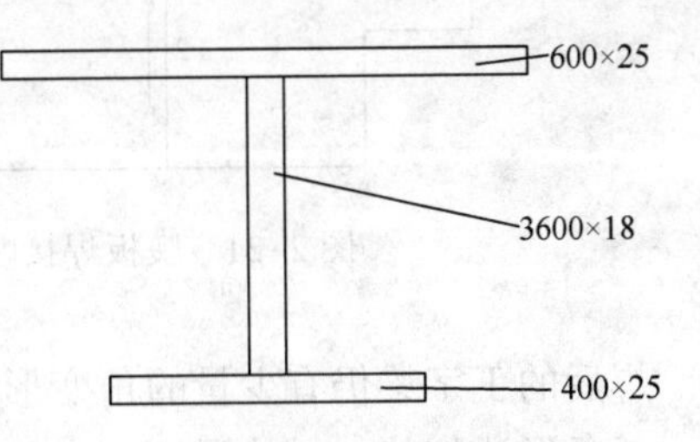

图 2-29 36000mm 钢梁的规格及截面形式

（1）组装要求与坡口

梁的高度误差不得超过 15mm；接口截面错位小于 2mm；两端支承面最外侧距离为 10mm ± 0.5mm。坡口采用半自动切割，因钢梁板厚为 18~30mm，坡口加工宜开单面或双面坡口，如图 2-30 所示，钝边 P 为 $1/3\delta$。

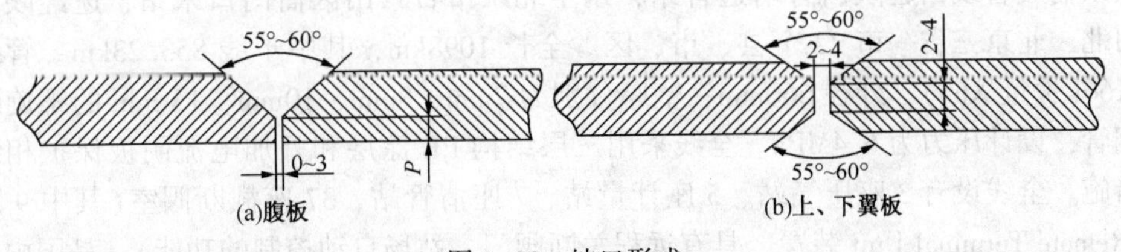

图 2-30 坡口形式

（2）装配与焊接

1）装配需保证翼缘板中心与腹板中心相对位置，即中心重合，盖板与腹板相互垂直。

加工现场采用制作简易的装配胎具，要求采用腹板水平，上、下翼板垂直地面，并可调节高度的装配方法，装配后的工字梁，点固焊要牢固，一般要求焊脚不小于6mm、长度为30~50mm。几何尺寸检查合格后，可吊至船形胎具上待焊。

2）拼接及H形梁装配焊接时，为减少引弧、熄弧对焊缝质量的影响，焊接前必须加引弧、熄弧板。对打底焊焊缝要进行反面清根，然后采用砂轮打磨形成U形坡口。

3）除钢梁工地拼装、腹板装配等采用手工电弧焊外，其余均采用埋弧自动焊。手工电弧焊采用的焊条牌号为E5015，直径为4mm；埋弧自动焊采用的焊丝牌号为H08MnA，直径为4mm。最大焊脚为16mm。由于钢梁材质为Q345，其碳当量为0.345%~0.491%，一般情况下，裂纹往往出现在第1道焊缝或焊根上，因此第1道焊缝及点固焊的焊接工艺很关键，其施焊工艺必须与正式焊接相同。

(3) 焊接顺序

腹板拼焊时为减少焊接变形，原则上应先焊短焊缝，后焊长焊缝，焊接顺序为1—2—3，如图2-31所示。工字梁焊接顺序为1—4—2—3，如图2-32所示。

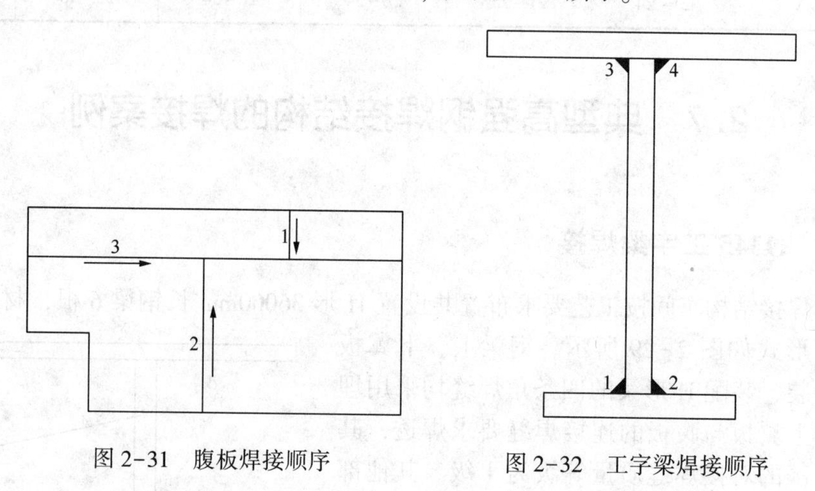

图2-31　腹板焊接顺序　　图2-32　工字梁焊接顺序

焊后的工字梁仍有少量的角变形，可采用火焰矫正。如在翼缘表面采用5号加热嘴中性焰，长条形法加热，加热温度700~900℃，以母材出现樱红色为宜。

2.7.2　X60陕京输气管线的焊接

(1) 概况

陕京输气管线西起陕西省靖边首站，东至北京市石景山区衙门口末站，途经陕西、山西、河北、北京三省一市22个县、市、区。全长1098km，其中干线853.23km。管线干线选用X60(少量X65)，外径660mm，壁厚分别为7mm、8mm、10mm、13 mm的螺旋缝埋弧焊接钢管，设计压力为6.4MPa。全线采用三层结构PE涂层和外加电流阴极保护相结合的防腐措施。全线设有3座压气站、5座计量站、7座清管站、37座截断阀室(其中9座带有RTU-Remote Terminal Unit装置，具有远程关断阀门、站场自动控制的功能)，是国内第一条全线系统增压的天然气长输管线。陕京输气管线沿线地形、地貌、地质条件十分复杂，管线经过三条地震断裂带，过沙漠(毛乌素沙漠)，越五川(无定河、秃尾河、窟野河、黄河、永定河)，翻三山(吕梁山、恒山、太行山)，钻沟壑(陕晋黄土高原)，管线呈“三上三下”的趋势，由西向东与古长城并行延伸。管线于1996年3月开始施工，1997年9月10日竣工并进行了陕甘宁天然气进京点火仪式。自1997年投产以来，管线一直运行良好，年输气能力为$3.3\times10^8 m^3$。

（2）焊接工艺

陕京输气管线安装焊接环焊缝采用焊条电弧焊（少量采用自保护药芯焊丝半自动焊）。根焊道和热焊道采用纤维素焊条，其他焊道采用低氢型焊条。焊缝冲击韧性要求为在-30℃下冲击韧性平均值为$50J/cm^2$，其中最小值不小于$38J/cm^2$。焊接时所采用的主要焊条型号见表2-47。安装焊接执行的标准是由北京天然气集输公司参照美国石油学会标准《管道及有关设施焊接标准》（API 1104—1992）和英国国家标准《陆上及海洋钢质管线的焊接方法》（BS 4515—1987）及国内管道焊接的相关标准，并结合陕京管线的具体设计要求而制定的企业标准Q/BT 004—95《输气管道焊接及验收规范》。

表2-47　陕京输气管线X60管线钢管安装焊接环焊缝采用的焊条型号

焊条标准	焊条类型	施焊位置
AWS A5.1　E6010	纤维素型下向焊	根焊道
AWS A5.5　E8010-G	纤维素型下向焊	热焊道
AWS A5.5　E8018-G	低氢型下向焊	填充焊道、盖面焊道
AWS A5.5　E8018-P_1	低氢型下向焊	填充焊道、盖面焊道

2.7.3　35CrMo卷轴的焊接

卷轴是轧制薄铝板的滚道，由三段35CrMo铸钢件经加工后装配焊接组成。要求整体表面无任何缺陷，表面粗糙度*Ra* 1.6，产品结构、坡口形式及尺寸如图2-33所示。

根据产品结构特点和技术要求，采用手工电弧焊进行焊接，其焊接工艺过程如下：

1）卷轴装配后，用长螺丝托紧固定横放在一对滚轮上，且使其可以自由转动。

2）用角铁制作一具火焰预热架，把下端两把割炬固定在架子上，上端一割炬不固定，如图2-34。

3）将选用的3种焊条在250℃条件下烘干2h后随用随取。

4）用三把割炬进行焊前预热，预热宽度为100mm。预热加热时，应转动卷轴，使其均匀受热，当表面温度达到250℃时，保温20min，使热量传导至内部，然后用E5515-B2焊条（直径3.2mm）进行定位焊。

5）焊接卷轴时，撤去上端割炬，将下端两割炬火焰调节得小一些，继续加温，保持层间温度。

6）在单道多层焊中，打底焊用直径为3.2mm的E5515-B2焊条，盖面焊用直径为4mm的E4303焊条，其余各层均用直径为4mm的E5515-B2焊条，其焊接工艺规范见表2-48。

7）采用短弧连续焊接，卷轴随焊接速度而缓慢匀速转动，并做好层间清渣工作，以防止焊缝产生气孔和夹渣缺陷。

8）焊接完成后，立即用宽100mm的硅酸铝材料，把焊缝包扎好，进行保温，并缓冷。

9）对卷轴进行整体消除应力退火处理。

实践表明，按上述工艺焊接，未产生焊接裂纹、气孔、夹渣等缺陷，且机械加工性能良好，热影响区与母材无色差现象，完全满足技术质量要求。

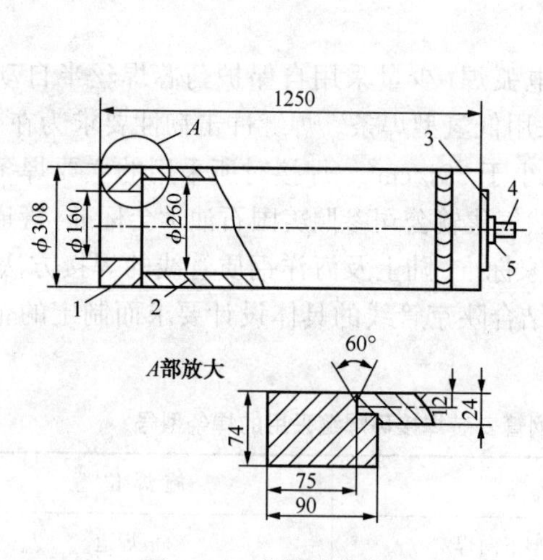

图 2-33　卷轴结构尺寸

1—端轴；2—轴身；3—压板；4—螺丝；5—螺帽

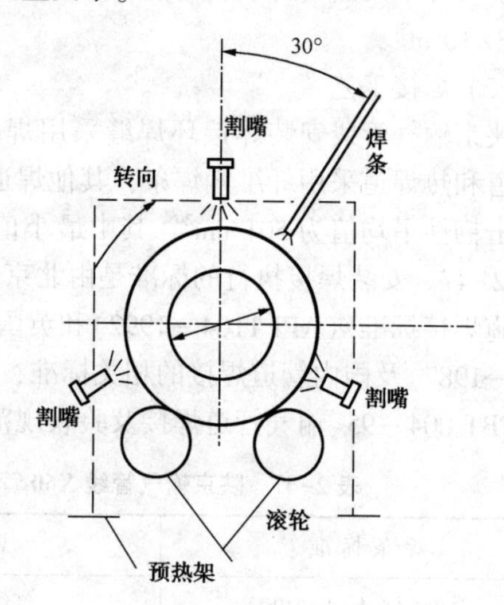

图 2-34　火焰预热示意图

表 2-48　几种焊条的焊接工艺规范

焊条牌号	焊条直径/mm	焊接电流/A	电源极性	层间温度/℃
E5515-B2	3.2	130	直流反接	150~200
E5515-B2	4.0	170	直流反接	150~200
E4303	4.0	180	直流反接	150~200

思考题

1. 分析热轧钢和正火钢的强化机制有什么不同？焊接性有什么差异？

2. 试分析 Q345 钢的焊接性，并给出相应的焊接材料及焊接工艺要求。

3. 低合金高强钢焊接时，选择焊接材料的原则是什么？焊后热处理对选择焊接材料有什么影响？

4. 低碳调质钢焊接时可能会出现什么问题？简述低碳调质钢的焊接工艺要点。

5. 低碳调质钢和中碳调质钢都属于调质钢，它们的焊接热影响区脆化机制是否相同？为什么低碳调质钢焊后一般不进行热处理？

6. 为什么低碳调质钢在调质状态下焊接可以保证焊接质量，而中碳调质钢一般要在退火状态下焊接，且焊后还要进行调质处理？

7. 中碳调质钢分别在调质状态和退火状态进行焊接时，焊接工艺有什么差别？

8. 珠光体耐热钢的焊接性特点与低碳调质钢有什么不同？珠光体耐热钢选用焊接材料的原则与高强钢选用焊接材料的原则有什么不同？

9. 试分析影响低温钢焊接接头低温韧性的因素有哪些?

10. 某厂制造直径 ϕ6000mm 的贮氧容器，所用的钢材为 Q345R，板厚 32mm，车间温度为 20℃，试分析制定筒身及封头内外纵缝和环缝的焊接工艺，包括可采用的焊接方法及相应的焊接材料和焊接工艺要点。

11. 某厂有一批材质为 16Mn 的钢板，在实际焊接生产中，当不开坡口焊接时焊缝出现裂纹，而当采用 V 形坡口焊接时焊缝未出现裂纹，试分析其中可能的原因。

3 不锈钢及耐热钢的焊接

不锈钢及耐热钢具有良好的耐腐蚀性、耐热性和较好的力学性能，适于制造要求耐腐蚀、抗氧化、耐高温和超低温的零部件和设备，应用十分广泛，其焊接具有特殊性。

3.1 不锈钢及耐热钢类型

3.1.1 基本概念

(1) 定义及牌号

GB/T 20878—2007《不锈钢和耐热钢牌号及化学成分》定义不锈钢为以不生锈、耐腐蚀为主要特性，且含铬量至少为10.5%，碳含量为不大于1.2%的钢，其具有耐空气、水、酸、碱、盐及其溶液和其他腐蚀介质腐蚀以及高度的化学稳定性。定义耐热钢为在高温下具有良好的化学稳定性或较高强度的钢。耐热钢是抗氧化钢和热强钢的总称。抗氧化钢是指在高温下具有较好的抗氧化性并有一定强度的钢。热强钢是指在高温下有一定的抗氧化能力和较高强度的钢。

不锈钢及耐热钢的牌号由化学元素符号、元素含量构成，有新、旧两种表示方式。新牌号中碳的含量用两位或三位数字表示最佳控制值，以万分之几或十万分之几计，如06Cr19Ni10，表示碳含量万分之六(0.06%)。旧牌号中碳的含量用两位数字表示，以千分之几计，如果 $w_C \leqslant 0.08\%$，标识为“0”，如0Cr18Ni9；如果 $w_C \leqslant 0.03\%$，则为超低碳，标识为“00”，如00Cr17Ni14Mo2。两种牌号中合金元素的含量均由元素符号及数字组成，数字表示该合金元素的百分含量。

(2) 不锈钢与耐热钢的异同

不锈钢与耐热钢均含有大量的Cr。不锈钢为提高耐晶间腐蚀能力，一般碳含量较低；而耐热钢为保持高温强度，一般碳含量较高。不锈钢与耐热钢的用途和使用环境条件不同。不锈钢主要是在温度不高的所谓湿腐蚀介质条件下使用，尤其是在酸、碱、盐等强腐蚀溶液中工作，耐腐蚀性能是其最关键、最重要的技术指标；耐热钢则在高温气体环境下使用，除具有耐高温腐蚀、抗高温氧化(干腐蚀)的必要性能外，其高温力学性能也是评定耐热钢质量的基本指标；一些不锈钢可作为热强钢使用，一些热强钢也可作为不锈钢使用，可称为“耐热型”不锈钢。例如，1Cr18Ni9Ti既可作为不锈钢，也可作为热强钢。

3.1.2 按成分分类

1) Cr钢。指Cr的质量分数介于12%~30%之间的不锈钢，其基本类型为Cr13型。

2) Cr-Ni钢。指Cr的质量分数介于12%~30%，Ni的质量分数介于6%~12%和含其他少量元素的钢种，基本类型为 Cr18Ni9 钢。

3) Cr-Mn-N 钢。N 作为固溶强化元素，可提高奥氏体不锈钢的强度，且不显著降低钢的塑性和韧性，同时提高钢的耐腐蚀性能，特别是耐局部腐蚀，如晶间腐蚀、点腐蚀和缝隙腐蚀等，如 1Cr18Mn8Ni5N、1Cr18Mn6Ni5N 等。

3.1.3 按用途分类

1) 不锈钢。包括在大气环境下及在有侵蚀性化学介质中使用的钢，工作温度一般不超过 500℃，要求耐腐蚀，对强度要求不高。应用最广泛的有高 Cr 钢(如 1Cr13、2Cr13)、低碳 Cr－Ni 钢(如 0Cr19Ni9N、1Cr18Ni9 等)和超低碳 Cr－Ni 钢(如 00Cr25Ni22Mo2、00Cr22Ni5Mo3N 等)。耐蚀性要求高的尿素设备用不锈钢，常限定 C≤0.02%、Cr≥17%、Ni≥13%、Mo>2.2%。耐蚀性要求更高的不锈钢，还须提高纯度，如 C≤0.01%、P≤0.01%、S≤0.01%、Si≤0.1%，即所谓高纯不锈钢，如 000Cr19Ni15、000Cr25Ni20 等。

2) 抗氧化钢。抗氧化钢是指在高温下具有抗氧化性能的钢，它对高温强度要求不高。工作温度可高达 900～1100℃。常用的有高 Cr 钢(如 1Cr17、1Cr25Si2 等)和 Cr-Ni 钢(如 2Cr25Ni20、2Cr25Ni20Si2 等)。

3) 热强钢。热强钢在高温下既具有抗氧化能力，又具有一定的高温强度，工作温度可高达 600～800℃。广泛应用的是 Cr－Ni 钢(如 1Cr18Ni9、1Cr16Ni25Mo6、4Cr25Ni20、4Cr25Ni34 等)和以 Cr12 为基的多元合金化高 Cr 钢(如 1Cr12MoWV 等)。

3.1.4 按组织分类

1) 奥氏体钢。奥氏体钢是在高铬不锈钢中添加质量分数为 8%～25%的 Ni 而形成的具有奥氏体组织的不锈钢。它是应用最广的一类不锈钢，以高 Cr－Ni 钢最为典型。包括以 Cr18Ni8 为代表的系列，简称 18-8 钢，如 0Cr19Ni9、1Cr18Ni9Ti(18-8Ti)、1Cr18Mn8Ni5N、0Cr18Ni12Mo2Cu(18-8Mo)等；以 Cr25Ni20 为代表的系列，简称 25-20 钢，如 2Cr25Ni20Si2、2Cr25Ni20、0Cr25Ni20 等；还有简称 25-35 的系列，如 0Cr21Ni32、4Cr25Ni35、4Cr25Ni35Nb 等。供货状态多为固溶处理态。

2) 铁素体钢。铁素体钢的显微组织为铁素体，这类钢可分为普通铁素体钢和高纯铁素体钢两类，其供货状态一般为退火态。普通铁素体钢中 Cr 的质量分数为 11.5%～32.0%，主要用作耐热钢(抗氧化钢)，也用作耐蚀钢，如 1Cr17、00Cr12。高纯铁素体钢，如 000Cr30Mo2(C+N<0.015%，C≤0.005%)，仅用于耐蚀条件。

3) 马氏体钢。马氏体钢的显微组织为马氏体，这类钢中 Cr 的质量分数为 11.5%～18.0%。Cr13 系列最为典型，如 1Cr13、2Cr13、3Cr13、4Cr13、1Cr17Ni12 等，常用作不锈钢。以 Cr12 为基础的 1Cr12MoWV 等马氏体钢，用作热强钢。热处理对马氏体钢力学性能影响很大，一般可根据要求规定供货状态，或退火态，或淬火回火态。

4) 沉淀硬化钢。这类钢为经时效强化处理以形成析出硬化相的高强钢，主要用作高强度不锈钢。最典型的有马氏体沉淀硬化钢，如 0Cr17Ni4Cu4Nb 等；半奥氏体(奥氏体-马氏体)沉淀硬化钢，如 0Cr17Ni7Al 等。

5) 铁素体-奥氏体双相钢。钢中铁素体(δ)占 60%～40%，奥氏体(γ)占 40%～60%，故常称为双相不锈钢(Duplex Stainless Steels)。这类钢具有极其优异的抗腐蚀性能，典型钢种有18－5型、22－5型、25－5型，如00Cr18Ni5Mo3Si2、00Cr22Ni5Mo3N、0Cr25Ni5Mo3N、0Cr25Ni7Mo4WCuN等。与18-8钢相比，主要特点是提高Cr而降低Ni，同时常添加Mo和N。供货状态一般为固溶处理态。

3.2 不锈钢及耐热钢的成分和性能

3.2.1 不锈钢及耐热钢的成分

不锈钢及耐热钢合金元素含量较高，合金化的目的在于促进钢的钝化膜的生成和稳定，提高钢的电极电位，调整优化钢的组织结构，减少或消除钢中组织的不均匀性，增强组织的稳定性，平衡或减小碳对耐腐蚀性能的不利作用，强化钢的基体，提高钢的力学性能，改善加工性能。常用不锈钢及耐热钢化学成分见表3-1。

碳是一种强烈的形成或稳定奥氏体元素，其在不锈钢中对提高强度是有益的，然而碳含量提高极易引起晶间贫铬，导致晶间腐蚀。因此随着冶金技术的进步，根据不锈钢耐腐蚀性能的需求，出现越来越多的低碳、超低碳的新型不锈钢。

Cr是不锈钢中最重要、起决定性作用的合金元素，不锈钢的Cr含量一般在12%~30%。当Cr的含量超过12%时，可以提高电极电位，并且有利于形成致密、稳定的氧化膜，但在氧化性较强的介质中，Cr含量大于16%，才会有明显的钝化能力。

Ni在不锈钢中的作用主要是配合Cr更好地发挥作用，改变不锈钢的组织，从而使不锈钢的力学性能、加工性能和在某些腐蚀介质中的耐腐蚀性能得到很大的改善。例如，在含17%Cr的铁素体不锈钢中，加入2%左右的Ni可得到马氏体不锈钢，当Ni含量提高到8%左右时，可获得单相奥氏体组织，即18-8奥氏体不锈钢。奥氏体不锈钢比相同含Cr量的铁素体不锈钢和马氏体不锈钢具有更优良的耐腐蚀性、塑性、韧性以及加工性能，特别是焊接性等。

Mo是形成铁素体元素，含Mo的奥氏体不锈钢中都适当地提高了Ni的含量，以平衡Mo的作用。Mo提高了钝化膜的稳定性，从而提高耐腐蚀性能。如高铬铁素体不锈钢中加入2%~3%Mo，可提高其在有机酸中的耐腐蚀性，特别可使其在含氯离子介质中的抗孔蚀能力显著提高。因此超级不锈钢，都含有较多的Mo，如904L。但Mo的存在会促进σ相等金属间化合物的形成，有可能导致出现脆化现象。

Cu对组织无显著影响，但能提高奥氏体的稳定性，提高钢在硫酸中的抗腐蚀能力，超级中多与Mo一起加入。

Ti和Nb都是强碳化物形成元素，使钢中的Cr能稳定地存在于固溶体中，可有效地防止晶间腐蚀，但作为铁素体形成元素，有形成σ相脆化的倾向。

N是一种强烈的形成或稳定奥氏体元素，有的奥氏体钢，如1Cr17Mn6Ni4N，通过N、Mn共同作用达到了节约Ni的效果。双相不锈钢中加入N可提高其在含有氯离子介质中的耐点(孔)腐蚀和耐缝隙腐蚀性能。然而过高的N含量可能会使不锈钢产生气孔等缺陷，因此其含量一般不超过0.2%。

表 3-1 常用不锈钢及耐热钢化学成分

类型	新牌号	旧牌号	化学成分/%(质量)										
			C	Si	Mn	P	S	Ni	Cr	Mo	Cu	N	其他元素
奥氏体型	12cr18Mn9Ni5N	1Cr18Mn8Ni5N	0.150	1.000	7.5~10.00	0.050	0.030	4.00~6.00	17.00~19.00	—	—	0.05~0.25	—
	12Cr18Ni9[a]	1Cr18Ni9[a]	0.150	1.000	2.000	0.045	0.030	8.00~10.00	17.00~19.00	—	—	0.100	—
	06Cr19Ni10[a]	0Cr18Ni9[a]	0.080	1.000	2.000	0.045	0.030	8.00~11.00	18.00~20.00	—	—	—	—
	06Cr19Ni10N	0Cr19Ni9N	0.080	1.000	2.000	0.045	0.030	8.00~11.00	18.00~20.00	—	—	0.10~0.16	—
	06Cr23Ni13[a]	0Cr23Ni13[a]	0.080	1.000	2.000	0.045	0.030	12.00~15.00	22.00~24.00	—	—	—	—
	20Cr25Ni20[a]	2Cr25Ni20[a]	0.250	1.500	2.000	0.040	0.030	19.00~22.00	24.00~26.00	—	—	—	—
	06Cr25Ni20[a]	0Cr25Ni20[a]	0.080	1.500	2.000	0.045	0.030	19.00~22.00	24.00~26.00	—	—	—	—
	06Cr17Ni12Mo2[a]	0Cr17Ni12Mo2[a]	0.080	1.000	2.000	0.045	0.030	10.00~14.00	16.00~18.00	2.00~3.00	—	—	—
	904L		0.02	1.00	2.00	0.045	0.035	19.00~23.00	23.00~28.00	4.0~5.0	1.0~2.0	0.10	
	20Mo6		0.03	0.50	1.00	0.030	0.030	22.00~26.00	33.00~37.00	5.00~6.70	2.00~4 00		
奥氏体-铁素体型	12Cr21Ni5Ti	1Cr21Ni5Ti	0.09~0.14	0.80	0.80	0.035	0.030	4.80~5.80	20.00~22.00				Ti5(C-0.02)~0.80
	022Cr22Ni5Mo3N		0.030	1.000	2.000	0.030	0.020	4.50~6.50	21.00~23.00	2.50~3.50	—	0.08~0.20	—
	022Cr25Ni6Mo2N		0.030	1.000	2.000	0.030	0.030	5.50~6.50	24.00~26.00	1.20~2.50	—	0.10~0.20	—
铁素体型	022Cr12[a]	00Cr12[a]	0.030	1.000	1.000	0.040	0.030	(0.600)	11.00~13.50	—	—	—	—
	10Cr17[a]	1Cr17[a]	0.120	1.000	1.000	0.040	0.030	(0.600)	16.00~18.00	—	—	—	—
马氏体型	12Cr13[a]	1Cr13[a]	0.150	1.000	1.000	0.040	0.030	(0.600)	11.50~13.50	—	—	—	—
	20Cr13[a]	2Cr13[a]	0.16~0.25	1.000	1.000	0.040	0.030	(0.600)	12.00~14.00	—	—	—	—
沉淀硬化型	05Cr17Ni4Cu4Nb[a]	0Cr17Ni4Cu4Nb[a]	0.070	1.000	1.000	0.040	0.030	3.00~5.00	15.00~17.50	—	3.00~5.00	—	Nb 0.15~0.45
	07Cr17Ni7Al[a]	0Cr17Ni7Al[a]	0.090	1.000	1.000	0.040	0.030	6.50~7.75	16.00~18.00	—	—	—	Al(0.75~1.50)

注：a 可作为耐热钢使用。

Mn也是强烈的形成或稳定奥氏体元素，Mn在不锈钢中的应用主要是取代一部分Ni。Mn对耐腐蚀性作用不大，且对Cr含量大于15%的钢，若Mn含量超过10%，则δ相含量增加，易造成脆化。

Si是形成铁素体元素，能提高不锈钢在氧化性介质中的耐腐蚀性能、抗晶间腐蚀性能和抗点腐蚀性能，Si的加入还可改善钢的铸造性能，但Si含量太高也易造成σ相脆化。

Al在不锈钢中应用较少，当钢中Al达到一定含量时，可使钢钝化，提高在氧化性酸中的抗腐蚀性能，在一些沉淀硬化不锈钢中加入Al，利用其在时效处理时能析出Ni-Al金属间化合物的特点，使钢强化。

3.2.2 不锈钢及耐热钢的物理性能

不锈钢及耐热钢的物理性能见表3-2。可以发现，组织状态相同的不锈钢及耐热钢，其物理性能也基本相同。一般而言，合金元素含量越多，导热率越小，而线膨胀系数和电阻率越大。马氏体钢和铁素体钢的导热率约为低碳钢的1/2，其线膨胀系数与低碳钢基本相当。奥氏体钢的导热率约为低碳钢的1/3，其线膨胀系数则比低碳钢大50%。由于不锈钢及耐热钢这些特殊的物理性能，在焊接过程中会引起较大的焊接变形，特别是在异种金属焊接时，由于两种母材的热导率和线膨胀系数有很大差异，会产生很大的残余应力，成为焊接接头产生裂纹的主要原因之一。

表3-2 不锈钢及耐热钢的物理性能

类型	钢材牌号	密度ρ(20℃)/(g/cm^3)	比热容c(0~100℃)/[J/(g·℃)]	导热率λ(100℃)/[J/(cm·s·℃)]	线膨胀系数α(0~100℃)/[μm/(m·℃)]	电阻率μ(20℃)/[μΩ·(cm^2/cm)]
铁素体钢	0Cr13	7.75	0.46	0.27	10.8	61
	4Cr25N	7.47	0.50	0.21	10.4	67
马氏体钢	1Cr13	7.75	0.46	0.25	9.9	57
	2Cr13	7.75	0.46	0.25	10.3	55
18-8型奥氏体钢	0Cr19Ni10	8.03	0.50	0.15	16.9	72
	1Cr18Ni9Ti	8.03	0.50	0.16	16.7	74
	1Cr18Ni12Mo2	8.03	0.50	0.16	16.0	74
25-20型奥氏体钢	2Cr25Ni20	8.03	0.50	0.14	14.4	78
	0Cr21Ni32	8.03	0.50	0.11	14.2	99
沉淀硬化型钢	0Cr17Ni4Cu4Nb	7.78	0.46	0.17	10.8	98
	0Cr17Ni7Al	7.93	0.50	0.16	15.3	80

3.2.3 不锈钢及耐热钢的力学性能

不锈钢及耐热钢的强度主要取决于其合金元素含量和供货状态，不同类型的不锈钢由于化学成分及供货状态的差异而具有不同的强度特性。奥氏体型、奥氏体-铁素体型一般为固溶处理态(1100℃+快冷)。铁素体型、马氏体型一般为退火态。常用不锈钢及耐热钢的力学性能见表3-3~表3-6。

表 3-3 经固溶处理的奥氏体钢的力学性能

类型	新牌号	旧牌号	$R_{P0.2}$/MPa	R_m/MPa	伸长率 A/%	硬度/HBW	硬度/HV
			不小于			不大于	
奥氏体	12Cr18Ni9	1Cr18Ni9	205	515	40	201	210
	06Cr19Ni10	0Cr18Ni9	205	515	40	201	210
	02Cr19Ni10	00Cr19Ni10	170	485	40	201	210
	06Cr23Ni13	0Cr23Ni13	205	515	40	217	220
	06Cr25Ni20	0Cr25Ni20	205	515	40	217	220
	06Cr17Ni12Mo2	0Cr17Ni12Mo2	205	515	40	217	220
奥氏体-铁素体	12Cr21Ni5Ti	1Cr21Ni5Ti	350	635	20	—	—
	022Cr22Ni5Mo3N		450	620	25	293	31
	022Cr25Ni6Mo2N		450	640	25	295	30

表 3-4 经退火处理的铁素体型、马氏体型的力学性能

类型	新牌号	旧牌号	$R_{P0.2}$/MPa	R_m/MPa	伸长率 A/%	硬度/HRC	硬度/HV
			不小于			不大于	
铁素体	022Cr12	00Cr12	195	360	22	183	200
	10Cr17	1Cr17	205	450	22	183	200
马氏体	12Cr13	1Cr13	205	430	20	217	210
	20Cr13	2Cr13	225	520	18	223	234

表 3-5 经固溶处理的沉淀硬化型钢的力学性能

新牌号	旧牌号	$R_{P0.2}$/MPa	R_m/MPa	伸长率 A/%	硬度/HRC	硬度/HV
		不大于		不小于	不大于	
022Cr12Ni9Cu2NbTi		1105	1205	3	36	—
07Cr17Ni7Al	0Cr17Ni7Al	380	1025	20	92	—
09Cr17Ni5Mo3N		585	1380	12	30	—

注：钢材厚度大于等于 2mm，小于等于 102mm。

表 3-6 不同热处理状态下沉淀硬化型钢的力学性能

牌号	热处理	$R_{P0.2}$/MPa	R_m/MPa	伸长率 A/%	硬度/HRC
0Cr17Ni7Al	固溶 1000~1100℃快冷	≤380	≤1025	≥20	≤36
	560℃时效	≥960	≥1140	≥3(厚度≤3mm) ≥5(厚度≤3mm)	≥35
	510℃时效	≥1030	≥1230	不规定(厚度≤3mm) ≥4(厚度>3mm)	≥40

3.2.4 不锈钢及耐热钢的耐腐蚀性能

不锈钢及耐热钢的主要腐蚀形式有晶间腐蚀、应力腐蚀、缝隙腐蚀、点腐蚀和均匀腐蚀等。

(1) 晶间腐蚀

晶间腐蚀是在晶粒边界附近发生的有选择性的腐蚀现象。产生这种腐蚀的设备或零件，其外观虽仍呈金属光泽，但因晶粒彼此间已失去联系，敲击时已无金属声音，钢质变脆。析出 $Cr_{23}C_6$，以致晶粒边界 Cr 含量低于临界值，出现所谓 “贫铬”现象是产生晶间腐蚀的根本原因。

Cr 是决定不锈钢耐蚀性的主要元素，一般含量应大于 12%。碳含量为 0.08%的 18-8 型奥氏体钢中 $Cr_{23}C_6$ 析出与含碳量及加热条件有关，如图 3-1 所示。对于一定的含碳量，加热条件(温度和时间)处在曲线包围的影线区时，钢的腐蚀倾向增大，离开影线区的加热条件，晶间腐蚀倾向小或不发生晶间腐蚀，如图 3-1(a)所示。这是因为室温时碳的溶解度只有 0.02%~0.03%，固溶处理后奥氏体必为碳过饱和，而呈不稳定状态。若经再次中温加热(450~850℃温度区间)，会发生敏化现象，即过饱和固溶碳向晶粒边界扩散，与晶界附近的 Cr 结合形成 Cr 的碳化物 $Cr_{23}C_6$，并在晶界析出，如图 3-1(b)所示。由于碳比 Cr 的扩散快得多，Cr 来不及从晶内补充到晶界附近，以至于晶界及晶粒周边 Cr 含量低于 12%，即出现“贫铬”现象，从而产生晶间腐蚀倾向。当加热温度低于 450℃时，碳原子与 Cr 原子的扩散速度都比较低，因此晶界不会出现过多的碳而形成 $Cr_{23}C_6$，晶界也不会出现贫铬现象。当加热温度超过 850℃时，碳和铬原子均有较强的扩散能力，晶内及晶界处的碳及铬原子的浓度处于平衡状态，也不会出现晶界贫铬现象。同时，在Ⅰ次稳定区，虽然加热温度处于敏化温度区间，但是由于停留时间短，扩散到晶界的碳原子数量少，所以并未产生明显晶间贫铬。同样，在Ⅱ次稳定区，由于保温时间很长，晶内的 Cr 有足够时间向晶界扩散，晶界也不会产生明显贫铬。

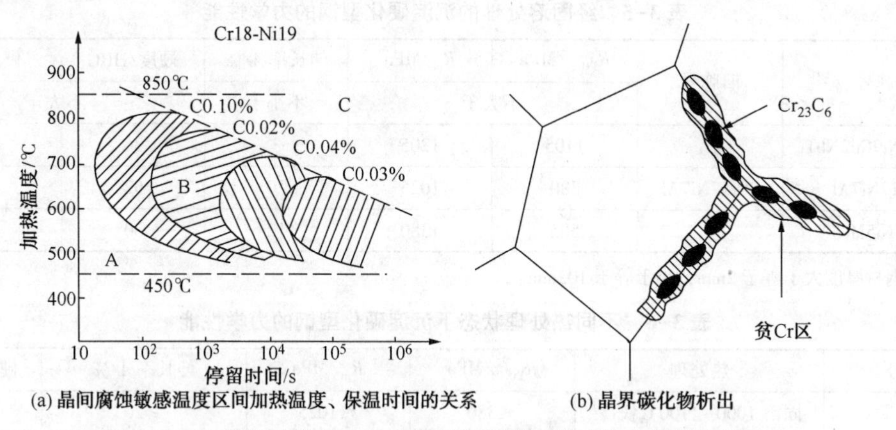

(a) 晶间腐蚀敏感温度区间加热温度、保温时间的关系　(b) 晶界碳化物析出

图 3-1　加热条件对 1Cr18Ni8 钢晶间腐蚀的影响及晶界碳化物析出

A—Ⅰ次稳定区；B—丧失耐晶间腐蚀能力的区域；C—Ⅱ次稳定区

若钢中含碳量低于其溶解度，即超低碳(C≤0.03%)，晶界也不致有 $Cr_{23}C_6$ 析出，因而也不会产生“贫铬”现象。同样，若钢中含有能形成稳定碳化物的元素 Nb 或 Ti，并经稳定化处理(加热 850℃×2h 空冷)，使之优先形成 NbC 或 TiC，则不会再形成 $Cr_{23}C_6$，也不会产生“贫铬”现象。

固溶处理可以使碳及铬原子均匀分布，因此提高了耐晶间腐蚀的能力。另外提高钢中铁素体化元素(Cr、Mo、Nb、Ti、Si 等)，同时降低奥氏体化元素(Ni、C、N)，可以在奥氏体钢中形成一定数量的铁素体相。由于铁素体中 Cr 的含量高，且扩散速度较快，晶界的 Cr 含量能够得到及时补充，晶间腐蚀倾向显著减小。同时少量均匀弥散分布的铁素体相，可打乱单相奥氏体晶粒之间的腐蚀通道，因此含有一定数量的 δ 相的奥氏体不锈钢的耐晶间腐蚀性能优于纯单相奥氏体钢。

(2) 应力腐蚀

应力腐蚀亦称应力腐蚀开裂(Stress Corrosion Cracking，SCC)，是指不锈钢在特定的腐蚀介质和拉应力作用下出现的低于强度极限的脆性开裂现象。不锈钢的应力腐蚀大部分是由氯离子引起的。另外，高浓度苛性碱、硫酸水溶液等也会引起应力腐蚀。

Cr-Ni 奥氏体不锈钢耐氯化物 SCC 的性能，随 Ni 含量的提高而增强，所以，25-20 钢比 18-8 钢具有更好的耐 SCC 性能。含 Mo 钢对抗 SCC 不利，因此 18-8Ti 比 18-8Mo 具有更高的抗 SCC 性能。

铁素体不锈钢与奥氏体不锈钢相比具有较好的耐 SCC 的性能，但在 Cr17 或 Cr25 中添加少量 Ni 或 Mo，会增大在 42%$MgCl_2$溶液中对 SCC 的敏感性。

双相不锈钢的 SCC 敏感性与其中两相的相比例有关，δ 相为 40%~50%时具有较好的耐 SCC 性能。由于 δ 相屈服点高，形成应力腐蚀裂纹需要更高的应力水平；同时双相不锈钢含有较多的 Cr、Mo，其耐点蚀能力较好，而点蚀坑往往是应力腐蚀裂纹的起源；另外 δ 相在裂纹的形成和扩展过程中起到了极化保护和机械阻挡的作用。

(3) 点腐蚀

点腐蚀亦称坑蚀或孔蚀，是一种典型的局部腐蚀现象。点腐蚀坑表面直径一般小于 1mm，深度往往大于表面直径，轻者有较浅的蚀坑，严重的甚至形成穿孔。奥氏体不锈钢表面氧化膜常因局部 Cl^-的聚集而受到破坏，以至形成腐蚀坑。可以通过以下几个途径防止点腐蚀：

1) 减少 Cl^-含量和氧含量；加入缓蚀剂(如 CN^-、NO^{3-}、SO_4^{2-}等)；降低介质温度等。

2) 提高 Cr、Ni、Mo、Si、Cu 及 N 的含量。Cr 的有利作用在于可以形成稳定氧化膜。Mo 的有利作用在于可以形成 MoO_4^{2-}，吸附于表面活性点而阻止 Cl^-入侵。N 的作用虽还无详尽了解，但知它可与 Mo 协同作用，富集于表面膜中，使表面膜不易破坏。

3) 尽量不进行冷加工，以减少位错露头处发生点腐蚀的可能。

4) 降低钢中的含碳量。

判定不锈钢的耐点腐蚀性能时常采用“点蚀指数”(*PI*)来衡量。

$$PI = w_{Cr} + 3.3w_{Mo} + (13 + 16)w_N \tag{3-1}$$

一般认为钢材的 $PI > 35 \sim 40$ 时，其点腐蚀倾向小。

(4) 缝隙腐蚀

在 Cl^-环境中，不锈钢金属间或不锈钢与异物接触的表面间存在间隙时，缝隙中溶液的流动会有迟滞现象，以至溶液局部 Cl^-浓化，pH 值随之降低。于是，缝隙中不锈钢钝化膜就容易吸附 Cl^-而被局部破坏，也就是易于被腐蚀。这就是所谓“缝隙腐蚀”。缝隙腐蚀与点腐蚀形成机理基本相似，因此耐点腐蚀的钢都有耐缝隙腐蚀的能力，同样也可用点蚀指数来衡量耐缝隙腐蚀倾向。

(5) 均匀腐蚀

均匀腐蚀是指接触腐蚀介质的金属表面全部产生腐蚀的现象。均匀腐蚀使金属截面不断减少，对于被腐蚀的受力零件而言，会使其截面上的真实应力逐渐增加，最终达到材料的断裂强度而发生断裂。对于硝酸等氧化性酸，不锈钢能形成稳定的钝化层，不易产生均匀腐蚀。而对硫酸等还原性酸，只含 Cr 的马氏体钢和铁素体钢不耐腐蚀，而含 Ni 的 Cr-Ni 奥氏体钢则显示了良好的耐腐蚀性。如果钢中含 Mo，在各种酸中均有良好的耐蚀性。双相不锈钢虽然是两相组织，如果相比例合适，并含足量的 Cr、Mo，其耐蚀性与含 Cr、Mo 数量相当的 Cr-Ni 奥氏体不锈钢相近。马氏体钢不适于在强腐蚀介质中使用。

3.2.5 不锈钢及耐热钢的高温性能

钢材的耐热性能一般包括热稳定性及热强性。热稳定性是指高温下抗氧化或耐气体介质腐蚀的性能。热强性是指在高温下长时间工作时对断裂的抗力(持久强度)，或在高温下长时间工作时抗塑性变形的能力(蠕变抗力)。

(1) 高温性能变化特性

不锈钢及耐热钢表面形成的钝化膜不仅具有抗氧化和耐腐蚀的性能，而且还可提高使用温度。研究发现，单独采用 Cr 来提高钢的耐氧化性，工作温度达到 800℃时，则要求 Cr 的质量分数达到 12%；工作温度达到 950℃时，则要求 Cr 的质量分数达到 20%；而当 Cr 的质量分数达到 28%时，其在 1100℃也能抗氧化。

18-8 型不锈钢不仅在低温时具有良好的力学性能，而且在高温时也有较高的热强性，它在温度为 900℃的氧化性介质和温度为 700℃的还原性介质中，都能保持其化学稳定性，因此其也常用作耐热钢使用。

Cr 或 Cr-Ni 耐热钢因热处理制度不同，在常温下可具有不同的性能。如退火状态的 2Cr13 钢其抗拉强度为 630MPa，1038℃淬火+320℃回火状态抗拉强度达 1750MPa，但伸长率只有 8%；1Crl8Ni9Ti(18-8Ti)固溶处理状态抗拉强度仅为 600MPa，但伸长率可高达 55%。

(2) 合金化问题

耐热钢的高温性能中首先要保证抗氧化性能。为此钢中一般均含有 Cr、Si 或 Al，可形成致密完整的氧化膜而防止继续发生氧化。提高钢的热强性的主要措施包括：

1) 提高 Ni 含量以稳定基体，利用 Mo、W 固溶强化，提高原子间结合力。

2) 形成稳定的第二相，主要是碳化物相(MC、M_6C 或 $M_{23}C_6$)，因此，应适当提高碳含量(这一点恰好同不锈钢的要求相矛盾)。如能同时加入强碳化物形成元素 Nb、Ti、V 等就更有效。

3) 减少晶界和强化晶界，如控制晶粒度并加入微量 B 或稀土等，如奥氏体钢 0Cr15Ni26Ti2MoVB 中就添加 B(0.003%)。

(3) 高温脆化问题

耐热钢在热加工或长期工作中，可能产生脆化现象。除了 Cr13 钢在 550℃附近的回火脆性、高铬铁素体钢的粗晶脆化，以及奥氏体钢沿晶界析出碳化物所造成的脆化之外，值得注意的还有 475℃脆性和 σ 相脆化。

475℃脆性主要出现在 Cr 的质量分数超过 15%的铁素体钢中。在 430~480℃之间长期加热并缓冷，就可能导致在常温时或负温时出现脆化现象，称之为 475℃脆性。关于 475℃脆性机理的认识并不一致，但大多认为其不是回火脆性，且产生 475℃脆性的钢，在 600~

700℃加热保温1h后空冷，可以恢复原有性能。

σ相是一种硬而脆且无磁性的Fe-Cr金属间化合物，也可以说是一种成分不稳定的间隙相。σ相硬度高达68HRC以上，而且多半分布在晶界，可以显著降低韧性。一般在500~900℃长时间加热有利于σ相的形成。σ相可能直接产生于铁素体δ相，即δ→σ；也可能从奥氏体γ转变而成，即γ→α→σ(α为次生铁素体)，或直接由奥氏体产生，即γ→σ。实践证明，存在铁素体相时，因铁素体相富Cr且利于Cr扩散，特别有利于σ相的形成。即凡是铁素体化元素均促使σ相的形成。如在纯Fe-Cr合金中，Cr>20%即可产生σ相；当存在其他合金元素，特别是存在Mn、Si、Mo、W等时，会促使在较低Cr含量下即形成σ相；在高Cr-Ni奥氏体钢中，如25-20钢，也可发生γ相向σ相的转化。

3.3　奥氏体不锈钢的焊接性分析

奥氏体不锈钢是应用最广泛的一类不锈钢，其焊接性主要取决于它的成分性能及服役环境等。大量的分析研究认为，奥氏体不锈钢焊接时需要重点关注焊接接头耐蚀性、焊接接头热裂纹及焊接接头脆化等问题。

3.3.1　焊接接头耐蚀性

(1) 晶间腐蚀

18-8型不锈钢焊接接头的焊缝区、熔合区及HAZ敏化区可能出现晶间腐蚀现象，如图3-2所示。同一个接头一般不会同时出现这三种晶间腐蚀现象，出现敏化区腐蚀就不会有熔合区腐蚀，取决于钢的化学成分。焊缝区的腐蚀主要决定于焊接材料化学成分。在正常情况下，现代技术水平可以保证焊缝区不会产生晶间腐蚀。

1)焊缝区腐蚀。根据贫铬理论，为防止焊缝区晶间腐蚀，首先是降低焊接材料的含碳量，使焊缝金属达到超低碳水平，或者添加足够的稳定化元素(Nb、V、Ti)，一般 $w_{Nb} \geqslant 8w_{C}$ 或 $w_{Nb} \approx 1\%$。其次是通过调整焊缝成分及焊接工艺，控制焊缝的组织状态，使之含有适当数量的一次铁素体(δ)相。第三是尽量降低热作用，如采用小线能量焊接等。第四是焊后热处理，其中固溶处理(1000~1150℃后快速冷却)最为有效，可以使已经析出的异相重新固溶，也可采用稳定化处理(850℃×2h加热空冷)。

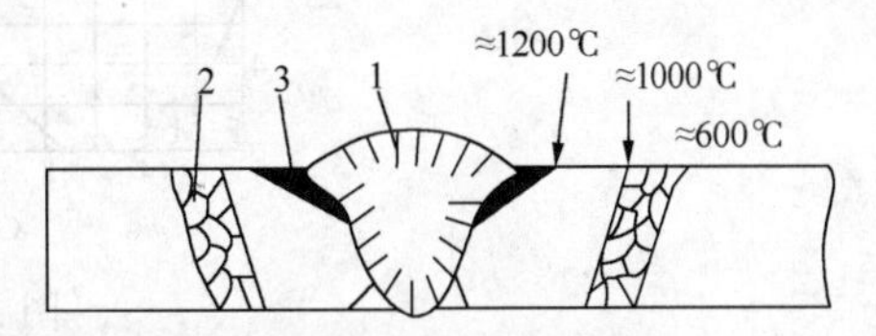

图3-2　18-8不锈钢焊接接头可能出现晶间腐蚀的部位
1—焊缝区；2—HAZ敏化区；3—熔合区

如果母材不是超低碳不锈钢，采用超低碳焊接材料未必可靠，因为熔合比的作用会使母材向焊缝增碳。

焊缝中δ相对提高焊缝抗晶间腐蚀的有利作用有两方面，一是可打乱单一γ相柱状晶的方向性，不致形成连续贫Cr层，避免构成腐蚀介质的集中通道；二是δ相富含Cr，且Cr在δ相中易扩散，$Cr_{23}C_6$ 可优先在δ相内部边缘沉淀，并由于供Cr条件，可防止γ晶粒形成贫Cr层。同时，焊缝中δ相也会引起两个问题，一是过量δ相易促使形成σ相，加剧高温脆化倾向；二是δ相选择性腐蚀，如在尿素之类介质中工作的不锈钢(含 Mo 的 18-8 钢)焊缝中不宜含δ相，否则易造成选择腐蚀。

综合考虑，对于奥氏体不锈钢焊缝金属，一般希望δ相数量为 4%~12%。实践证明，5%左右δ相是可以获得比较满意的抗晶间腐蚀性能的，为此，控制δ相数量是比较重要的。一般常用金相法或磁性法来检测δ相数量，利用舍夫勒焊缝组织图来估算δ相数量。

金相法的误差较大，常推荐用磁性法。磁性法是利用奥氏体γ无磁性而δ相有磁性的特点制成磁性仪，利用磁性仪检测δ相数量，其应用比较方便。

利用舍夫勒焊缝组织图在施焊前估算焊缝δ相数量是控制焊缝δ相数量的有效手段。把所有铁素体化元素按其铁素体化的强烈程度，折合成铬元素含量后的总和称为铬当量(Cr_{eq})。把所有奥氏体化元素折合成镍元素含量后的总和称为镍当量(Ni_{eq})。利用焊条手工电弧焊实验建立的舍夫勒焊缝组织图如图 3-3 所示。这样，即可根据化学成分在舍夫勒焊缝组织图中查到可能会形成的组织；反之，根据对组织的要求亦可确定对应的铬当量和镍当量，从而调整焊缝的化学成分。由于舍夫勒焊缝组织图仅仅考虑了化学成分对组织的影响，并未考虑实际结晶条件，也未考虑合金元素存在的具体状态。不同焊接方法、焊接工艺参数以及接头形式等都会对结晶条件产生影响。合金元素只有在固溶状态下才会对γ与δ的比例产生影响。因此，利用舍夫勒焊缝组织图估算δ相数量是存在一定误差的，甚至误差可达±4%。

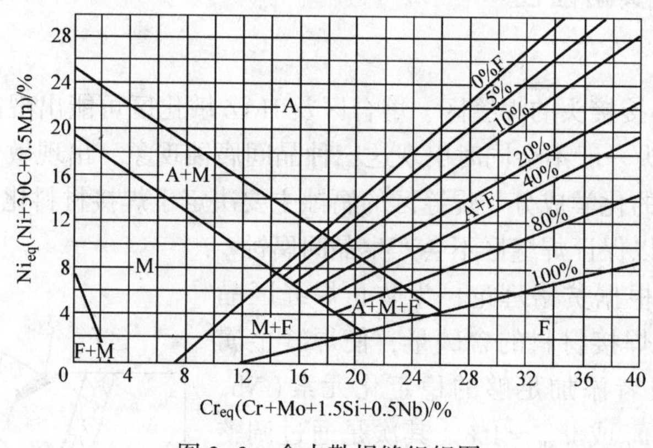

图 3-3　舍夫勒焊缝组织图

2）敏化区腐蚀。敏化区腐蚀是指焊接热影响区中加热峰值温度处于敏化加热区间的部位(敏化区)所发生的晶间腐蚀。因为焊接是一个快速连续加热过程，而铬化物的沉淀是一个扩散过程，需要能足够扩散的温度条件。因此焊接热影响区敏化区并非热处理时恒温条件下的 450~850℃，而是有一个过热度，可达 600~1000℃。

敏化区腐蚀一般仅出现在不含 Nb 或 Ti 的普通 18-8 型不锈钢中，超低碳不锈钢也不会有敏化区腐蚀。

为防止敏化区腐蚀，除选用超低碳或含 Nb 或含 Ti 的 18-8 型不锈钢外，在焊接工艺上应采取措施以减少焊接热影响区处于敏化温度的时间。

3）刀状腐蚀。刀状腐蚀是指在含 Nb 或含 Ti 的 18-8 型不锈钢焊接接头中，紧邻焊缝粗晶区出现的一种特殊形式的晶间腐蚀。由于其呈深而窄的形状，类似刀削切口形式，故称为“刀状腐蚀”。腐蚀区宽度初期不超过 3~5 个晶粒，逐步扩展到 1.0~1.5mm，如图 3-4 所示。

刀状腐蚀的实质也与 $M_{23}C_6$ 形式的铬的碳化物的沉淀有密切关系，如图 3-5 所示。可以发现，发生刀状腐蚀的部位正是 $Cr_{23}C_6$ 沉淀最显著的部位。

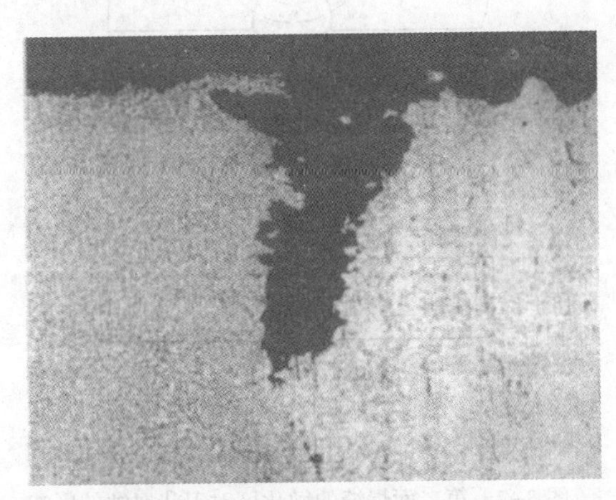

图 3-4　不锈钢刀状腐蚀形貌(500×)

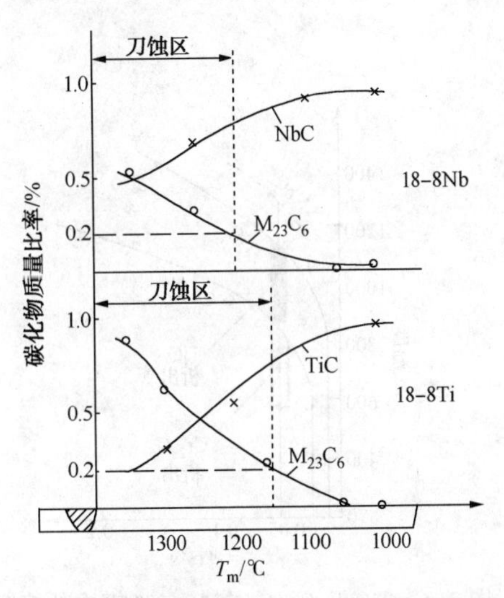

图 3-5　奥氏体不锈钢 HAZ 中碳化物的分布

(热模拟，线能量 20kJ/cm，并经 650℃×5h 敏化处理)

奥氏体不锈钢供货状态一般为固溶处理状态。含 C0.08%的 18-8Ti 钢一般经 1050～1150℃水淬固溶。这时钢中少部分 C 和很少量 Ti 溶入固溶体，其余大部分 C 与 Ti 结合成为游离的 TiC。TiC 及 $Cr_{23}C_6$ 在 18-8Ti 钢中的溶解度如图 3-6 所示。可以发现，在固溶处理时，$Cr_{23}C_6$ 可全部溶入固溶体。而焊接时，温度超过 1200℃的粗晶区中 TiC 可以不断地向奥氏体中溶解而形成固溶体。峰值温度越高，TiC 的固溶量就越多。TiC 溶解时分离出来的碳原子插入到奥氏体点阵间隙中，Ti 则占据奥氏体点阵节点空缺位置。冷却时，由于高温下碳原子极为活泼，比 Ti 的扩散能量强，碳原子将向奥氏体晶粒边界扩散，且呈过饱和状态，Ti 则来不及扩散而仍保留在奥氏体点阵节点上。这种状态若随后再经 450～850℃中温敏化加热，碳原子可优先以很快的速度向晶粒边界扩散，使晶界更富集碳，因 Cr 扩散速度比 Ti 的扩散速度快，因此易在晶界附近形成 $Cr_{23}C_6$ 沉淀，从而形成了晶界贫 Cr 区。TiC 的固溶量越多的部位，$Cr_{23}C_6$ 沉淀量也越大，贫 Cr 也越严重，即产生晶间腐蚀倾向越大。可见，"高温过热"与"中温敏化"的依次作用是产生刀状腐蚀的必要条件。

为防止刀状腐蚀，首先应选用超低碳不锈钢(C 含量小于 0.06%)；其次应调整焊接工艺，减少近缝区过热，如尽量避免交叉焊缝，采用小线能量焊接等；双面焊缝焊接时，面向腐蚀介质的焊缝应最后施焊，如图 3-7 所示。若无法安排在最后施焊，应调整焊缝尺寸形状及焊接工艺参数，使第二面焊缝焊接时所产生的实际敏化温度区与第一面焊缝的表面粗晶区不重合；最后应进行焊后稳定化处理等。

(2) 应力腐蚀开裂(SCC)

拉伸应力的存在是应力腐蚀开裂的不可缺少的重要条件，而其中焊接残余应力所引起的应力腐蚀开裂事例约占应力腐蚀破坏实例的 60%以上。奥氏体不锈钢具有导热性差、线膨胀系数大的特点，在拘束焊接时就可能产生较大的焊接应力，因此奥氏体不锈钢焊接接头应力腐蚀开裂是最不易解决的生产实际问题之一。如应力腐蚀开裂中的拉应力，来源于焊接残余应力的超过30%，焊接拉应力越大，越易发生应力腐蚀开裂。

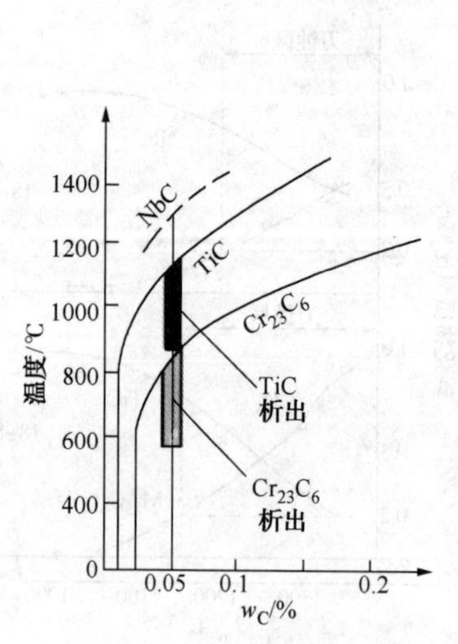

图3-6 TiC及$Cr_{23}C_6$在18-8Ti钢中的溶解度

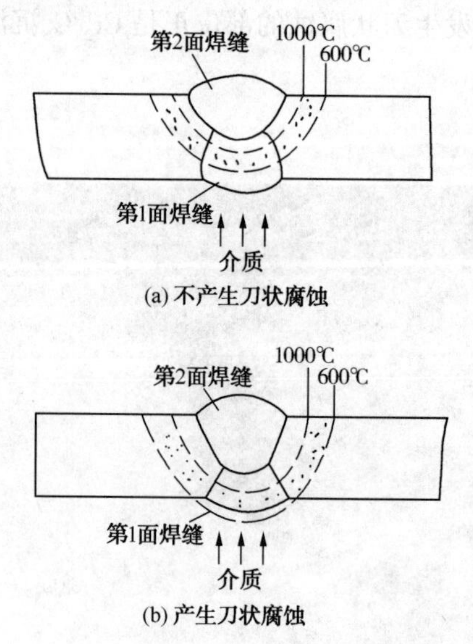

图3-7 第二面焊缝的敏化区对刀状腐蚀的影响

应力腐蚀开裂的最大特点之一是腐蚀介质与材料组合上的选择性，在此特定组合之外不会产生应力腐蚀开裂。如在Cl^-富集的环境中，18-8型不锈钢的应力腐蚀不仅与溶液中Cl^-有关，而且还与其溶液中氧含量有关。Cl^-浓度较高、氧含量较少或Cl^-浓度较低、氧含量较高时，均不会引起应力腐蚀开裂。

合理调整焊缝化学成分是提高焊接接头抗应力腐蚀开裂的重要措施之一。应力腐蚀开裂大多发生在合金中，合金元素在晶界上的偏析引起晶间开裂是应力腐蚀开裂的主要原因之一，选择合适的焊接材料对防止应力腐蚀开裂具有重要意义。焊缝中含有一定数量的δ相时，有利于提高在氯化物介质中耐SCC性能，但却不利于防止氢致开裂型的SCC。在氯化物介质中，提高Ni可提高抗应力腐蚀能力；Si能使氧化膜致密，也有利于提高抗应力腐蚀能力；加Mo则会降低Si的有效作用。如果SCC的根源是点蚀坑，则因Mo有利于防止点蚀而提高耐SCC性能。超低碳有利于提高抗应力腐蚀开裂性能，如图3-8所示。

此外，为防止应力腐蚀开裂，退火消除焊接残余应力是一种有效措施。残余应力消除程度与“回火参数”*LMP*(Larson Miller Parameter)有关，即：

$$LMP = T(\lg t + 20) \times 10^{-3} \tag{3-2}$$

式中 T——加热温度，K；

t——保温时间，h。

其中加热温度T的作用效果远大于加热保温时间t的作用。回火参数*LMP*越大，残余应力消除程度越大。如18-8Nb钢管，外径为ϕ125mm，壁厚25mm，焊态时焊接残余应力为120MPa。消除应力退火中，当$LMP \geqslant 18$时才开始使残余应力降低；当$LMP \approx 23$时残余应力几乎被完全消除。

虽然热处理可有效消除残余应力，但在热处理时必须考虑晶间$Cr_{23}C_6$沉淀和σ相的产生，综合分析考虑晶间腐蚀或σ相脆化与应力腐蚀开裂问题。

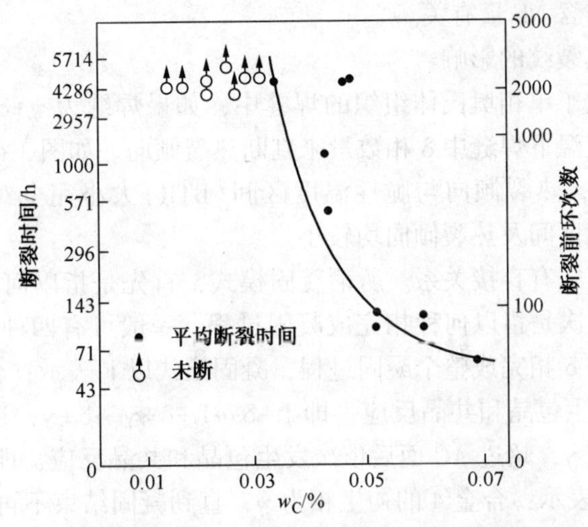

图 3-8 18-8 钢管焊接接头 SCC 断裂时间与材料含碳量的关系

介质 288℃纯水；应力 $\sigma_{0.2}\times1.36$ 方波交变应力，保持 75min/周

(3) 点蚀

奥氏体钢焊接接头有点蚀倾向，即使耐点蚀性优异的双相钢有时也会有点蚀产生。但含 Mo 钢耐点蚀性能比不含 Mo 的要好，如 18-8Mo 钢耐点蚀性优于 18-8 钢。由于点蚀难以控制，并经常成为应力腐蚀开裂的裂源，所以点蚀性能是焊接接头耐腐蚀性能的重要指标。最容易产生点蚀的部位是焊缝中的不完全混合区，其化学成分与母材相同，但却经历了熔化与凝固过程。焊接材料选择不当时，焊缝中心部位也会有点蚀产生，其主要原因可能是 Cr、Mo 的偏析。

为提高耐点蚀性能，首先应减少 Cr、Mo 的偏析，可采用较母材更高 Cr、Mo 含量的所谓"超合金化"焊接材料(Overalloyed Filler Metal)；其次是必须考虑母材的稀释作用，以保证足够的合金含量；三是提高 Ni 含量，有利于减少偏析，必要时也可采用 Ni 基合金焊丝。

3.3.2 焊接接头热裂纹

奥氏体钢焊接时，在焊缝及近缝区均有产生热裂纹的可能性，但最常见的是焊缝结晶裂纹，有时也可见近缝区液化裂纹。其中 25-20 型奥氏体钢焊缝产生结晶裂纹倾向要比 18-8 型不锈钢大，含 Ni 量越高，产生裂纹倾向越大，且越不易控制。

(1) 奥氏体钢焊接时易于产生热裂纹的原因

同一般结构钢相比较，Cr-Ni 奥氏体钢焊接时有较大热裂纹倾向，主要与下列特点有关：

1) 奥氏体钢的导热率小和线膨胀系数大，在焊接局部加热和冷却条件下，接头在冷却过程中可形成较大的拉应力。

2) 奥氏体钢焊缝易形成方向性强的柱状晶组织，有利于有害杂质偏析，从而促使晶间液膜形成，并产生结晶裂纹。

3) 奥氏体钢及焊缝的合金组成较复杂，不仅 S、P、Sn、Sb 之类杂质可形成易溶液膜，如 Ni+NiS 共晶的熔点为 650℃，而且一些合金元素(Si、Nb)因溶解度有限也能形成易熔共晶，如在高 Ni 奥氏体钢焊接时，Si、Nb 往往是产生热裂纹的重要原因之一；18-8Nb 奥氏体钢近缝区液化裂纹与含 Nb 量有关。

（2）凝固模式对热裂纹的影响

结晶裂纹最易产生于单相奥氏体组织的焊缝中，如果焊缝为 γ+δ 双相组织，则不易产生结晶裂纹。通常用室温下焊缝中 δ 相数量来判断热裂倾向。如图 3-9 所示，室温 δ 铁素体数量由 0 增至 100%时，热裂倾向与脆性温度区间(BTR)大小完全对应。δ 铁素体数量为 5%~20%时，脆性温度区间及热裂倾向均较小。

结晶裂纹与凝固模式有直接关系。所谓凝固模式，首先是指以何种初生相(γ 或 δ 开始结晶进行凝固过程，其次是指以何种相完成凝固过程，一般可有四种凝固模式，如图 3-10 所示。其中合金①，以 δ 相完成整个凝固过程，凝固模式以 F 表示；合金②初生相为 δ，但超过 AB 面后又依次发生包晶和共晶反应，即 L+δ→L+δ+γ→δ+γ，这种凝固模式以 FA 表示；合金③的初生相为 γ，超过 AC 面后依次发生包晶和共晶反应，即 L+γ→L+γ+δ→γ+δ，这种凝固模式则以 AF 表示；合金④的初生相为 γ，直到凝固结束不再发生变化，用 A 表示这种凝固模式。

晶粒润湿理论指出，偏析液膜能够润湿 δ→δ、γ→γ 界面，不能润湿 γ→δ 异相界面。FA 模式形成的 δ 铁素体呈蠕虫状，妨碍 γ 枝晶支脉发展，构成理想的 γ→δ 界面，因而热裂倾向较小，如图 3-10 中的合金②。单纯 F 或 A 模式凝固时，只有 δ→δ 或 γ→γ 界面，因而热裂倾向较大。以 AF 模式凝固时，由于是通过包晶/共晶反应面形成 γ+δ，这种共晶 δ 不足以构成理想的 γ→δ 界面，所以仍然可以呈现液膜润湿现象，以至于还会有一定的热裂倾向。

显然，AF 与 FA 的分界具有重要意义。由图 3-10 可知，这个界线应通过点 *A*(实为共晶线)。按舍夫勒图 Cr_{eq}、Ni_{eq}的计算，这个界线大体相当于 $Cr_{eq}/Ni_{eq}=1.5$。如将这一界线标于舍夫勒图上，可将防止热裂所需室温 δ 铁素体数量与凝固模式 AF/FA 界线联系起来。图 3-11 为标有 AF/FA 界线的舍夫勒图。

焊缝金属并非一定以某一单一凝固模式进行凝固，也可见到混合凝固模式，焊缝中一个局部区域为 AF 模式，另一个局部区域为 FA 模式。例如，316L(00Cr7Ni2Mo2)不锈钢焊条

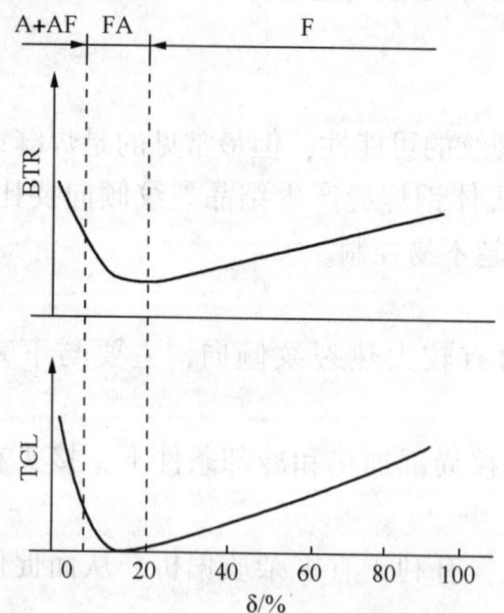

图 3-9　δ 铁素体含量对热裂倾向的影响(Trans-Varestraint 试验)

TCL—裂纹总长；BTR—脆性温度区间

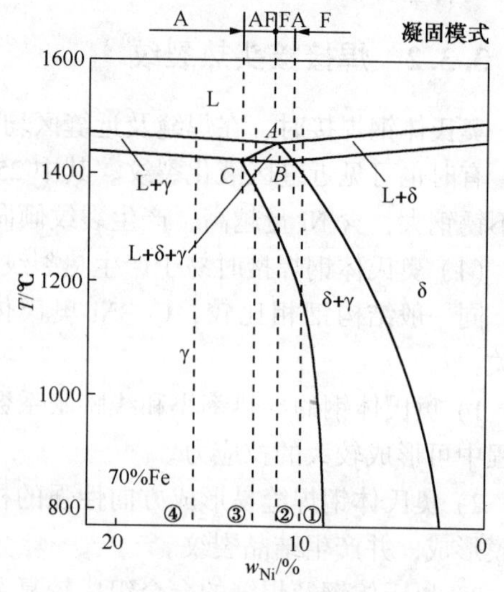

图 3-10　70%Fe-Cr-Ni 伪二元合金相图

(图中标出凝固模式)

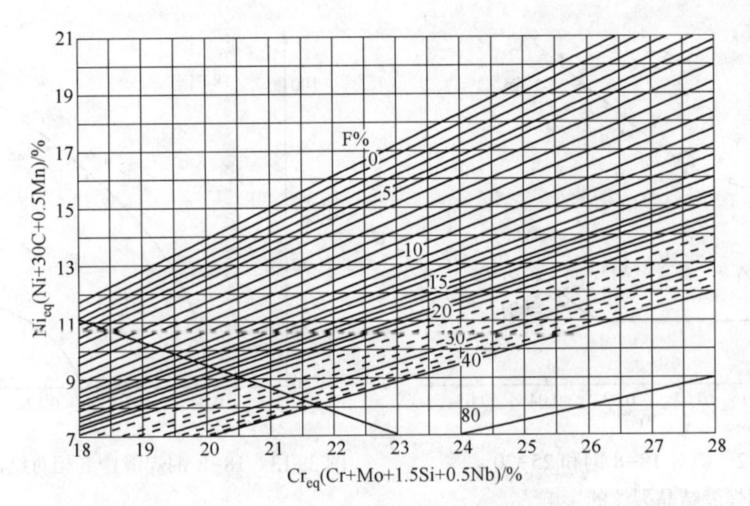

图 3-11 标有 AF/FA 界线的舍夫勒图

的焊缝，同时存在 AF 及 FA 两个凝固模式，而且热裂纹恰好出现在以 AF 模式凝固的局部区域。

影响热裂倾向的关键是决定凝固模式的 Cr_{eq}/Ni_{eq} 值，而并非室温 δ 相的数量。由此可知，18-8 型奥氏体钢，因 Cr_{eq}/Ni_{eq} 处于 1.5~2.0 之间，一般不会轻易发生热裂；而 25-20 型奥氏体钢，因 $Cr_{eq}/Ni_{eq}<1.5$，且 Ni 含量越高，其比值越小，所以具有明显的热裂纹倾向。

（3）奥氏体钢焊缝结晶裂纹的控制

1）严格限制焊缝中有害杂质的含量。严格限制焊缝中 S、P 等杂质含量对于防止 18-8 钢焊缝结晶裂纹非常有效，对于 25-20 钢焊缝效果不佳，如图 3-12 所示。可以发现，18-8 钢焊缝结晶裂纹易于控制，P 含量小于 0.03%即可不产生热裂纹，而 25-20 钢焊缝即使 P 含量小于 0.01%仍难以完全消除结晶裂纹。显然，25-20 钢焊缝结晶裂纹难于控制，应予以足够重视。

2）尽可能使焊缝形成双相组织。从 18-8 钢焊缝抗晶间腐蚀性能要求考虑，焊缝具有 γ+δ 双相组织有很大优越性。实践证明，这种双相组织可以有效消除单相 γ 的方向性而使之细化，显著减少晶间偏析，有效地防止产生结晶裂纹，如图 3-13 所示。对于 18-8 钢焊缝希望能有 5%左右 δ 相，既可提高其抗晶间腐蚀性能，又可防止其产生结晶裂纹。但对于 Ni 含量大于 15%的奥氏体钢，焊缝欲形成 γ+δ 双相组，必然要求增加铁素体化元素，这就必然造成焊缝化学成分与母材差异很大，从而导致焊缝高温性能难以同母材匹配。如 2Cr25Ni20Si2 奥氏体抗氧化钢，焊缝中 δ 相数量高达 25%~30%才可达到防止结晶裂纹的效果，但由于 δ 相易促使形成 σ 相，焊缝将会产生 σ 相脆化。因此，对于 25-20 钢也可形成双相组织的焊缝，但并非 γ+δ，而是 γ+C1（一次碳化物）或 γ+B1（一次硼化物），此时的碳化物或硼化物与 δ 相一样能使 γ 晶粒细化，减少杂质偏析，防止产生结晶裂纹。

3）适当调整焊缝的化学成分。调整化学成分归根结底还是通过组织发生作用。对于焊缝金属，调整化学成分是控制焊缝性能（包括裂纹问题）的重要手段。

研究发现，适当提高奥氏体化元素 Mn、C、N 的含量，可以明显改善单相奥氏体焊缝的抗裂性，如图 3-14、图 3-15 所示。

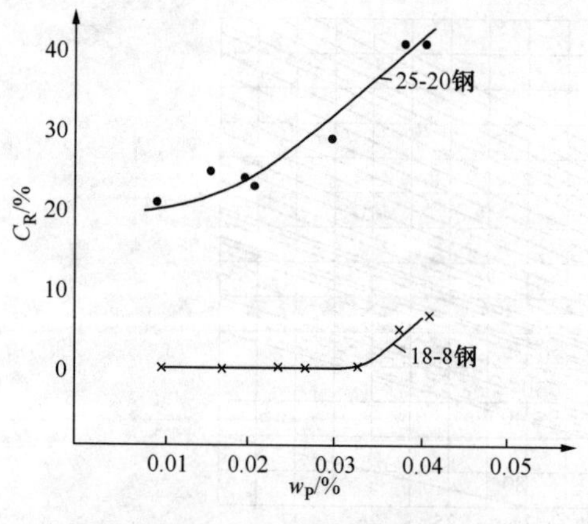

图 3-12 磷对 18-8 钢和 25-20 钢焊缝结晶裂纹的影响

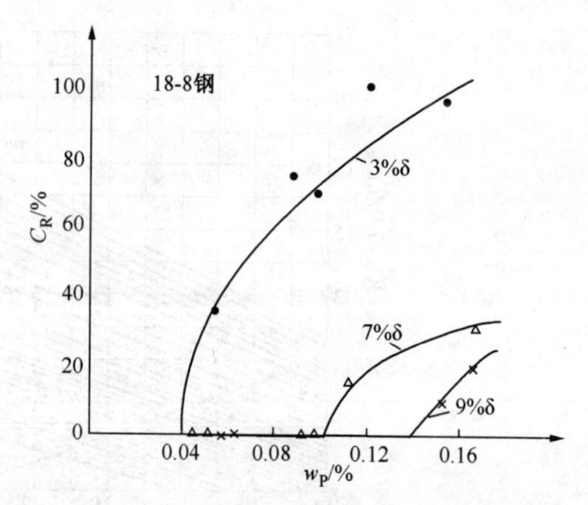

图 3-13 18-8 钢焊缝中 δ 相对结晶裂纹的影响

由图 3-14 可以发现，Mn 含量为 4%～6%时，焊缝结晶裂纹倾向较小；Mn 含量大于 7%，焊缝结晶裂纹倾向反而又有增大趋势。特别要注意，若同时存在 Cu 时，Mn 与 Cu 将加剧偏析而促使焊缝产生结晶裂纹。

由图 3-15 可以发现，单相奥氏体焊缝中 C 与 N 均可抑制 Si 形成 Ni-Si、Fe-Si、Cr-Ni-Si-Fe 等低熔点化合物而增加结晶裂纹倾向的有害作用。

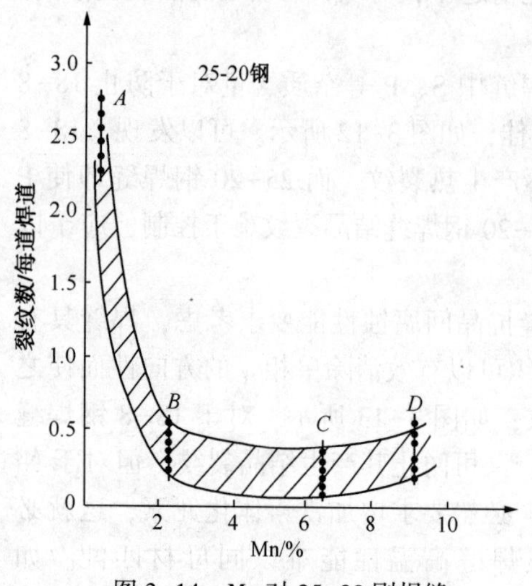

图 3-14 Mn 对 25-20 刚焊缝结晶裂纹的影响

在含 Ni 较高的单相奥氏体焊缝中，Mn 的作用有利；在含 Ni 较低的 γ+δ 双相组织焊缝中，奥氏体化元素 Mn 会促使 δ 相减少，有可能增大结晶裂纹倾向。在高 Ni 焊缝中，Si 是有害的，但在 18-8 钢焊缝中，铁素体化元素 Si 可促使形成 δ 相，反而是有利的。

4）提高焊接熔池的冷却速度。在焊接工艺上应尽量减小熔池过热，避免形成晶粗大柱状晶。一般采用小电流焊接及小截面焊道是非常有益的。

3.3.3 焊接接头脆化

焊接时要求焊接接头与母材等强度，并不是在任何情况下都是合理的。在许多情况下，焊接接头的塑形和韧性却是具有更为重要的意义。Cr-Ni 奥氏体钢用于不锈耐蚀的条件时，通常都是在常温或不太高的温度下(一般小于 350℃)使用，对焊接接头的要求主要是耐蚀性，而对力学性能几乎没有特别要求。但如果用于低温条件下，关键在于保证焊缝的低温韧性。对于耐热抗氧化钢，主要是防止氧化，对力学性能也无特别要求。对于热强钢，如短时工作(不超过几十小时)，对焊接接头就要求等强度；如长期工作(100000h)，对焊接接头的要求是如何具有足够的塑性。在实际生产中，经常发现，有的热强钢焊接接头的强度并不低，可是在使用不到几个月就会沿焊缝或近缝区发生脆断。

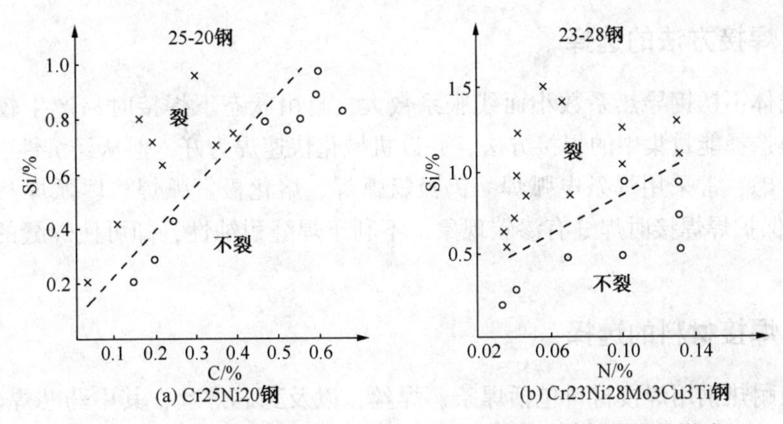

图 3-15 单相奥氏体焊缝中 C 或 N 与 Si 共存对结晶裂纹的影响

(1) 焊缝低温脆化

为了满足低温韧性要求，18-8 钢焊缝组织最好是单一 γ 相，尽量避免出现 δ 相。δ 相的存在总会恶化低温韧性，如表 3-7 所示。“铸态”焊缝中的 δ 相因形貌不同，对韧性的影响不同。以超低碳 18-8 钢为例，焊缝中通常可能见到球状、蠕虫状和花边条状等三种形态的 δ 相，其中蠕虫状最为常见。蠕虫状 δ 相会增加脆性，但对抗热裂有利。从改善低温韧性的角度出发，稍稍提高 Cr 含量(对于 18-8 钢可将 Cr 的质量分数提高到稍微超过 20%)，可以获得少量花边条状 δ 相，使低温韧性值可达到常温时数值的 80%。在这种情况下，焊缝中有少量 δ 相是可以容许的。

表 3-7 焊缝组织状态对韧性的影响

焊缝化学成分/%(质量)						焊缝组织	$KU/(J/cm^2)$	
C	Si	Mn	Cr	Ni	Ti		20℃	-196℃
0.08	0.57	0.44	17.6	10.8	0.16	γ+δ	121	46
0.15	0.22	1.50	25.5	18.9	—	γ	178	157

(2) 焊缝高温脆化

无论短时高温拉伸或持久强度试验，奥氏体焊缝中含有较多铁素体化元素或较多 δ 相时，都会发生显著 σ 相脆化现象。因此，为了保证必要的塑性和韧性，长期高温工作的焊缝中所含 δ 相的数量希望小于 5%。已经出现 σ 相的焊件，可通过加热到 1050~1100℃ 保温 1h 后水淬处理，此时其中绝大部分 σ 相可重新溶解到奥氏体中，从而使焊件性能得到恢复。

3.4 奥氏体不锈钢的焊接工艺要点

奥氏体不锈钢具有优良的焊接性，原则上其焊接工艺与一般结构钢相同，但为了保证奥氏体不锈钢焊接接头的耐蚀性和焊缝的致密性，需要特别注意选择合适的焊接方法、焊接材料、焊接工艺参数和焊后热处理工艺等。

3.4.1 焊接方法的选择

由于奥氏体不锈钢导热系数小而线胀系数大，自由状态下焊接时易产生较大的焊接变形。为此，应选择能量集中的焊接方法，并以机械化快速焊为好。但从经济性、实用性和技术性等方面考虑，常采用焊条电弧焊、钨极氩弧焊、熔化极氩弧焊、埋弧焊及等离子弧焊等。CO_2气体保护焊焊接时焊缝有渗碳现象，不利于焊缝耐蚀性，却可使焊缝的热强性能有所提高。

3.4.2 焊接材料的选择

不锈钢及耐热钢用焊接材料包括焊条、焊丝、以及药芯焊丝，其中药芯焊丝发展最快。焊接材料的选择首先取决于焊接方法。在选择具体焊接材料时，应注意以下几个问题。

1）应坚持“适用性原则”。通常是根据不锈钢类型、化学成分、具体用途和服役条件（工作温度、接触介质），以及对焊缝金属的技术要求选用焊接材料，不仅要考虑焊接材料的工艺性，而且也要考虑焊缝金属的成分要求，以保证抗晶间腐蚀性能和抗热裂纹性能。

不锈钢焊接材料又因服役所处介质不同而有不同选择，例如，适用于还原性酸中工作的含 Mo 的 18-8 钢，就不能用普通不含 Mo 的 18-8 钢代替。与之对应，焊接普通 18-8 钢的焊接材料也不能用来焊接含 Mo 的 18-8 钢。同样，适用于抗氧化要求的 25-20 钢焊接材料，也往往不适应 25-20 热强钢的要求。

2）根据所选各焊接材料的具体成分来确定是否适用，并应进行焊接工艺评定试验，绝不能只根据商品牌号或标准的名义成分就决定取舍。这是因为任何焊接材料的成分都有容许波动范围。

3）考虑具体应用的焊接方法和工艺参数可能造成熔合比变化的影响，即应考虑母材的稀释作用，否则将难以保证焊缝金属的合金化程度。有时还需考虑凝固时的负偏析对局部合金化的影响。

4）根据技术条件规定的全面焊接性要求来确定合金化程度，即是采用同质焊接材料，还是超合金化焊接材料。不锈钢焊接时，不存在完全“同质”，常是“轻度”超合金化。例如，普通的 0Cr18Ni11Ti 钢，用于耐氧化性酸条件下，其熔敷金属的组成是 0Cr21Ni9Nb。不但 Cr、Ni 含量有差异，而且是以 Nb 代替 Ti。

在对焊接性要求很严格的情况下，选用超合金化焊接材料是十分必要的，有时甚至采用 Ni 基合金（如 Inconel 合金）作为焊接材料来焊接奥氏体钢。

5）不仅要重视焊缝金属合金系统，而且要注意具体合金成分在该合金系统中的作用，必须综合考虑，不能顾此失彼，特别要限制有害杂质含量，尽可能提高纯度。

根据不同的焊接方法，常用奥氏体不锈钢推荐选用的焊接材料见表 3-8。

3.4.3 其他工艺要点

1）控制焊接工艺参数，避免接头产生过热现象。奥氏不锈钢热导率小，热量不易散失，一般焊接时所用焊接电流和焊接线能量比碳钢要小 20%～30%。此外，奥氏体不锈钢焊接时，为避免铬的碳化物相沉淀，一般不仅不预热，而且还应尽可能加快焊接接头的冷却，并严格控制层间温度低于 250℃。同时，还应避免交叉焊缝。

表 3-8　常用奥氏体不锈钢推荐选用的焊接材料

钢材牌号	焊条		气体保护焊	埋弧焊焊丝		药芯焊丝	
	型号	牌号	实心焊丝	焊丝	焊剂	型号(AWS)	牌号
0Cr19Ni9	E308-16	A102	H0Cr21Ni10	H0Cr21Ni10	HJ260 HJ151	E308LT1-1	GDQA308L
1Cr18Ni9	E308-15	A107					
0Cr17Ni12Mo2	E316-16	A202	H0Cr19Ni12Mo2	H0Cr19Ni12Mo2		E316LT1-1	GDQA316L
0Cr19Ni13Mo3	E317-16	A242	H0Cr20Ni14Mo3	—	—	E317LT1-1	GDQA317L
00Cr19Ni11	E308L-16	A002	H00Cr21Ni10	H00Cr21Ni10	HJ172 HJ151	E308LT1-1	GDQA308L
00Cr17Ni14Mo2	E316L-16	A022	H00Cr19Ni12Mo2	H00Cr19Ni12Mo2		E316LT1-1	GDQA316L
1Cr18Ni9Ti	E347-16	A132	H0Cr20Ni10Ti H0Cr20Ni10Nb	H0Cr20Ni10Ti H0Cr20Ni10Nb		E347LT1-1	GDQA347L
0Cr18Ni11Ti							
0Cr18Ni11Nb							
0Cr23Ni13	E309-16	A302	H1Cr24Ni13	—	—	—	—
2Cr23Ni13				—	—	E309LT1-1	GDQA309L
0Cr25Ni20	E310-16	A402	H0Cr26Ni21	—	—	—	
2Cr25Ni20			H1Cr21Ni21	—	—		

2）合理进行接头设计。以坡口角度为例，采用奥氏体钢同质焊接材料时，坡口角度取60°(与一般结构钢的相同)是可行的；但如采用 Ni 基合金作为焊接材料，由于熔融金属流动更为黏滞，坡口角度取60°很容易发生熔合不良现象，一般均要增大到80°左右。

3）由于奥氏体不锈钢电阻率大，导热系数小，奥氏体焊丝的熔化系数比结构钢大。因此，为了避免焊条尾部发红，奥氏体焊条长度比结构钢焊条要短一些；自动焊时焊丝伸出长度比结构钢焊丝也要短一些，如焊丝直径为2~3mm时，伸出长度不应超过20~30mm。

4）焊丝或焊芯中所含 Ti、Nb、Cr、Al 等元素对氧有很大的亲和力，为防止合金元素不必要的烧损，应尽量缩短焊接电弧，并以不做摆动而直线前进为好。

5）焊接过程中应尽可能控制焊接工艺稳定以保证焊缝金属成分稳定。因为焊缝性能对化学成分的变动有较大的敏感性，为保证焊缝成分稳定，必须保证熔合比稳定。

6）为了保证不锈钢焊接质量，必须严格遵守技术规程和产品技术条件，并应因地制宜，灵活地开展工作，全面综合考虑焊接质量、生产效率及经济效益。

7）有耐蚀性要求时，焊接应注意下列几个问题：

① 避免飞溅；

② 禁止随处任意引弧；

③ 焊缝表面成形光滑，无凹凸不平现象，残渣彻底除净；

④ 根部接触腐蚀介质时，禁止使用余留垫板或锁边；

⑤ 焊接电缆卡头在工件上要卡紧，以免发生打弧或过烧现象；

⑥ 面向腐蚀介质的焊缝应尽量安排在最后施焊；

⑦ 焊缝交接处要错开安排；

⑧ 必要时采取水冷方式降低层间温度。

8）有耐蚀性要求时，焊前应注意下列几个问题

① 运输、储存应与一般结构钢分开，以免被铁锈等污染；

② 划线下料时，不要打冲眼和不用划针，避免碰撞损伤，以免损伤耐蚀性；

③ 应尽量用机械方法加工或等离子弧切割下料，避免用碳弧气刨；

④ 钢材的矫正不得用锤敲击；

⑤ 封头等零件最好冷压成形；热压成形时应检查耐蚀性的变化，并做相应的热处理；

⑥ 焊接前后热处理时，加热前必须将钢材表面油脂洗净，以免加热时产生增碳现象。

3.5 铁素体不锈钢的焊接工艺要点

3.5.1 铁素体不锈钢焊接性分析

总的来说，铁素体不锈钢不如奥氏体不锈钢的焊接性好。由于铁素体不锈钢一般都是单相铁素体组织，在焊接过程中易于晶粒粗化，还可能出现475℃脆性，因此铁素体不锈钢焊接接头韧性较低。此外，铁素体不锈钢的耐蚀性及高温下长期服役可能出现的脆化也是焊接过程中不可忽视的问题。高纯铁素体钢比普通铁素体钢的焊接性要好得多。

（1）焊接接头的晶间腐蚀

普通铁素体不锈钢发生腐蚀的条件和奥氏体不锈钢稍有不同。一般把普通铁素体不锈钢加热到950℃以上温度，然后空冷或水冷，则产生敏化，而在经700~850℃短时保温退火处理，耐蚀性恢复。因此，普通铁素体不锈钢焊接热影响区，由于受到焊接热循环高温作用产生敏化，在强氧化性酸中将产生晶间腐蚀。产生晶间腐蚀的位置在紧挨焊缝的高温区。焊后经700~850℃退火处理，使铬均匀化，可恢复其耐蚀性。

普通铁素体不锈钢焊接接头的晶间腐蚀机理与奥氏体型不锈钢的相同，都符合贫铬理论。普通铁素体不锈钢一般在退火状态下焊接，其组织为固溶微量碳和氮的铁素体及少量均匀分布的碳和氮的化合物。当焊接温度高于950℃时，碳、氮的化合物逐步溶解到铁素体相中，得到碳、氮过饱和固溶体。由于碳、氮在铁素体中的扩散速度比在奥氏体快得多，在焊后冷却过程中，都来得及扩散到晶界。加之晶界的碳、氮的浓度高于晶内，故在晶界上沉淀$(Cr, Fe)_{23}C_6$碳化物和Cr_2N氮化物。由于铬的扩散速度慢，导致在晶界上出现贫铬区。在腐蚀介质的作用下即可出现晶间腐蚀。由于铬在铁素体中的扩散比在奥氏体中的快，在700~850℃短时间保温条件下，即可使过饱和的碳和氮能完全析出，能有效克服焊缝高温区的贫铬带，并使其耐蚀性恢复到原来水平。

高纯铁素体不锈钢主要化学成分有Cr、Mo和C、N，其中C+N总的质量分数不等，都存在一个晶间腐蚀的敏化临界温度区，即超过或低于此区域不会产生晶间腐蚀。同时还有一个临界敏化时间区，即在这个时间区之前的一段时间，即使在敏化临界温度也不会产生晶间腐蚀。因此，超纯度铁素体不锈钢必须满足既在敏化临界温度区，又在临界敏化时间区内才有可能产生晶间腐蚀。例如，C+N总的质量分数为0.0106%的26Cr合金，其敏化临界温度区为475~600℃。

无论普通铁素体不锈钢还是高纯铁素体不锈钢，焊接接头的晶间腐蚀倾向都与其合金元

素的含量有关。随着钢中碳和氮的总含量降低，晶间腐蚀倾向减小。Mo 可以降低 N 在铁素体不锈钢中的扩散速度，有助于临界敏化时间向后移，提高抗晶间腐蚀性能。合金元素 Ti、Nb 均为稳定化元素，能优先于 Cr 和 C、N 形成化合物，避免贫铬区的形成，也能提高抗晶间腐蚀性能。

(2) 焊接接头的脆化

铁素体不锈钢的晶粒在 900℃以上极易粗化；加热至 475℃附近或自高温缓冷至 475℃附近；在 550~820℃温度区间停留(形成 σ 相)较长时间均可使接头的塑性、韧性降低而脆化。

1) 高温脆性。铁素体不锈钢焊接接头加热至 950~1000℃以上后急冷至室温，焊接热影响区的塑性和韧性显著降低，称为“高温脆性”。其脆化程度与其中的 C、N 含量有关。C、N 含量越高，焊接热影响区脆化程度就越严重，同时耐蚀性也显著降低。焊接接头冷却速度越大，其韧性下降也越严重；快速冷却时，基体位错上析出较多细小分散的碳化合物或氮化合物会阻碍位错运动，此时强度提高而塑性明显下降；缓慢冷却时，基体位错上析出物较少，塑性降低不明显。因此，减少 C、N 含量，对提高焊缝韧性是有利的。

2) σ 相脆化。普通铁素体不锈钢中 Cr>21%时，若在 520~820℃长时间加热，即可析出 σ 相。σ 相的形成与焊缝金属中的化学成分、组织、加热温度、保温时间以及预先冷变形等因素有关。

3) 475℃脆化。Cr>15%的普通铁素体不锈钢在 400~500℃长期加热后，即可出现 475℃脆性。随着铬含量的增加，脆化的倾向会加重。

3.5.2 铁素体不锈钢的焊接工艺要点

(1) 焊接方法的选择

铁素体不锈钢焊接时，通常可采用焊条电弧焊、药芯焊丝电弧焊、熔化极气体保护焊、钨极氩弧焊和埋弧焊等焊接方法。无论采用何种焊接方法，都应严格控制焊接线能量，以抑制晶粒粗化。同时，工艺上也可采取多层多道快速焊以及强制冷却等措施。

(2) 焊接材料的选择

铁素体不锈钢焊接材料主要有同质铁素体型、奥氏体型和镍基合金三类。铁素体不锈钢焊接常用的焊接材料见表 3-9。

采用同质焊接材料时，焊缝金属呈粗大的铁素体组织，韧性较差。为了改善性能，应尽量限制杂质含量，提高其纯度，同时进行合理的合金化。以 Cr17 钢为例，焊缝中添加 Nb 0.8%左右，可以显著改善其韧性，室温冲击吸收功 *KU* 已达 52J，焊后热处理还可有所改善。而不含 Nb 的 Cr17 钢焊缝，室温冲击吸收功 *KU* 几乎为零，即使焊后热处理，塑性可以得到改善，韧性未发生显著变化。

在不宜进行预热或焊后热处理的情况下，也可采用奥氏体不锈钢焊接材料，但在应用时须注意两个方面的问题。一是焊后不可退火处理，因铁素体不锈钢退火温度范围(750~850℃)正好处在敏化温度区间，除非焊缝是超低碳或含 Ti 或 Nb，否则容易产生晶间腐蚀及脆化。另外，焊后退火若是为了消除应力，也难达到目的，因为焊缝与母材具有不同的线膨胀系数。二是奥氏体不锈钢焊缝的颜色和性能均与铁素体不锈钢母材不同，必须根据用途来确定是否适用。

表 3-9 铁素体不锈钢焊接常用的焊接材料

钢种	对接头性能的要求	焊接材料						预热及焊后热处理
		焊条		实芯焊丝		药芯焊丝		
		型号	牌号	焊丝牌号	合金类型	型号	牌号	
0Cr13	—	E410-16	G202	H0Cr14	0Cr13	—	—	—
		E410-15	G207			—	—	
		E308-16	A102	H0Cr18Ni9	Cr18Ni9	E308LT1-1	GDQA308L	
		E308-15	A107					
Cr17 Cr17Ti	耐硝酸腐蚀，耐热	E430-16	G302	H0Cr17Ti	Cr17	E430T-G	GDQA430L	预热 100 ~ 150℃，焊后 750~800℃回火
		E430-15	G307					
	耐有机酸，耐热		G311	H0Cr17Mo2Ti	Cr17Mo2			
	提高焊缝性能	E308-16	A102	H0Cr18Ni9	Cr18Ni9	E308LT1-1	GDQA308L	不预热，不焊后热处理
		E308-15	A107					
		E316-16	A202	HCr18Ni12Mo2	18-12Mo	E316LT1-1	GDQA316L	
		E316-16	A207					
Cr25Ti	抗氧化	E309-16	A302	HCr25Ni13	25-13	E309LT1-1	GDQA309L	不预热，焊后760~780℃回火
		E309-16	A307					
Cr28 Cr28Ti	提高焊缝塑性	E310-16	A402	HCr25Ni20	25-20			不预热，不焊后热处理
		E310-16	A407					
		E310Mo-16	A412		25-20Mo2			

（3）预热温度的确定

铁素体不锈钢焊接时近缝区晶粒易于长大而形成粗大铁素体。由于铁素体不锈钢加热时无相变发生，这种晶粒粗化现象也不可能通过热处理来改善，因此会造成明显脆化。另外，铁素体不锈钢室温韧性较低，如图 3-16 所示。因此焊接接头容易产生裂纹。在采用同质焊接材料时，一般需要预热，从而有效防止裂纹。预热温度要尽量低一些，以免促使过热。一般预热温度为 100~200℃，且随母材中 Cr 含量越高，其预热温度也越高，但必须注意 475℃脆性问题。

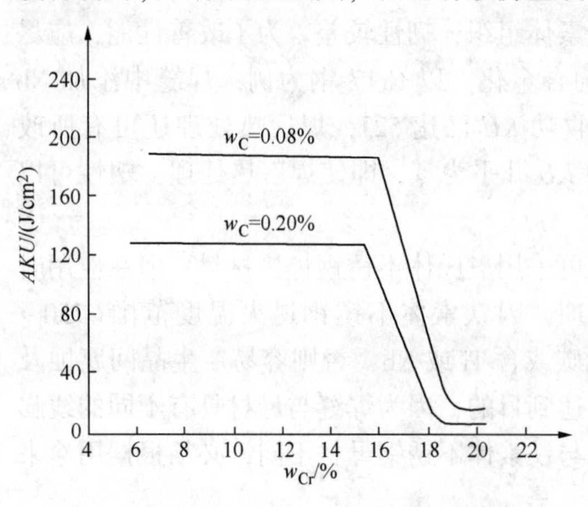

图 3-16 铁素体不锈钢的室温韧性

（4）焊后热处理

铁素体不锈钢多用于要求耐腐蚀的焊接结构。前文已提及，普通铁素体不锈钢有晶间腐蚀倾向，而焊后进行 700~850℃退火处理可以恢复其耐蚀性，同时也可改善焊接接头韧性。因此，焊后进行 700~850℃退火处理是很重要的，但应注意高 Cr 铁素体不锈钢在 550~820℃长期加热时会析出 σ 相，不仅使钢脆化，而且还可降低耐蚀性。一旦发生 σ 相析出，可通过

820℃以上加热再使 σ 相溶解。因此，焊后热处理工艺的选择及控制十分重要，加热及冷却过程应尽可能快速。

高纯铁素体不锈钢由于碳和氮含量很低，具有良好的焊接性，高温脆化不显著，焊前不需预热，焊后也不需热处理，其焊接过程存在的主要问题是如何控制焊接材料中碳和氮的含量，以及防止焊接过程污染，避免增加焊缝 C、N、O 水平。

3.6 马氏体不锈钢的焊接工艺要点

3.6.1 马氏体不锈钢焊接性分析

常用马氏体不锈钢一般含碳量均较高，淬硬倾向较大，焊接时存在的主要问题是焊接接头冷裂纹和硬化现象。

(1) 焊接接头冷裂纹

淬硬性是产生冷裂纹的根本原因之一。Cr 增加钢的奥氏体稳定性，经固溶后空冷也会发生马氏体转变。因此，马氏体不锈钢焊缝和热影响区焊后状态的组织均为硬而脆的马氏体组织。特别是厚度或拘束度越大，或钢中含碳量越高，或焊接接头含氢量越大，则冷裂纹倾向就越大。另外，马氏体不锈钢的导热性差，焊接应力较大，也会加剧冷裂纹倾向。

(2) 焊接接头硬化现象

马氏体不锈钢在退火状态或淬火状态下焊接时，若冷却速度较快，则近缝区必会形成粗大马氏体的硬化区，即出现硬化现象，如图 3-17 所示。可以发现，超低碳复相马氏体钢 00Cr13Ni7Si3 对焊接热过程很不敏感，整个热影响区的硬度可以认为是基本均匀的。而淬火态焊接的 2Cr13 钢，在近缝区附近部位还有软化现象，硬度几乎降低一半。无论退火态的 1Cr13 或淬火态的 2Cr13，在近缝区均出现了硬化现象。另外，对于大多数马氏体不锈钢，如 1Cr3、Cr2WMoV 等，在冷速较小时，如低于 10℃/s，近缝区则会出现粗大的铁素体，塑性和韧性明显下降。因此，马氏体不锈钢焊接时，冷却速度的控制是一个难题。

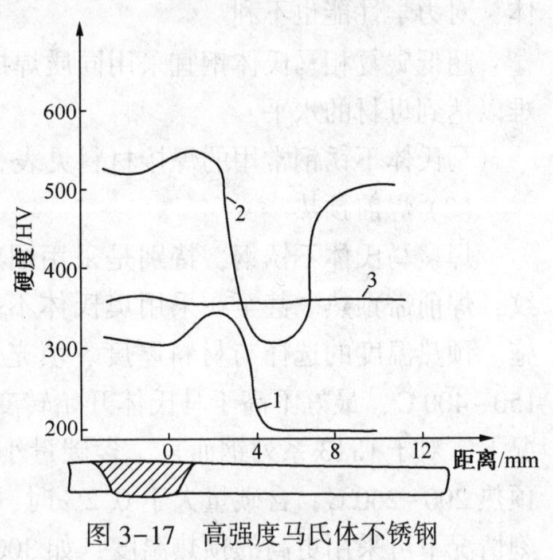

图 3-17 高强度马氏体不锈钢 TIG 焊后的硬度

1—1Cr13；2—2Cr13；3—00Cr13Ni7Si3

3.6.2 马氏体不锈钢的焊接工艺要点

马氏体不锈钢的焊接原则与低碳调质钢、中碳调质钢基本相同，主要是合理选择焊接材料、控制焊接线能量和控制焊接冷却速度等。

(1) 焊接材料的选择

为了保证使用性能要求，焊缝成分应与母材同质，因此一般采用同质填充金属来焊接马氏体不锈钢。在采用同质填充金属来焊接普通 Cr13 马氏体不锈钢时，焊缝金属将会出现粗大马氏体与铁素体混合组织，硬而脆易产生裂纹。为了改善性能，除限制杂质S、P(不大于0.015%)外，还要限制Si(不大于0.30%)，Si在Cr13焊缝中易促使形成粗大铁素体。也可添加少量Ti、Al、N、Nb等以细化晶粒和降低淬硬性。如含Nb 0.8%的焊缝可具有微细的单相铁素体组织，焊态或焊后热处理后均可获得比较满意的性能。

在焊接含碳量较高的马氏体不锈钢时，为防止冷裂纹，也可采用奥氏体不锈钢焊缝。此时焊缝为奥氏体组织，焊缝强度不可能与母材相匹配。另外，奥氏体焊缝与母材相比较，在物理、化学、冶金的性能上都存在很大差异，有时反而可能出现破坏事故。例如，在循环温度工作时，由于焊缝与母材膨胀系数不同，在熔合区产生切应力，可能会导致焊接接头过早破坏。采用奥氏体焊接材料时，必须考虑母材稀释的影响。

在焊接热强型马氏体不锈钢时，最希望焊缝成分接近母材，并且在调整成分时不出现δ相，而应为均一的微细马氏体组织。δ相不利于韧性。1Cr12WMoV之类的马氏体热强钢，主要成分多为铁素体化元素(Mo、Nb、W、V)，因此，为保证获得均一的马氏体组织，必须用奥氏体化元素加以平衡，即应有适量的C、Mn、N、Ni。1Cr2WMoV钢含碳量规定在0.17%~0.20%，如焊缝含碳量降至0.09%~0.15%，组织中就会出现一定量的块状和网状的δ相或碳化物，使韧性急剧降低，也不利于抗蠕变的性能。若适当提高含碳量(不大于0.19%)，同时添加Ti，减少Cr，情况会有所好转。在调整成分时应注意马氏体点Ms的变化所带来的影响。由于合金化使Ms降低越大，冷裂敏感性就越大，并会产生较多残余奥氏体，对力学性能也不利。

超低碳复相马氏体钢宜采用同质焊接材料，但焊后如不经超微细复相化处理，则强韧性难以达到母材的水平。

马氏体不锈钢常用的焊接材料见表3-10。

(2) 焊前预热

焊接马氏体不锈钢，特别是采用同质焊缝焊接马氏体不锈钢时，为防止焊接接头冷裂纹，焊前需预热。甚至在采用奥氏体不锈钢焊缝条件下，厚大焊件也有时要求采用预热措施。预热温度的选择与材料厚度、填充金属种类、焊接方法和构件的拘束度有关，一般为150~400℃，最好不高于马氏体开始转变温度。碳含量是确定预热温度的主要因素。一般情况下，对于Cr13系列钢而言，含碳量小于0.1%时，可不预热；含碳量为0.1%~0.2%时，预热200~260℃；含碳量大于0.2%时，预热260℃，但焊后应及时退火。另外，在特别苛刻情况下可采用更高的预热温度，如300~400℃。但必须注意的是预热温度不宜过高，否则会在焊接接头中引起晶界碳化物沉淀和形成铁素体，对韧性不利，尤其是焊缝含碳量偏低时，焊缝易形成粗大的铁素体组织，对焊缝韧性影响更大。这种铁素体、碳化物组织，仅通过高温回火不能得到改善，必须进行调质处理才能解决。

(3) 焊后热处理

焊后热处理的目的是降低焊缝和热影响区硬度、改善其塑性和韧性，同时减少焊接残余应力。焊后热处理工艺必须根据具体化学成分制定。同时，焊后热处理必须严格控制焊件的温度，焊件焊后不可从焊接温度直接升温进行回火热处理。这是因为在焊接冷却过程中奥氏体可能未完全转变成马氏体，如果立即升温到回火温度，可能会出现碳化物沿奥氏体晶界沉淀和奥氏体会发生珠光体转变，产生晶粒粗大的组织，严重降低韧性。

表 3-10　马氏体不锈钢常用的焊接材料

母材牌号	对焊接性能的要求	焊接材料						预热及层间温度/℃	焊后热处理
		焊条		实芯焊丝		药芯焊丝			
		型号	牌号	焊丝	焊缝类型	型号	牌号		
1Cr13 2Cr13	抗大气腐蚀	E410-16 E410-15	G202 G207	H0Cr14	Cr13	E410T-G	GDQM410	150~300	700~730℃回火，空冷
	耐有机酸腐蚀并耐热		G211		Cr13Mo2			150~300	
	要求焊缝具有良好塑性	E308-16 E308-15 E316-16 E316-15 E310-16 E310-15 E309-16 E309-15	A102 A107 A202 A207 A402 A407 A302 A307	H0Cr18Ni9 H0Cr18-Ni12Mo2 HCr25Ni20 HCr25Ni13	Cr18Ni9 18-12Mo2 25-20 25-13	E308LT1-1 E316LT1-1 E309LT1-1	GDQA308L GDQA316L GDQA309L	不预热（厚大件预热 200）	不进行热处理
1Cr17Ni2		E310-16 E310-15 E309-16 E309-15 E308-16 E308-15	A402 A407 A302 A307 A102 A107	HCr25Ni13 HCr25Ni20 HCr18Ni9	25-13 25-20 Cr18Ni9	E308LT1-1 E309LT1-1	GDQA308L GDQA309L	200~300	700~750℃回火，空冷
Cr11MoV	540℃以下有良好的热强性		G117		Cr10MoNiV			300~400	焊后冷至 100~200℃，立即在 700℃以上高温回火
Cr12WMoV	600℃以下有良好的热强性	E11NiV-Mo-15	R817		Cr11WMo-NiV			300~400	焊后冷至 100~200℃，立即在 740~760℃高温回火

对于碳含量高且刚度大的构件，一般要严格控制焊后热处理工艺，如图 3-18 所示。焊后空冷至 150℃，立即在此温度保温 1~2h，这样一方面可以使奥氏体充分转变为马氏体，另一方面还可使焊缝中的氢向外扩散，起到消氢作用；然后加热到回火温度，适当保温，可形成回火马氏体组织。若焊后空冷到 300℃时，如图 3-19 所示，虽可避免马氏体的产生，但在随后的高温回火过程中，奥氏体可能会转变成铁素体或碳化物沿晶界析出，性能反而不如回火马氏体。

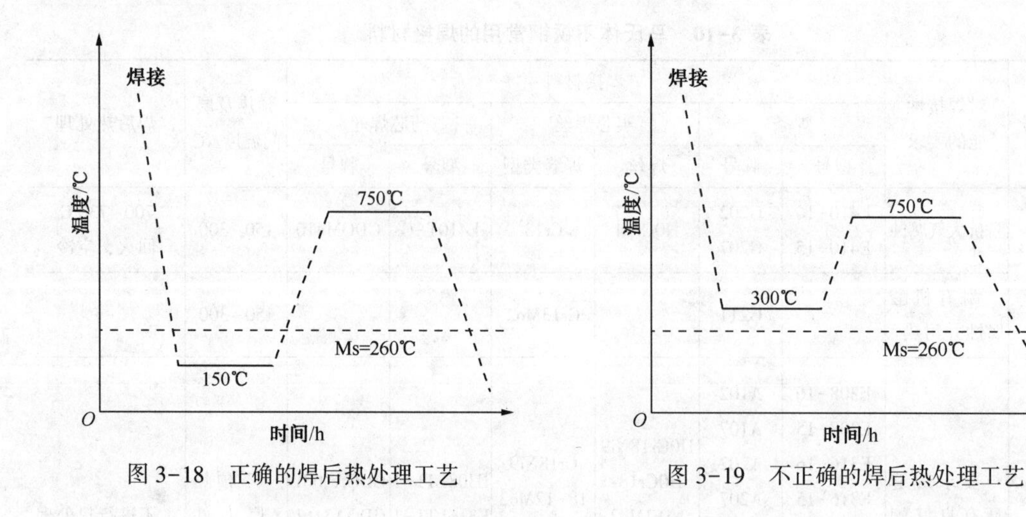

图 3-18　正确的焊后热处理工艺　　图 3-19　不正确的焊后热处理工艺

3.7　铁素体-奥氏体双相不锈钢的焊接工艺要点

铁素体-奥氏体双相不锈钢是典型的双相不锈钢，也是发展最快的不锈钢种，其综合了奥氏体不锈钢和铁素体不锈钢的优点，具有良好的耐应力腐蚀性能、耐点腐蚀性能、耐缝隙腐蚀性能及耐晶间腐蚀性能，已得到广泛应用。

3.7.1　铁素体-奥氏体双相不锈钢的焊接性分析

与纯奥氏体不锈钢相比，铁素体-奥氏体双相不锈钢具有较低的热裂倾向；与纯铁素体不锈钢相比，焊接接头具有较低的脆化倾向。因此，可以认为，铁素体-奥氏体双相不锈钢具有良好的焊接性。不预热或不后热施焊均不产生焊接裂纹。无 Ni 或低 Ni 铁素体-奥氏体双相不锈钢焊接热影响区有单相铁素体化及其晶粒粗化倾向，应注意予以控制。

铁素体-奥氏体双相不锈钢焊接的最大特点是焊接热循环对焊接接头组织的影响。无论焊缝或是焊接 HAZ 都会有相变发生，因此，焊接的关键是要使焊缝金属和焊接热影响区均保持有适量的铁素体和奥氏体的组织。

(1) 双相不锈钢焊接的冶金特性

由于焊缝金属一般要经历熔化-凝固-相变过程，焊接冷却过程属于非平衡过程，其中 $\delta \to \gamma$ 的转变是不可能完全的，一般情况下在室温所得到的二次奥氏体 γ 相的数量比平衡时要少得多。即同样成分的焊缝和母材，焊缝中 γ 相的数量要比母材少得多。因此，对于双相钢焊缝应采用奥氏体化元素，如 Ni、N 等，进行“超合金化”为宜。另外，焊后进行短时固溶处理也可能会使 γ 相增加。

对于焊接热影响区，在焊接热循环作用下，不仅有冷却相变过程，而且还有加热相变过程。焊接加热过程，使得整个热影响区受到不同峰值温度的作用，如图 3-20 所示。最高温度接近双相钢的固相线(1410℃)。但只有在加热温度超过原固溶处理温度的区间，如图 3-20 中的点 d 以上的近缝区域，才会发生明显的组织变化。一般情况下，峰值温度低于固溶处理温度的加热区，无显著的组织变化，δ 相虽有些增多，但 γ 与 δ 两相比例变化不大。通常也不会见到析出相，如σ相。超过固溶处理温度的高温区，如图3-20的$d-c$区间，会发生晶粒长大和γ相数量明显减少，但仍保持轧制态的条状组织形貌。紧邻熔合线的加热区，相当于图3-20的$c-b$区间，γ相将全部溶入δ相中，成为粗大的单相等轴δ组织。这种δ相在随后的冷却过程中可转变形成γ相，但已无轧制方向而呈羽毛状，有时具有魏氏体组织特征。因焊接冷却过程造成不平衡的相变，室温所得到的γ相数量往往在近缝区最低。因此，可适当增大焊接线能量或进行多层焊，以促使焊接热影响区中δ→γ转变较为完全。

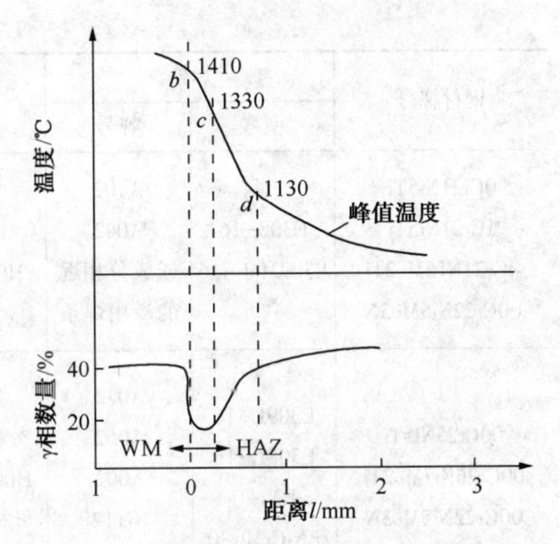

母材	23.67Cr-4.99Ni-1.47Mo-1Cu-N
焊丝	24.26Cr-7.97Ni-1.75Mo-1.22Cu-N

图3-20 24-5-2MoCu双相钢焊接热影响区中γ相数量与峰值加热温度的关系

(2)双相不锈钢焊接接头的脆化现象

铁素体-奥氏体双相不锈钢因δ相的存在，也就存在铁素体钢固有的脆化倾向，如475℃脆性、σ相脆化及晶粒粗化脆化。但因有γ相与之平衡，又大大缓解了这些脆化作用，正常情况下焊接接头的室温力学性能均可满足技术条件规定的使用要求。焊缝金属强度可与母材基本一致，塑性和韧性也可与母材匹配。另外，由于高温时氮在δ相中的溶解度较大，在焊接快速冷却条件下，很容易有氮化物的析出，从而导致脆化。因此，铁素体-奥氏体双相不锈钢焊接热影响区应避免出现氮化物析出相，并应避免过热而形成魏氏组织特征的γ组织。

3.7.2 铁素体-奥氏体双相不锈钢的焊接工艺要点

(1) 焊接方法的选择

常用的方法有焊条电弧焊、钨极氩弧焊。同时，药芯焊丝由于熔敷效率高，也已在铁素体-奥氏体双相不锈钢焊接领域得到越来越多的应用。另外，埋弧焊也可用于铁素体-奥氏体双相不锈钢厚饭的焊接，但问题是稀释率大，应用较少。

(2) 焊接材料的选择

一般为了提高焊缝金属中奥氏体相的比例，改善高焊缝金属的塑性、韧性和耐蚀性，应采用奥氏体相比例较大的焊接材料。对于含氮的双相不锈钢和超级双相不锈钢的焊接材料，通常采用比母材高的镍含量或与母材含氮量相同的焊接材料，以保证焊缝金属有足够的奥氏体量。一般来说，通过调整焊缝化学成分，铁素体-奥氏体双相钢均能获得令人满意的焊接性。双相不锈钢常用的焊接材料见表3-11。

表3-11 双相不锈钢常用的焊接材料

钢材牌号	焊条		氩弧焊焊丝	药芯焊丝		埋弧焊	
	型号	牌号		型号	牌号	焊丝	焊剂
00Cr18Ni5Mo3Si2 00Cr18Ni5Mo3Si2Nb	E316-16 E309MoL-16 E309-16	A022Si A042 A302	H00Cr18Ni14Mo2 H00Cr20Ni12Mo3Nb H00Cr25Ni13Mo3	E316LT1-1 E309LT1-1	GDQA316L GDQA309L	H1Cr24Ni13	HJ260 HJ172 SJ601

续表

钢材牌号	焊条		氩弧焊焊丝	药芯焊丝		埋弧焊	
	型号	牌号		型号	牌号	焊丝	焊剂
0Cr21Ni5Ti 1Cr21Ni5Ti 0Cr21N16Mo2Ti 00Cr22Ni5Mo3N	E308-16 E309MoL-16	A102 A042 或成分相近的专用焊条	H0Cr20Ni10Ti H00Cr18Ni14Mo2	E308LT1-1	GDQA308L	—	—
00Cr25Ni5Ti 00Cr26Ni7Mo2Ti 00Cr22Ni5Mo3N	E309L-16 E308L-16 ENi-0 ENiCrMo-0 ENiCrFe-3	A072 A062 A002 Ni112 Ni307 Ni307A	H0Cr26Ni21 H00Cr21Ni10 或同母材成分焊丝或镍基焊丝	E309LT1-1 E209T0-1	GDQA309L GDQS2209 BOHLER CN22/9N-FD	—	—

（3）其他工艺措施

1）为了避免焊后由于冷速过快而在热影响区产生过多的铁素体和因冷速过慢而在热影响区形成过多粗大的晶粒和氮化铬沉淀，在焊接时必须严格控制焊接线能量。

2）为了改善焊接接头组织和性能，充分利用后续焊道对前层焊道的热处理作用，使焊接接头中的铁素体进一步转变成奥氏体，成为奥氏体占优势的两相组织，应尽量采用多层多道焊。

3）与奥氏体不锈钢焊缝相反，双相钢接触腐蚀介质的焊缝要先焊，使最后一道焊缝移至非接触介质的一面。如果要求接触介质的焊缝必须最后施焊，则可在焊接终了时，在焊缝表面再施以一层工艺焊缝，便可对表面焊缝及其邻近的焊接热影响区进行所谓的热处理。工艺焊缝可在焊后经加工去除。如果附加工艺焊缝有困难，在制定焊接工艺时，尽可能考虑使最后一层焊缝处于非工作介质面上。

3.8 典型不锈钢及耐热钢焊接案例

3.8.1 1Cr18Ni9Ti 不锈钢小径管的焊条电弧焊

某化工厂的甲基丙酮装置工程氢气压缩机及反应器配管母材材质为 1Cr18Ni9Ti，管内为氢气，介质属于易燃、易爆气体；设计工作压力为 7~14MPa，最大管径为 32mm，最小管径为 12mm，壁厚均为 3.5mm。

根据不同管径、相同壁厚的结构特点，结合环境条件制定的焊条电弧焊焊接工艺如下：

1）采用单面 V 形坡口，坡口角度 60°±2.5°；钝边 1~1.5mm，间隙 2.5mm。为了提高焊接接头耐蚀性，坡口加工采用等离子切割，然后用砂轮机打磨；同时焊前应在坡口两侧各 100mm 的范围内涂上白垩粉，避免焊接飞溅在钢管上损伤钢管壁。

2）选用焊接材料时，为了防止焊接时的高温将母材中的稳定化元素烧损氧化，应优先选用含有稳定化元素的焊接材料，在此选用 E347-16（A132），ϕ2.5mm 焊条。焊条在使用前严格按要求进行150℃×2h烘干，然后放在保温筒内，随用随取，在焊条筒内的保留时间不应超过4h。

3）焊接工艺参数为焊接电流为45~60A；电弧电压为20~22V；焊速为8~10cm/min；电源为直流反接。

4）由于奥氏体不锈钢的电阻率比较大，焊接时焊条药皮容易发红和开裂。打底层采用灭弧焊，焊接电流在50~60A之间，通过控制灭弧时间长短和熔滴大小来控制焊接熔池的温度，防止低熔点共晶物的产生。焊接熄弧时，将弧坑填满，并认真处理缩孔，有效地控制焊接缺陷的产生。

5）焊接时采用小电流、快速焊、短弧、多层焊，并严格控制层间温度，以尽可能地缩短焊接接头在敏化温度区间的停留时间，以减小产生晶间腐蚀和热裂纹的概率。

6）层间清渣要认真，利用锤击清渣，可以松弛焊接应力，减少应力腐蚀倾向。

7）盖面焊时不应做横向摆动，采用小电流、快速焊，一次焊成，焊缝不应过宽，最好不超过焊条直径的3倍，尽量减小焊缝截面积。

8）由于管径小，传热慢，盖面焊接时温度很高，整个焊口焊后都处于发红状态下。经测试，温度一般都在950℃以上。针对奥氏体不锈钢散热慢的特点，采取了强制水冷的急冷方法来加快冷却速度，起到固溶处理的作用，防止晶间腐蚀的产生。为了控制熔池温度，防止杂质集中和合金元素分布不均而导致热裂纹的产生及晶间腐蚀，采用了多层多道焊并严格控制层间温度，每一层焊完后，停止焊接，待冷却到60℃以下时再焊下一层。

9）焊后用铜丝刷对表面进行处理。

通过采用上述措施和方法，在对直径小于32mm的小口径不锈钢管的实际焊接施工中，达到了预期目的，取得了良好的效果。

3.8.2 2Cr13不锈钢阀杆破裂补焊

波纹管截止阀和波纹管闸阀均采用2Cr13不锈钢作阀杆，在阀杆处有双重密封装置，除了装有一般阀门的填料密封以外，还有不锈钢波纹管作阀杆的密封元件。因此，密封性较一般阀门更加严密可靠，杜绝了该处的“跑、冒、滴、漏”。适用于导热油、有毒、易燃、渗透性强、带放射性的介质，以及对密封性有严格要求的工业管路中，目前已经得到了非常广泛的应用。作为重要的构件，2Cr13不锈钢阀杆破裂后的补焊是工程实际中极其重要的工作。

1）焊条的选用。2Cr13不锈钢的焊接可以选用Cr不锈钢焊条和Cr-Ni不锈钢焊条。采用Cr不锈钢焊条焊接的焊缝具有较好的耐腐蚀（氧化剂、酸、有机酸、气蚀）、耐热和耐磨性能；采用Cr-Ni不锈钢焊条焊接的焊缝具有良好的耐腐蚀和抗氧化性能。由于2Cr13不锈钢的焊接性能较差，焊接后硬化性较大，容易产生裂纹，所以应选用合适的焊条，并注意焊接工艺和热处理条件。常用的铬不锈钢焊条牌号有E410-16（G202）、E410-15（G207）。

2）预处理。补焊前，必须将损坏的阀杆放到铣床上沿着裂纹的方向铣出V形或U形槽。所铣槽的深度一定要均匀，以免焊接时形成夹渣缺陷，并要保证横向铣到裂纹的根部，长度方向铣到裂纹两端的端点。当用肉眼无法确定裂纹的根部或裂纹的端点部位时，可用煤油作检查。

3）焊前预热。焊前可采用氧-乙炔火焰对被焊件进行预热。这种工艺措施简单、方便。一般预热到250℃左右即可。

4）施焊。先在阀杆上适当固定2~3点，随即矫直阀杆，然后采用间断法进行焊接。焊接过程中，每当使用了半根焊条就停下来用锤子敲打焊缝，以降低焊接应力，同时也适当降低焊缝热影响区的温度，减小热影响区的范围。当焊接最外层时，焊条不作横向摆动。焊接结束后立即将阀杆矫直。

5）焊后热处理。焊接刚结束时，部分奥氏体尚未完成马氏体转变，此刻如果立即进行回火处理，碳化物会沉淀在奥氏体晶界上而形成珠光体，结果会降低韧性和抗晶间腐蚀能力，所以焊后应让焊件先自然冷却至室温，然后再进行热处理。焊后热处理通常采用回火热处理工艺方法，主要目的是减少残余应力，使焊后的组织均匀。其工艺操作方法是将焊后阀杆加热到650~750℃，保温1h后空冷至室温；对于局部联结阀杆的焊缝，可采用氧-乙炔火焰对施焊区域进行烘烤，当施焊区域被烤得呈微暗红色后，持续一段时间即可。

在工程实际中，采用以上焊接工艺修复2Cr13不锈钢阀杆达到了预期目的，取得了良好的效果。

3.8.3 双相不锈钢钢管的焊接

1）焊接方法。00Cr22Ni5Mo3N双相不锈钢可以采用焊条电弧焊（SMAW）、钨极氩弧焊（GTAW）、熔化极气体保护焊（GMAW）和埋弧焊（SAW）等多种方法焊接。其中根焊可以采用GTAW（填丝）和SMAW；填充、盖面焊可以采用SMAW和GMAW。施工现场短管二接一或三接一采用SMAW完成，可提高现场的施工效率。但考虑到现场施工时，若根焊采用SMAW，钢管背部产生的焊渣及少量飞溅清理困难，同时会影响焊接接头的抗腐蚀性和低温冲击韧性，因此采用GTAW进行根焊和第一道填充焊，SMAW进行填充和盖面焊，以提高焊接效率。

2）焊接材料。所采用的焊接材料及其化学成分见表3-12。

表3-12 焊接材料类别及化学成分

焊接方法	标准号/焊接材料类别	焊丝或焊条直径/mm	化学成分/%							
			C	Si	Mn	Cr	Ni	Mo	N	PRE_N
GTAW	EN12077/W22 9 3NL AWS A59/ER2209	2.4	≤0.015	0.4	1.7	22.6	8.8	3.2	0.15	≥35
SMAW	EN1600/W22 9 3NLB AWS A54/E2209.16	3.2	≤0.03	0.3	1.1	23.0	8.8	3.2	0.16	≥35

注：PRE_N为点蚀系数。

3）焊接工艺参数。采用60°V形坡口，钝边1.0mm，间隙3.0mm，如图3-21所示。焊接工艺参数见表3-13。

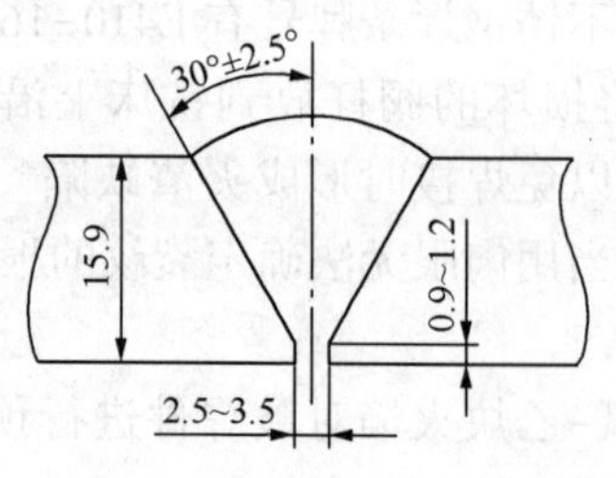

图3-21 焊接接头坡口设计

表 3-13 焊接工艺参数

焊道	焊接方法	电流/A	电压/V	保护气	流量/(L/min)		焊接速度/(cm/min)	线能量/(kJ/cm)
					背气	保护气		
根焊	GTAW	99~150	10~11	100%Ar	20~23	11~12	8~9	7~11
填充 1	GTAW	130~170	10~11	100%Ar	6~8	11~12	12~13	6.5~9
填充 2	SMAW	92~101	20~26				10~12	9~16
填充 3	SMAW	91~106	20~26				9~12	9~18
填充 4	SMAW	101~115	20~26				18~19	7~10
盖面	SMAW	104~114	24~27				12~15	10~13

思考题

1. 不锈钢焊接时，为什么要控制焊缝中的含碳量？如何控制焊缝中含碳量？

2. 为什么 18-8 型奥氏体不锈钢焊缝中要求含有一定数量的铁素体组织？通过什么途径控制焊缝中的铁素体含量？

3. 奥氏体不锈钢焊接接头区域在哪些部位可能产生晶间腐蚀，如何防止？

4. 简述奥氏体不锈钢产生热裂纹的原因？焊接时应采取何种工艺措施防止热裂纹？

5. 奥氏体不锈钢焊接时为什么常采用“超合金化”焊接材料？

6. 奥氏体不锈钢焊接时为什么要采用小电流？

7. 何谓“脆化”现象？铁素体不锈钢焊接时有哪些脆化现象，各发生在什么温度区域？如何避免？

8. 马氏体不锈钢焊接中容易出现什么问题？在焊接材料的选用和工艺上有什么特点？制定焊接工艺时应采取哪些措施？

9. 双相不锈钢的成分和性能有何特点？与一般奥氏体不锈钢相比，双相不锈钢的焊接性有何不同？

10. 制造一不锈钢构件，材质为 1Cr18Ni9，采用手工电弧焊，焊条分别为奥 102、奥 302，问熔合比分别控制在什么范围内，才可使其焊接接头具有良好的耐蚀性？

4 铸铁的焊接

铸铁是一种生产成本低廉并具有许多良好性能的铸造金属材料。它与钢相比，虽然在力学性能方面较差，但却具有优良的铸造性能、耐磨性能、减振性能和切削加工性能，而且熔化设备和生产工艺简单，便于铸造生产形状复杂的机械零部件，因此在机械制造业中获得了广泛应用。按质量统计，在汽车、农机和机床中铸铁用量约占50%~80%。铸铁焊接主要应用于铸造缺陷的焊补、已损坏的铸铁成品件的焊补和零部件的生产三个方面。

4.1 铸铁的种类及性能

铸铁是碳的质量分数大于2.11%的铁碳合金，其中还含有Si、Mn等合金元素以及S、P等杂质。为了改善铸铁的某些性能，有时还会添加其他合金元素，如球磨铸铁和蠕墨铸铁中分别添加少量球化剂和蠕化剂等。

铸铁的组织主要决定于其化学成分与冷却速度。从化学成分对石墨化的影响来看，可以将合金元素分为两类。一类是促进石墨化元素，如C、Si、Al、Ti、Ni、Co、Cu等；另一类是阻碍石墨化，即促进白口化元素，如S、V、Cr、Mo、Mn等。从冷却速度对石墨化的影响来看，缓慢冷却有利于石墨化。铸铁的冷却速度与铸模类型、浇注温度、铸件壁厚及铸件尺寸等因素有关。例如，同一铸件，厚壁处石墨化充分，而薄壁处石墨化不充分，可能白口化严重。

铸铁的石墨化过程可以分为两个阶段：

1）石墨化第一阶段。包括从过共晶铁液中直接析出的初生(一次)石墨；共晶转变过程中形成的共晶石墨；奥氏体冷却析出的二次石墨；以及一次渗碳体、共晶渗碳体和二次渗碳体在高温下分解析出的石墨。这一阶段由于温度较高、碳原子扩散能力强，石墨化比较容易实现。

2）石墨化第二阶段。包括共析转变过程中形成的共析石墨；共析渗碳体分解析出的石墨。如果第二阶段石墨化能充分进行，则铸铁的基体将完全为铁素体。但是由于温度较低，一般难以实现，因此铸铁在铸态下多为铁素体+珠光体的混合组织。一般可以对铸铁进行专门的石墨化退火，使珠光体中的共析渗碳体分解，从而获得基体完全为铁素体的铸铁。

按碳在铸铁中存在的形式及形态，可将铸铁分为白口铸铁、灰口铸铁、可锻铸铁、球墨铸铁及蠕墨铸铁五类。

4.1.1 白口铸铁

白口铸铁中的碳绝大部分以渗碳体(Fe_3C)的形式存在，如图4-1所示。断口呈白亮色，故称之为白口铸铁。渗碳体硬而脆，无法进行机械加工，极少单独使用，但可用于制造各种耐磨件，如轧辊等，一般焊接这种铸铁的机会是不多的。

常用白口铸铁的化学成分：C=2.1%~3.8%，Si<1.2%，有时还添加 Mo、Cu、W、B 等合金元素以提高其力学性能。

4.1.2 灰口铸铁

灰口铸铁中的碳以片状石墨的形式存在，如图 4-2 所示。断口呈灰色，故称之为灰口铸铁。石墨的力学性能较低，一般认为灰口铸铁中的石墨相当于金属基体的裂纹，强度低、塑性差，但因其成本低廉，铸造性、加工性、减振性及耐磨性均优良，至今仍然在工业中得到最广泛的应用。

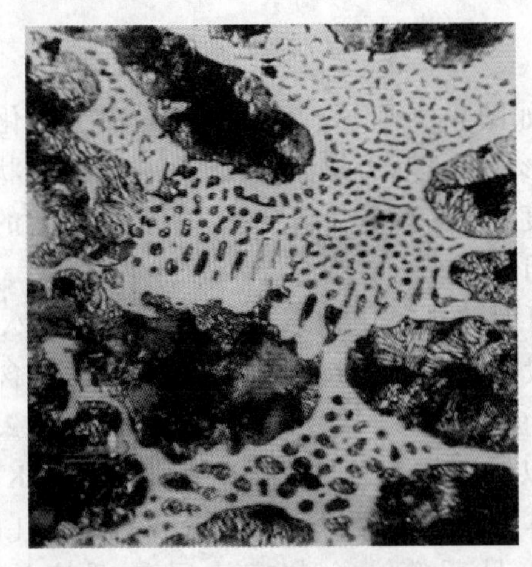

图 4-1 白口铸铁中的渗碳体(500×)

图 4-2 灰口铸铁中的石墨(500×)

常用灰口铸铁的化学成分：w_C=2.6%~3.6%，w_{Si}=1.2%~3.0%，w_{Mn}=0.4%~1.2%，w_P<0.3%，w_S<0.15%。常用灰口铸铁的牌号、显微组织和力学性能见表 4-1。

表 4-1 常用灰口铸铁的牌号和力学性能(GB/T 9439—2010)

牌号	显微组织		最低抗拉强度/MPa	硬度/HBW	特点及用途举例
	基体	石墨			
HT100	铁素体	粗片状	100	≤170	强度低，用于制造对强度及组织无要求的不重要铸件，如壳、盖、镶装导轨的支柱等
HT150	铁素体+珠光体	较粗片状	150	125~205	强度中等，用于制造承受中等载荷的铸件，如机床底座、工作台等
HT200	珠光体	中等片状	200	150~230	强度较高，用于制造承受较高载荷的耐磨铸件，如发动机的汽缸、液压泵、阀门壳体、机床机身、汽缸盖、中等压力的液压筒等
HT250	细片状珠光体	较细片状	250	180~250	
HT300	细片状珠光体	细小片状	300	200~275	强度高，用于制造承受高载荷的耐磨件，如剪床、压力机的机身、车床卡盘、导板、齿轮、液压筒等
HT350	细片状珠光体	细小片状	350	220~290	

HT 表示灰口铸铁，是“灰铁”二字汉语拼音的字头，随后的数字表示抗拉强度(MPa)。灰口铸铁几乎没有塑性及韧性，伸长率小于 0.5%。灰口铸铁的抗拉强度与基体组织及石墨大小、数量密切相关。石墨含量高且呈粗片状时，抗拉强度较低；石墨含量低且呈细片状时，抗拉强度较高。基体为纯铁素体时，抗拉强度较低；基体为纯珠光体时，抗拉强度较高；改变基体中铁素体及珠光体相对含量，可得到不同抗拉强度的灰口铸铁。

灰口铸铁缺口敏感性较低，其中的片状石墨对基体的割裂不利于振动能的传递，可以有效地吸收振动能。同时，具有抗压强度高、耐磨性好、收缩率低、流动性好等特点，可以铸造具有复杂形状的机械零件等。灰铸铁广泛用于各种机床的床身及拖拉机、汽车发动机缸体、缸盖等铸件的生产。

4.1.3 可锻铸铁

可锻铸铁中的碳以团絮状石墨的形式存在，如图 4-3 所示。可锻铸铁是由一定化学成分的白口铸铁经石墨化退火使其中的渗碳体分解形成团絮状石墨而制成，其中的团絮状石墨显著降低了对金属基体的割裂作用，从而使其强度高于一般灰口铸铁，并且具有一定的塑性及韧性，故称之为可锻铸铁。但实际上，它是不可锻的。

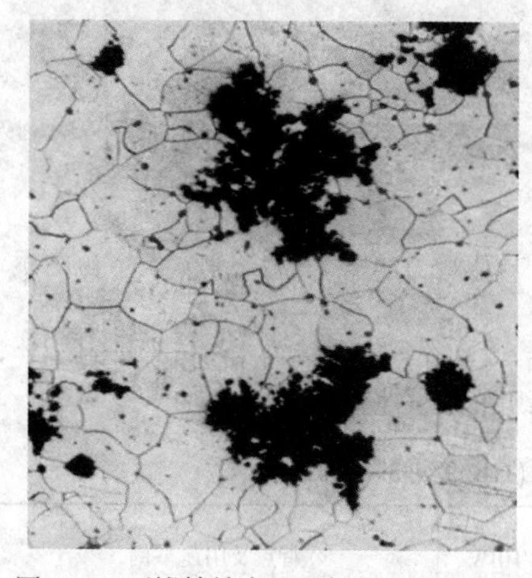

图 4-3　可锻铸铁中的团絮状石墨(200×)

由于可锻铸铁是由白口铸铁经石墨化退火而制成，故可锻铸铁含 C、Si 量均较灰口铸铁低，含碳量控制在 2.4%~2.8%，含 Si 量控制在 1.2%~2.0%。KTH 表示以铁素体为基体的黑心可锻铸铁，KTZ 表示以珠光体为基体的黑心可锻铸铁，KTB 表示白心可锻铸铁，符号后第一个数字表示最低抗拉强度(MPa)，第二个数字表示最低伸长率(%)。

黑心可锻铸铁石墨化时间较长，常常需要数十小时，故某些可锻铸铁件已被球墨铸铁代替。但因其具有质量稳定，处理铁水简便，易于组织流水线生产等特点，在工业上仍有一定应用。白心可锻铸铁铸件的断面组织不均匀、韧性差、处理温度高、能源消耗大，我国已基本不生产。常用黑心可锻铸铁的牌号和力学性能见表 4-2。

表 4-2　常用黑心可锻铸铁的牌号和力学性能(GB/T 9440—2010)

牌　号	最低抗拉强度/MPa	最低屈服强度/MPa	最低伸长率/%	硬度/HBW
KTH275-05	275	—	5	≤150
KTH300-06	300	—	6	≤150
KTH330-08	330	—	8	≤150
KTH350-10	350	200	10	≤150
KTH370-12	370	—	12	≤150
KTZ450-06	450	270	6	150~200

续表

牌　号	最低抗拉强度 /MPa	最低屈服强度 /MPa	最低伸长率/%	硬度/HBW
KTZ500-05	500	300	5	165~215
KTZ550-04	550	340	4	180~230
KTZ600-03	600	390	3	195~245
KTZ650-02	650	430	2	210~260
KTZ700-02	700	530	2	240~290
KTZ800-01	800	600	1	270~320

4.1.4 球墨铸铁

球墨铸铁中的碳以球状石墨的形式存在，如图 4-4 所示。球墨铸铁亦称球铁，是液态铸铁在浇注前加入适量球化剂处理，使碳主要以球状石墨的形态存在于铸铁中。球状石墨对基体的割裂作用较小，在相同基体的情况下，其力学性能是所有铸铁中最高的。

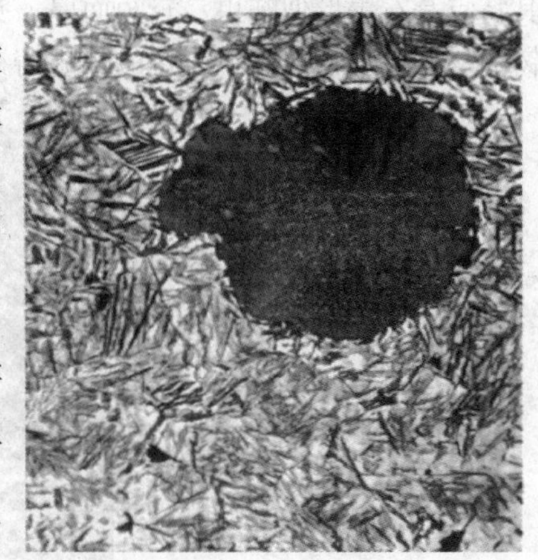

图 4-4　球墨铸铁中的球状石墨(200×)

常用球墨铸铁的化学成分：$w_C = 3.0\% \sim 4.0\%$，$w_{Si} = 2.0\% \sim 3.0\%$，$w_{Mn} = 0.4\% \sim 1.0\%$，$w_P \leqslant 0.1\%$，$w_S \leqslant 0.04\%$，$w_{Mg} = 0.03\% \sim 0.05\%$，$w_{RE} = 0.03\% \sim 0.05\%$。

QT 表示球墨铸铁，是“球铁”二字汉语拼音的字头。后面第一组三位数字表示抗拉强度(MPa)。第二组数字表示伸长率(%)。

球墨铸铁主要用于制造曲轴、大型管道、受压阀门和泵的壳体、汽车减速器壳以及齿轮、蜗轮、蜗杆等。常用球墨铸铁的牌号和力学性能见表 4-3。

表 4-3　常用球墨铸铁的牌号和力学性能(GB/T 1348—2009)

牌　号	最低抗拉强度 /MPa	最低屈服强度 /MPa	最低伸长率 /%	硬度 /HBW	显微组织	冲击功 *KV*/J
QT350-22L	350	220	22	≤160	铁素体	12(-40℃)
QT350-22R	350	220	22	≤160	铁素体	17(23℃)
QT350-22	350	220	22	≤160	铁素体	—
QT400-18L	400	240	18	120~175	铁素体	12(-20℃)
QT400-18R	400	250	18	120~175	铁素体	14(23℃)
QT400-18	400	250	18	120~175	铁素体	—
QT400-15	400	250	15	120~180	铁素体	
QT450-10	450	310	10	160~210	铁素体	
QT500-7	500	320	7	170~230	铁素体+珠光体	

续表

牌　号	最低抗拉强度/MPa	最低屈服强度/MPa	最低伸长率/%	硬度/HBW	显微组织	冲击功 KV/J
QT550-5	550	350	5	170~230	铁素体+珠光体	
QT600-3	600	370	3	190~270	铁素体+珠光体	
QT700-2	700	420	2	225~305	珠光体	
QT800-2	800	480	2	245~335	珠光体或索氏体	
QT900-2	900	600	2	280~360	回火马氏体或屈氏体+索氏体	

4.1.5　蠕墨铸铁

蠕墨铸铁亦称蠕铁。由于其石墨形状类似蠕虫而得名，如图 4-5 所示。与片状石墨相比，其特点是石墨形似蠕虫，较短而厚，头部较圆。蠕墨铸铁的力学性能介于基体组织相同的灰口铸铁与球墨铸铁之间。常用的蠕墨铸铁的抗拉强度为 300~500MPa，伸长率为 1%~6%。

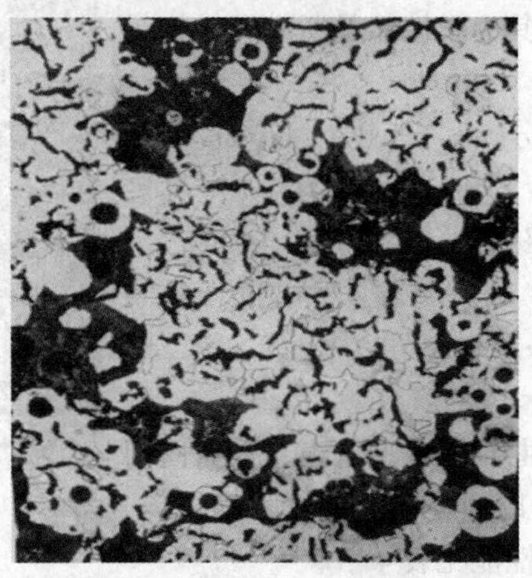

图 4-5　蠕墨铸铁的蠕虫状石墨（100×）

4.2　灰口铸铁的焊接性分析

灰口铸铁的化学成分特点是 C 含量高，S、P 杂质含量也高，力学性能特点是强度低、塑性差，结合焊接过程具有冷却速度快及因焊件受热不均匀而形成焊接应力较大的特殊性，导致灰口铸铁的焊接性较差，其表现为焊接接头易出现白口及淬硬组织和焊接裂纹。

4.2.1　焊接接头白口及淬硬组织

以 C 含量为 3.0%，Si 含量为 2.5%的常用灰口铸铁为例，分析在焊条电弧焊条件下焊接接头各区域的组织变化规律，如图 4-6 所示。其中 L 表示液相，γ 表示奥氏体，G 表示石墨，α 表示铁素体，C 表示渗碳体。图中未加括号表示介稳态转变，加括号表示稳态转变。整个焊接接头可分为焊缝区、半熔化区、奥氏体区、重结晶区和碳化物石墨化球化区等。

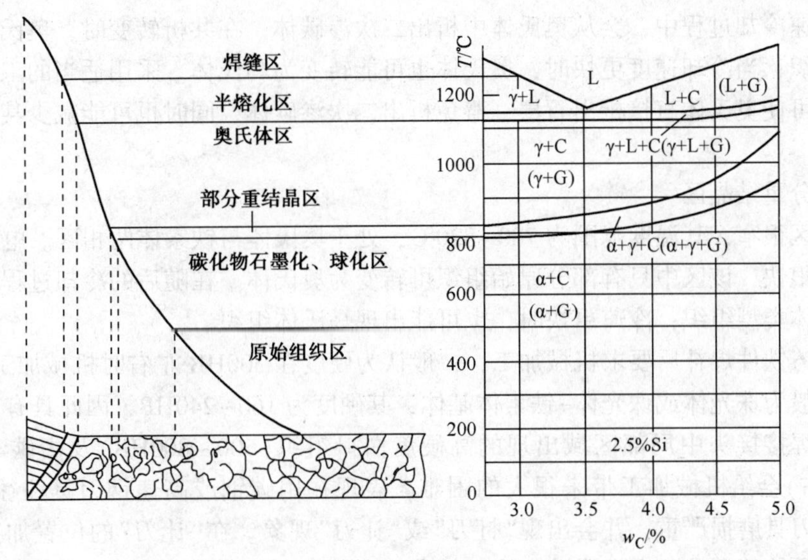

图 4-6 灰铸铁焊接接头各区域组织变化

(1) 焊缝区

在焊条电弧焊情况下，由于焊缝金属的冷却速度远远大于铸件在砂型中的冷却速度，当焊缝化学成分与灰口铸铁铸件化学成分相同时，焊缝将主要由共晶渗碳体、二次渗碳体及珠光体组成，即焊缝基本呈白口组织。白口组织硬而脆，硬度高达 500~800HB，将影响整个焊接接头的机械加工性能，同时促进产生裂纹。在不预热条件下，即使增大焊接线能量，仍然不能完全消除白口组织。因此，对于同质铸铁焊缝，要求选择合适的焊接材料、调整焊缝化学成分、增强焊缝金属的石墨化能力，并配合适当的工艺措施使焊缝金属缓冷，促进碳以石墨形式析出。

为了防止铸铁焊缝金属产生白口组织或高碳马氏体组织，一般可以采取措施降低焊缝含碳量或改变碳的存在形式，使焊缝金属不出现淬硬组织并具有一定塑性。例如选用异种焊接材料，使得焊缝形成奥氏体或铁素体组织以及有色金属等。

(2) 半熔化区

半熔化区温度范围较窄，处于固相线和液相线之间，其温度范围为 1150~1250℃。焊接时此区处于半熔化状态，即液-固状态，其中一部分铸铁母材已熔化转变为液体，另一部分转变成为被碳所饱和的奥氏体。焊接冷却时，液相铸铁在共晶转变温度区间转变为莱氏体，即共晶渗碳体+奥氏体。继续冷却被碳所饱和的奥氏体会析出二次渗碳体，并在共析转变温度区间，奥氏体转变为珠光体，最终可能得到共晶渗碳体+二次渗碳体+珠光体的白口铸铁组织。同时，由于该区冷速很快，也可能出现奥氏体转变为马氏体的过程，并产生少量残余奥氏体。采用适当的工艺措施使该区缓冷，则可减少甚至消除该区的白口组织及马氏体组织。

(3) 奥氏体区

奥氏体区处于母材固相线与共析温度上限之间，其温度范围为 820~1150℃。由于该区在共析温度区间以上，故其基体已被完全奥氏体化。但碳在奥氏体中的浓度是不一样的，在加热温度较高的部分(靠近半熔化区)，由于石墨片中的碳较多地向周围奥氏体扩散，奥氏体中含碳量增高，且奥氏体晶粒尺寸较大；在加热温度较低的部分(远离半熔化区)，由于石墨片中的碳较少向周围奥氏体扩散，奥氏体中含碳量较低，且奥氏体晶粒尺寸较小。在随后的焊接快速冷却过程中，会从奥氏体中析出二次渗碳体。在共析转变时，奥氏体转变为珠光体类型组织；当冷却速度更快时，奥氏体也可能转变为马氏体。采用适当的工艺措施使该区缓冷，则可使奥氏体直接析出石墨，避免析出二次渗碳体，同时也可能减少甚至消除马氏体组织。

（4）部分重结晶区

重结晶区很窄，其温度范围为780~820℃，处于奥氏体与铁素体两相区。电弧焊时，由于加热速度很快，该区中只有部分原始组织可转变为奥氏体。在随后的冷却过程中，奥氏体转变为珠光体类型组织；冷速更快时，也可能出现马氏体组织。

大多数铸铁件焊补后要求机械加工，一般认为硬度在300HB左右时机械加工性能最好。灰口铸铁一般为珠光体或珠光体+铁素体基体，其硬度为160~240HB，因此具有良好的机械加工性。但焊接接头中局部区域出现的高硬度白口组织(500~800HB)及高碳马氏体组织(500HB左右)会给机械加工带来很大的困难，表现在用碳钢或高速钢刀具往往加工不动；用硬质合金刀具磨损严重，并会出现“打刀”或“让刀”现象。在“让刀”的位置加工表面出现凸起，这对导轨等要求很高的滑动摩擦工件表面来说是不允许的。

4.2.2　焊接裂纹

铸铁焊接时，裂纹是很容易出现的一种焊接缺陷，一般可分为冷裂纹与热裂纹两类。

（1）冷裂纹

铸铁焊接时，冷裂纹可能发生在焊缝，也可能发生在焊接热影响区，其产生温度一般在400℃以下，这是因为一方面铸铁强度低，400℃以下基本无塑性，当焊接应力超过铸铁的强度极限时，即产生裂纹；另一方面焊缝金属在400℃以上时所承受的拉应力也较小。

当焊缝金属为铸铁型同质焊缝，且焊缝较长或焊补刚度较大的铸铁缺陷时，焊缝容易出现冷裂纹，特别是焊缝存在白口组织时，由于白口组织的收缩率较大，尤其是其中的渗碳体更脆，致使焊缝更易出现冷裂纹，且焊缝中渗碳体越多，焊缝中出现裂纹的数量也越多。

当焊缝金属为珠光体与铁素体组织，且石墨化过程进行充分时，由于石墨化过程伴随着体积膨胀过程，可以松弛部分焊接应力，有利于改善焊缝抗裂性。研究表明，铸铁焊缝冷裂纹的裂纹源一般为片状石墨的尖端位置。一般粗而长的片状石墨容易引起应力集中，会促使焊缝冷裂纹倾向；细片状石墨，可降低焊缝冷裂纹倾向。同时，由于灰口铸铁的止裂能力差，焊缝裂纹扩展速度快，往往会形成尺寸较大的，甚至贯穿焊缝金属的脆性裂纹。

对同质焊缝而言，整体高温预热(600~700℃)焊补工件，促进焊缝金属石墨化和减少温差降低焊接应力是防止焊缝产生冷裂纹的最有效的措施之一。在某些情况下，采用加热减应区法以减弱焊补处所受的应力，也可有效防止焊缝产生冷裂纹。其他有利于减少焊接应力的措施，都可降低冷裂纹倾向。

对异质焊缝而言，为了降低热应力，防止冷裂纹和剥离性裂纹，要求焊缝金属应与灰口铸铁有良好的结合性，强度适当，尤其是屈服强度低一些较为有利，并具有较好的塑性和较低的硬度。

焊接热影响区的冷裂纹一般多发生在含较多渗碳体及马氏体的熔合区附近，在某些情况下也可能发生在离熔合区稍远的热影响区。

当焊接接头刚度大，焊补层数多，焊补金属体积大，使焊接接头处于高应力状态时，若焊缝金属的屈服强度又较高，难于通过塑性变形来松弛焊接接头的高应力，若焊接应力大于焊接热影响区的白口区或马氏体区的抗拉强度，则会在该区产生焊接冷裂纹。严重时，甚至会使焊缝金属的部分或全部与灰口铸铁母材分离，而产生剥离性裂纹。此外，由于半熔化区中白口组织的收缩率(1.6%~2.3%)比其相邻的奥氏体区收缩率(0.9%~1.3%)大，而当奥氏体转变为马氏体时，伴随着体积膨胀，使得半熔化区的焊接应力增大，同时也增大了冷裂纹倾向。

在焊接薄壁(5~10mm)铸铁件时，冷裂纹也可能发生在离熔合区稍远的热影响区。这一方面是由于薄壁铸件导热程度比厚壁铸铁件差，加宽了超过600℃以上热影响区区域，增大了焊接接头的拉应力；另一方面是由于薄壁铸件中的微量铸造缺陷(气孔、夹渣等)对减少工件有效工作截面积影响较大。

采取工艺措施来减弱或松弛焊接应力及防止焊接热影响区产生渗碳体和马氏体，可有效防止焊接热影响区产生冷裂纹。如采用预热焊接或采用具有良好塑性的焊接材料焊接等。

(2) 热裂纹

铸铁焊接热裂纹大多出现在焊缝中，一般属于结晶裂纹。当焊缝金属为铸铁型同质焊缝时，由于在焊缝凝固过程中析出石墨，使体积膨胀降低了焊接应力，焊缝金属对热裂纹不敏感。但当采用低碳钢焊条或镍基焊接材料时，焊缝金属对热裂纹比较敏感。

当采用低碳钢焊条焊接灰口铸铁时，即使采用小电流，第一层焊缝的熔合比也在1/3~1/4，焊缝平均含碳高达0.7%~1.0%，灰口铸铁含S、P量高，焊缝含S、P量也高。而且由于母材与焊接材料化学成分差距较大，焊接熔池存在时间较短，焊缝金属中含C量、含S、P量的分布极不均匀。焊缝表层含量较低，越靠近熔合区，含量越高。C、S、P是促使产生结晶裂纹的有害元素，因此用低碳钢焊条焊接灰口铸铁时，其第一层焊缝容易产生热裂纹。这种裂纹往往隐藏在焊缝底部，从焊缝表面不易察觉。

当采用镍基焊接材料焊接灰口铸铁时，一方面灰口铸铁母材中含有较多的S、P等杂质，焊缝易形成$Ni-Ni_3S_2$(熔点为644℃)和$Ni-Ni_3P$(熔点为880℃)低熔点共晶物，另一方面焊缝凝固后为较粗大的单相奥氏体柱状晶，晶界易于富集较多低熔点共晶物，因此焊缝金属对热裂纹比较敏感。

一般可以通过调整焊缝金属的化学成分，缩小其脆性温度区间；加入稀土元素，增强焊缝脱S、脱P冶金反应；加入适量的细化晶粒元素，使焊缝晶粒细化等措施防止镍基焊缝金属产生热裂纹。另外，采用合理的焊接工艺，降低焊接应力，减少灰口铸铁母材中有害杂质熔入焊缝等措施，也有利于提高焊缝金属的抗热裂纹性能。

4.3 灰口铸铁的焊接工艺要点

由于铸铁焊补对象不同(铸铁种类、牌号不同，壁厚不同，缺陷所处位置的刚度不同以及缺陷种类不同等)及对焊补要求的不同(焊后加工性、致密性、焊缝金属颜色与母材的匹配、焊接接头强度和焊接成本的要求等)，焊接工作者开发了多种焊接方法、焊接材料及焊接工艺，以满足不同的焊补要求。特别是近年来，随着直接将焊接用于铸铁零部件的生产中的比例越来越大，如球墨铸铁件焊接、球墨铸铁与各种钢件或有色金属的焊接等，也推动了特种焊接方法在铸铁焊接中的发展和应用，如细丝CO_2焊、摩擦焊、激光焊、电阻焊、扩散焊等。

在所有铸铁中，灰口铸铁的应用最为广泛。根据国内已推广应用的灰口铸铁焊接方法及焊接材料，可分为同质焊缝(铸铁型)熔化焊、异质焊缝(非铸铁型)电弧焊、钎焊和氧乙炔火焰粉末喷焊等四类，其中同质焊缝(铸铁型)熔化焊又分为电弧热焊及半热焊、气焊、加热减应区焊接法、手工电渣焊和电弧冷焊等。

4.3.1 同质焊缝(铸铁型)熔化焊

利用铸铁型焊接材料焊后获得的焊缝金属组织、性能及颜色等均与母材接近，但在焊接时如何控制焊接接头的冷却速度，防止白口组织及淬硬组织和焊接裂纹是必须关注和重点解决的问题。

(1) 电弧热焊及半热焊

将铸铁件整体或有缺陷的局部位置预热至600~700℃左右(暗红色)，在焊接过程中保持这一温度，并在焊后采取缓冷措施的工艺方法称为电弧热焊。电弧热焊是铸铁焊接应用最早的焊接工艺方法之一。预热温度在300~400℃左右时称为半热焊。对结构复杂且焊补处拘束度大的焊件，一般可采用整体预热；对于结构简单且焊补处拘束度较小的焊件，一般可采用局部预热。

电弧热焊通过预热和缓冷，不仅有效减小了焊接区域的温差，而且也使铸铁母材由常温无塑性状态变为具有一定塑性，从而大大减小了热应力，可有效防止焊接裂纹。另外，焊前高温预热及焊后缓冷，也可使石墨化过程进行比较充分，焊接接头可以减少或完全避免白口组织及淬硬组织的产生，保证了焊接接头有良好的加工性能。在采用合适成分的焊条焊接时，其焊接接头的硬度不仅与母材相近，而且焊接接头具有优良的加工性，且其力学性能、颜色也与母材一致，可以认为其焊接质量好。但铸铁热焊同时也存在着劳动条件恶劣，生产成本高，生产效率低等问题。

电弧热焊一般适用于冷却速度快的厚壁铸件，结构复杂、刚性较大易产生裂纹的部件，以及对焊补区要求硬度、颜色、密封性和承受动载荷等使用性能要求较高的零部件。

半热焊由于预热温度较低，冷却速度较快，在石墨化能力更强的焊接材料配合下才能获得灰口组织。半热焊有利于改善焊工的劳动条件，且焊接工艺简单、焊补成本低。但对复杂结构铸铁件，特别是焊补位置刚度较大时，由于灰口铸铁400℃以下塑性几乎为零，接头处温差又大，故热应力也大，焊接接头易产生裂纹。

1) 电弧热焊及半热焊焊条。电弧热焊及半热焊焊条主要为石墨型焊条，常用的有铸铁芯石墨型焊条和钢芯石墨型焊条两种。铸铁芯石墨型焊条通过焊芯和药皮共同向焊缝过渡C、Si等石墨化元素。一般焊芯直径较粗(6~12mm)，交直流两用，可选择大电流施焊，适用于厚大铸件较大缺陷的焊补；钢芯石墨型焊条主要通过药皮向焊缝过渡石墨化元素。焊芯为H08，药皮中含有较多的C、Si、Al等石墨化元素，使焊缝形成灰口组织。焊芯直径一般小于5mm。

2) 焊接工艺要点。铸铁电弧热焊工艺过程包括焊前准备、预热、焊接、焊后处理等。

焊前准备就是要铲除缺陷直至露出金属本色，一般要求清除铸造缺陷内的型砂和夹渣，如果焊补区域有油污，可用氧乙炔火焰烧掉，使用扁铲或风铲、砂轮等开坡口，坡口要有一定的角度，上口稍大，底面应圆滑过渡。对尺寸较大或位于铸件边角的缺陷，焊前可以在缺陷周围造型，如图 4-7 所示。由于热焊时熔池尺寸大，存在时间长，造型可以防止铁液流失，增大焊补金属体积，减缓焊补区冷却速度。造型材料可用耐火砖、铸造型砂加水玻璃、石墨块等，只需在上部造型的，也可用黄泥围筑。用型砂或黄泥造型，焊前应烘干除去水分。

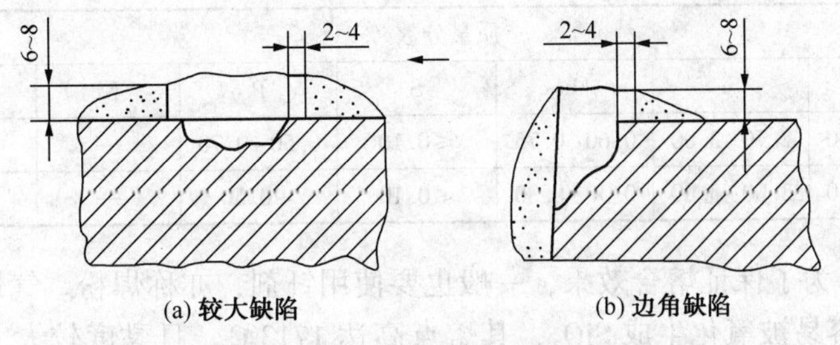

图 4-7 缺陷造型示意图

预热温度的选择，即热焊或半热焊以及整体预热或局部预热，主要根据铸铁件的体积、壁厚、结构复杂程度、缺陷位置、焊补处刚度及预热设备条件等来确定。工件预热时应注意控制加热速度，使铸铁件温度均匀，减小热应力，防止铸件在加热过程中产生裂纹。

铸铁电弧热焊及半热焊一般应根据被焊工件的壁厚，尽量选用较大直径的焊条，焊接电流可按式(4-1)经验公式选择：

$$I(\mathrm{A}) = (40 \sim 50)d \tag{4-1}$$

式中 d——焊条直径，mm。

焊接时，从缺陷中心引弧，逐渐向外扩展。缺陷较小时，可连续焊接将缺陷焊满。缺陷较大时，需逐层堆焊直至填满。焊接过程中，电弧在缺陷边缘处停留时间不要太长，以免母材熔化量过大或形成咬边缺陷。如发现熔渣过多时，应及时除渣，以免形成夹渣缺陷。同时，还要注意焊补过程中保持预热温度。

焊后必须采取保温缓冷措施，常用石棉等保温材料覆盖。对于重要的铸件，焊后应进行消除应力热处理，即焊后立即将工件加热到600~700℃，保温一段时间后，随炉冷却。

(2) 气焊

氧乙炔气焊焊补铸铁不仅具有方法灵活、成本低等特点，而且其所形成的接头硬度也较低，易于进行机械加工，目前仍然是铸铁焊补的主要方法之一。

氧乙炔火焰温度(3200℃)比电弧温度(6000℃)低很多，热量不集中，加热速度缓慢，需要很长时间才能将焊补处加热到焊补温度，而且其加热面积又较大，焊后还可以利用气体火焰对焊缝进行整形，或对焊补区继续加热，消除应力和使其缓冷，这些均有利于焊接接头的石墨化，降低硬度，易于加工。气焊也可分为热焊及冷焊(不预热气焊)。

热焊能有效地防止白口组织、淬硬组织及焊接裂纹发生，焊补质量高。由于其存在与电弧热焊相同的缺点，仅适用于结构比较复杂，焊后要求使用性能较高的一些重要薄壁铸件的焊补。如汽车、拖拉机发动机缸体、缸盖的焊补。

冷焊由于焊补区加热至熔化状态所需的时间较长，局部过热严重，焊补区热应力较大，焊缝又为铸铁型，强度低、塑性几乎为零，容易产生焊接裂纹，仅适用于壁厚较均匀，结构应力小的中小铸件的焊补。如砂眼、未穿透气孔等铸造缺陷的焊补。

铸铁气焊时，为了保证焊缝石墨化，气焊焊丝中 C、Si 含量较灰口铸铁中的含量高，以弥补焊接过程中的氧化烧损，并增强焊缝石墨化能力，见表4-4。考虑冷焊比热焊冷却快，冷焊焊丝(C+Si)总量较高；而热焊焊丝(C+Si)总量不宜过高，否则易形成较多铁素体，降低焊缝力学性能。

表4-4 灰口铸铁气焊用焊丝的化学成分

型号	质量分数/%							用途
	C	Si	Mn	S	P	Ni	Mo	
RZC-Ⅰ	3.20~3.50	2.70~3.00	0.60~0.75	≤0.10	0.50~0.70	—	—	热焊
RZC-Ⅱ	3.50~4.50	3.00~3.80	0.30~0.80	≤0.10	≤0.50	—	—	冷焊

铸铁气焊时，为了保证熔合效果，一般也要使用钎剂，亦称焊粉。气焊铸铁时，在焊接熔池中，由于Si容易被氧化生成SiO_2，其熔点高达1713℃，且黏度较大、流动性较差，影响焊接正常进行，如不即时除去，就会造成焊缝夹渣等缺陷。一般可以使用碱性氧化物(如Na_2CO_3、$NaHCO_3$、K_2CO_3等)为主要组成的钎剂，与SiO_2化合生成低熔点的复合盐，浮在熔池表面，焊接过程中随时扒出。灰口铸铁气焊用钎剂的化学成分见表4-5。

焊补铸铁宜选用功率较大的大、中号气焊炬，一方面使其加热速度快，另一方面也可使接头缓冷，以有利于防止焊缝产生气孔和夹杂等缺陷。另外，为了防止焊接过程中的氧化烧损，一般选用中性焰或弱碳化焰进行焊补。

表4-5 灰口铸铁气焊用钎剂成分

序号	脱水硼砂($Na_2B_4O_7$)/%	苏打(Na_2CO_3)/%	钾盐(K_2CO_3)/%
1	—	100	—
2	50	50	—
3	56	22	22

(3) 加热减应区焊接法

加热减应区焊接法是铸铁气焊工艺的一个发展，也是气焊修复铸铁缺陷的比较简便的方法之一。适用于焊补铸件上拘束度较大部位的裂纹等缺陷，如各种发动机缸体孔壁间的裂纹，各种轮类铸铁件上断裂的轮辐、轮缘及壳体上轴孔壁间的裂纹等。

加热减应区焊接法是指首先在被焊件上选定一处或几处适当的部位，作为所谓的“减应区”，并在焊前、焊后及焊接过程中，对其进行加热和保温，以降低或转移焊接接头拘束应力，防止产生裂纹的工艺方法。

加热减应区法焊补质量的关键在于是否能正确选择“减应区”，以及对其加热、保温和冷却的控制。选择“减应区”原则是使减应区的主变形方向与焊缝金属冷却收缩方向一致，即焊前对减应区加热能使缺陷位置获得最大的张开位移，焊后使减应区与焊补区域同步冷却。同时，“减应区”也应选在拘束度小而强度较大，且自身产生变形对其他部位影响较小的部位。此外，为了增强“减应区”的变形能力，提高该区域的温度是有利的，但不应超过铸铁的相变温度，一般控制在600~700℃为宜。

如图4-8所示灰口铸铁HT-200发动机缸盖在*C*处出现裂纹，若用一般气焊法只焊补该处，因拘束度较大，焊后仍可能开裂。选择*A*、*B*两处作为“减应区”，焊前用三把气焊炬对*A*、*B*、*C*三处同步加热，温度达到600℃左右时，对*C*处继续加热使之熔化并形成坡口，继

续提高 A、B 两处温度至 650℃，开始对 C 处焊接。焊后使三处同步冷却，可以获得良好焊补质量。

(4) 手工电渣焊

手工电渣焊不仅具有热源温度(2000℃左右)较低，体积大，焊补处加热时间长，焊接冷却缓慢等有利于焊接接头石墨化，能有效防止白口组织及淬硬组织，获得优良的加工性能的特点，而且设备简单，应用灵活，一般适用于厚大铸件，刚度较小部位，较大缺陷的焊补。手工电渣焊工艺示意图如图 4-9 所示。

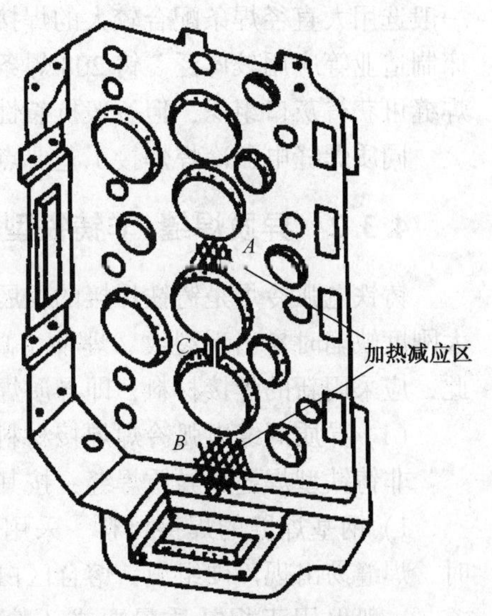

图 4-8 加热减应法气焊修复缸盖裂纹示意图

手工电渣焊时，其填充材料可选择与母材成分相同的铸铁棒(直径为 12mm)，或使用从铸铁件上切削下来的铸铁屑，但一定要清除油污等。焊剂可使用 60% 萤石，20% 镁砂和 20% 石英砂，通过 100 号筛后的机械混合物。也可选择使用焊剂 230 或焊剂 130。

手工电渣焊前，需清理缺陷直至露出纯净金属。由于手工电渣焊熔池尺寸较大，为防止焊接过程中液体金属及熔渣流淌，可根据缺陷的实际情况，采用造型法使焊缝强迫成形。焊补铸铁时，可以使用石墨块造型，外堆型砂，如图 4-9 所示。使用石墨棒电极，在石墨电极与母材之间引燃电弧熔化焊剂造渣，渣池达到一定深度后转入正常的电渣焊过程。但若使用铸铁棒电极，需先用石墨电极造渣，而后更换为铸铁棒，在渣池的电阻热作用下铸铁棒不断熔化，直至填满缺陷为止。但用铸铁屑作填充材料时，应一直使用石墨电极，施焊过程中还应不断均匀地将铸铁屑加入到渣池中，直至填满缺陷为止。同时，在焊接过程中还要加入少量焊剂，补充损失以保持渣池深度，且焊后缓冷至室温时再拆型。

手工电渣焊焊补灰口铸铁件，工艺合适时焊补区硬度低，无白口组织及马氏体组织，机械加工性优良，力学性能可满足灰口铸铁要求，焊缝金属颜色与母材一致。但是，焊前造型及造渣过程比较麻烦。

(5) 电弧冷焊

电弧冷焊的特点是焊前对被焊补的工件不预热。因此，电弧冷焊具有劳动条件好、生产成本低、焊补过程短、焊补效率高等优点，也是铸铁焊接的发展方向。电弧冷焊时焊接接头冷却速度快，焊接热应力大，如何解决焊接接头的白口组织及淬硬组织和焊接裂纹问题是同质焊缝电弧冷焊时比较突出的问题。实际生产中解决焊接接头白口组织及淬硬组织的途径有两方面，一是使焊缝含有较高的 C、Si，还可以加入多元少量有孕育作用的合金元素，如 Ca、Ba、稀土等，提高焊缝石墨化能力，并改变石墨形态；二是提高焊接线能量，采用大直径焊条、大电流连续焊接工艺，以减小焊接接头的冷却速度。

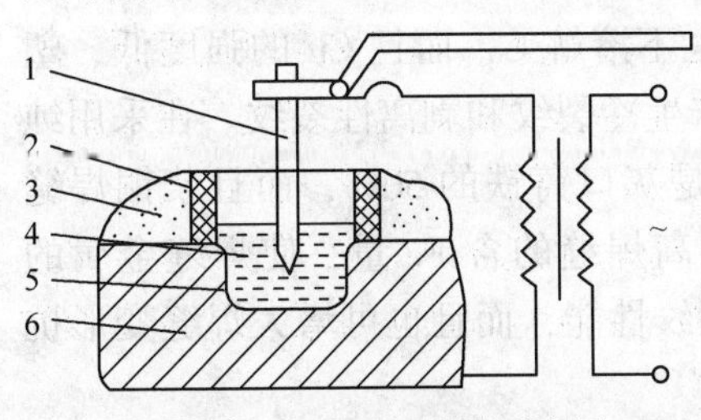

图 4-9 手工电渣焊示意图
1—电极；2—石墨型；3—铸造砂型；4—渣池；5—金属熔池；6—铸铁件

同质焊缝电弧冷焊焊接材料主要有铸248及铸208焊条等。铸248焊条为铸铁芯石墨型药皮的铸铁焊条，可通过焊芯和药皮同时向焊缝过渡石墨化元素，该焊条石墨化能力较强。一般选用大直径焊条配合较大的焊接电流，特别适合厚大灰口铸铁件较大缺陷的焊补，在机床制造业等应用较广泛。铸208焊条为低碳钢焊芯石墨型药皮的铸铁焊条，通过保温缓冷，焊缝可获得灰口组织，但一般抗裂性较差。

同质焊缝电弧冷焊焊接工艺要点是大电流、连续焊，焊后保温缓冷。

4.3.2 异质焊缝(非铸铁型)电弧冷焊

铸铁电弧冷焊是铸铁焊接的发展方向，但同质焊缝电弧冷焊存在着很多问题，如焊补较大刚度缺陷时易出现裂纹、焊补小缺陷时易出现白口组织以及薄壁件缺陷焊补困难等，为此，应采用新的焊接材料，即异质焊缝电弧冷焊。

(1) 异质焊缝电弧冷焊焊接材料

非铸铁型焊缝或异质焊缝，按其焊缝金属性质可分为钢基、铜基和镍基三类。

1) 钢基焊缝的焊接材料。采用普通低碳钢焊条E4303、E5015或E5016焊接灰口铸铁时，焊缝易出现淬硬组织，熔合区白口宽度较大，且冷裂纹和热裂纹倾向较大，焊接质量较差，一般仅用于焊补质量要求不高的铸铁件。目前有EZFe(Z100、Z122Fe)焊条和EZV(Z116、Z117)焊条两种。另外细丝CO_2气体保护焊(焊丝$H08Mn_2SiA$)在实际也得到了应用。

Z100焊条是低碳焊芯氧化性药皮铸铁焊条。焊缝含碳量虽然较低，但第一层焊缝含碳量平均仍可达0.8%左右，焊缝仍属于高碳钢，焊后硬度可达40~50HRC。熔合区白口较宽，焊接接头加工性差。焊接接头裂纹倾向较大。因此，只能应用在灰口铸铁钢锭模等不要求加工和致密性，且受力较小部位的铸造缺陷焊补。

Z122Fe焊条是低碳钢焊芯钛钙型铁粉型铸铁焊条。在药皮中加入一定量的低碳铁粉，有助于减少母材熔化量，降低焊缝含碳量，但焊接接头的白口组织及淬硬组织和裂纹问题比较严重。

EZV焊条是低碳钢焊芯低氢型药皮高钒铸铁焊条。V是强烈的碳化物形成元素，当焊缝中的V/C比值合适时，C几乎完全与V化合生成弥散分布的V_4C_3，焊缝基体组织一般为铁素体。这种焊缝金属具有较好的力学性能和抗裂性能，抗拉强度可达558~588MPa，伸长率高达28%~36%。但是，由于V由焊缝一侧、C由母材一侧各自同时向熔合区方向扩散，形成了一条主要由V_4C_3颗粒组成的高硬度带状组织，加上半熔化区白口较宽，使焊接接头加工性差。因此，这种焊条主要适用于铸铁非加工面缺陷的焊补。

2) 铜基焊缝的焊接材料。Cu与C不形成碳化物，也不溶解C，而且Cu的强度低、塑性很好，在铸铁焊接时，铜基焊缝可有效防止焊接接头产生冷裂纹和剥离性裂纹。在采用纯紫铜焊条焊接灰口铸铁时，不仅焊接接头的抗拉强度仅是灰口铸铁的50%，而且紫铜焊缝为粗大柱状的单相组织，其对热裂纹比较敏感。一般提高焊缝的含Fe量，使焊缝金属的Cu/Fe达到80/20时，不仅可有效提高焊缝金属的抗热裂纹性能，而且也可增大焊缝变形抗力，提高焊缝的抗拉强度。

Z607焊条是纯紫铜为焊芯低氢型药皮铸铁焊条。药皮中加入了较多低碳铁粉使焊缝中的Cu/Fe达到80/20，故又称为铜芯铁粉焊条。但在焊接灰口铸铁时，母材中的碳等元素会不可避免地进入焊缝，使其中的富铁相含碳量增高，在焊接快冷条件下，形成在铜基体上分布有马氏体等高硬度组织的机械混合物焊缝。同时，铜为弱石墨化元素，半熔化区白口层较宽，整个焊接接头加工性不良。这种焊条抗裂性好，适用于非加工面上刚度较大部位的缺陷焊补。

Z612 焊条是铜包钢芯钛钙型药皮铸铁焊条，熔敷金属中 Cu 含量大于 70%，其余为 Fe。Z612 焊条特性基本与 Z607 焊条相同，主要用于非加工面焊补。

ECuSnA、ECuSnB(T227)焊条是一种铜合金焊条，可直接用于焊接灰口铸铁。该焊条含有质量分数为 7.0%～9.0%的 Sn 和少量 P，焊后得到以锡磷青铜为基体加富铁相的焊缝，接头白口较窄，可以进行机械加工。但铜基焊缝的颜色与铸铁母材相差较大，对焊补区有颜色要求时不宜采用。

3）镍基焊缝的焊接材料。Ni 是奥氏体形成元素，Ni 和 Fe 能完全互溶，当 Fe-Ni 合金中 Ni 的质量分数大于 30%时，γ 相区将扩展到室温，得到硬度较低的单相奥氏体组织。Ni 还是较强的石墨化元素，且与碳不形成碳化物。镍基焊缝高温下可以溶解较多的碳，随着温度下降，部分过饱和的碳将以石墨形式析出，石墨析出伴随着体积膨胀，有利于降低焊接应力，防止焊接裂纹。同时，镍基焊缝中的镍可以向半熔化区扩散，对缩小白口宽度、改善焊接接头加工性非常有效。镍基铸铁焊条的最大特点是奥氏体焊缝硬度较低，半熔化区白口层薄，可呈断续状态分布。因此，尽管镍基铸铁焊接材料价格贵，但在实际工作中仍然应用广泛，主要适用于加工面有缺陷的焊补。

镍基铸铁焊条所用的焊芯有纯镍、镍铁(Ni55%，Fe45%)和镍铜(Ni70%，Cu30%)三种，按照熔敷金属主要化学成分可分为纯镍石墨型铸铁焊条、镍铁石墨型铸铁焊条、镍铜石墨型铸铁焊条和镍铁铜石墨型铸铁焊条四种。

EZNi-1(Z308)焊条是纯镍焊芯石墨型铸铁焊条。其优点是在电弧冷焊条件下焊接接头加工性优异。焊接工艺合适时半熔化区白口宽度仅为 0.05mm 左右，且呈断续状态分布。焊接接头具有硬度较低，塑性较好，抗热裂纹也较好的特点。但这种焊条价格昂贵，主要用于对焊补后加工性能要求高的缺陷焊补。

EZNiFe-1(Z408)焊条是镍铁焊芯石墨型铸铁焊条。不仅具有熔敷金属中 Fe 的质量分数高达 40%～55%，焊条价格较低的特点，而且具有熔敷金属力学性能较高，抗拉强度可达到 390～540MPa，伸长率一般大于 10%的特点。其主要用于高强度灰口铸铁或球墨铸铁的焊接。这种焊条的焊缝金属抗热裂纹性能优于其他镍基铸铁焊条，而且第一层焊缝金属被母材稀释后 Ni 的质量分数为 35%～40%，此时焊缝金属的膨胀系数较低，且与铸铁母材接近，有利于降低焊接应力。由于焊缝强度较高，用这种焊条焊接刚度较大部位的缺陷或焊补量较大时，有时在焊接接头的熔合区出现剥离性裂纹。另外，镍铁合金焊芯电阻率高，与不锈钢焊条相似，在焊接时存在发红现象。

Z408A 焊条是镍铁铜合金焊芯石墨型铸铁焊条。焊芯中含有 4%～10%的 Cu，含 Ni 量为 55%左右，其余为 Fe。加入 Cu 的目的是为了提高焊芯的导电性，以解决焊条红尾问题。但铜加入后，焊缝金属抗裂性能有所下降。其性能与 Z408 焊条相似，应用范围也基本相同。

EZNiCu-1(Z508)焊条是镍铜合金焊芯石墨型铸铁焊条，故又称之为蒙乃尔焊条。由于含 Ni 量处于纯镍铸铁焊条和镍铁铸铁焊条之间，使焊接接头的半熔化区白口宽度和接头的加工性能也介于二者之间。但镍铜合金的收缩率较大(约为 2%)，容易引起较大的焊接应力，产生焊接裂纹。该焊条的灰口铸铁焊接接头抗拉强度较低，一般为 78～167MPa，仅适用于强度要求不高的有加工要求的缺陷焊补。

(2) 异质焊缝电弧冷焊工艺要点

异质焊缝电弧冷焊不仅要根据焊补要求合理选择焊接材料，而且还要特别重视制定合理的焊接工艺，包括焊前准备、焊接规范及工艺、焊接方向及顺序和所采取的特殊措施等。异质焊缝电弧冷焊工艺要点可以归纳为“短段断续分散焊，较小电流熔深浅，每段锤击消应力，退火焊道前段软”。

1) 焊前准备。焊前准备是指用机械等方法将工件及缺陷上的油污等其他杂质清理干净，正确观察分析缺陷情况，如大小、深度、长度等，并制备适当大小的坡口等。焊补处的油污等杂质可用碱水、汽油刷洗，或用气焊火焰清除。对于裂纹缺陷，可以用肉眼或放大镜观察，必要时可采用渗煤油、着色等无损探伤方法检测其两端的终点，并在距离裂纹端部 3~5mm 处钻止裂孔(ϕ5~8mm)，防止在预热及焊接过程中裂纹扩展。可以用机械方法开坡口，也可以直接用电弧或氧乙炔火焰，但应在保证焊接质量的前提下尽量减小坡口角度，减少母材的熔化量，以降低焊缝中碳、硫、磷含量和焊接应力，防止产生焊接裂纹。

2) 焊接规范及工艺。使用异质焊接材料进行铸铁电弧冷焊时，在保证电弧稳定、焊缝成形良好及焊透的前提下，应尽量采用最小的焊接规范施焊，并采用短弧焊、短段焊、断续焊、分散焊及焊后立即锤击焊缝等工艺措施。焊接规范小，就是焊接电流小，也就是焊接熔深小，致使熔合比小，焊缝中母材所占比例小，焊缝金属中 C、S、P 含量小，有效降低了焊缝裂纹产生。同时，焊接线能量也小，有效降低了焊接应力，减小半熔化区和热影响区宽度，改善接头的加工性及防止裂纹产生。

为了降低铸铁母材对焊缝成分及性能的影响，焊接电流可按照经验公式选择，即：

$$I(\mathrm{A})=(29\sim34)d \tag{4-2}$$

式中 d——焊条直径，mm。

3) 焊接方向及顺序。对于结构复杂或厚大灰口铸铁件上的缺陷焊补，应按照从拘束度大的部位向拘束度小的部位焊接的原则，合理选择焊接方向和顺序。如图 4-10 所示，灰口铸铁缸体侧壁有 3 处裂纹缺陷，焊前在 1 和 2 裂纹端部钻止裂孔，适当开坡口。焊接裂纹 1 时，应从闭合的止裂孔一端向开口端方向分段焊接。裂纹 2 处于拘束度较大部位，由于裂纹两端的拘束度比中心大，可采用从裂纹两端交替向中心分段焊接工艺，有助于减小焊接应力。还要注意，最后焊接止裂孔。

4) 特殊焊补技术。当铸铁件的缺陷尺寸较大、情况复杂、焊补难度大时，也可以采用镶块焊补法、栽丝焊补法和垫板焊补法等特殊焊补技术。

① 镶块焊补法 如果焊补处有多道交叉裂纹，如图 4-10 中的缺陷 3，若采用逐个裂纹焊补工艺，则会由于焊补处应力集中而难以避免出现焊接裂纹。为此，可以将该缺陷整体加工掉，然后按尺寸再镶上一块厚度较薄的低碳钢板。为了降低镶块焊缝的拘束度，焊前将此低碳钢板冲压成凹形，如图 4-11(a)所示，或者用平板在其中间切割一条窄缝，如图 4-11(b)所示。焊补时低碳钢板容易变形，有利于缓解焊接应力，防止焊接裂纹，此即镶块焊补法。

② 栽丝焊补法 厚壁铸铁件大尺寸缺陷焊补时，需要开坡口进行多层焊，这样将导致焊接应力积累。由于焊补量大，为了降低成本往往采用钢基焊缝，此时焊缝金属强度高，收缩率大，容易产生剥离性裂纹，使焊补失败。即使焊接后不开裂，使用过程中也可能因承载能力不足而失效。为此可通过碳素钢螺栓将焊缝金属与铸铁母材连接起来，既可防止焊接裂

纹，又可提高焊补区域的承载能力。如图 4-12 所示，焊前在坡口内钻孔，攻螺纹，螺栓直径根据壁厚在 8~16mm 之间选择，拧入深度约等于直径，螺栓高出坡口表面 4~6mm，且呈两排均匀分布。一般而言，螺栓的总截面积可取为坡口表面积的 25%~35%。施焊时，先围绕每个螺栓按冷焊工艺要求焊接，最后将坡口焊满，此即栽丝焊补法。这种方法的不足之处是工作量很大，对焊工要求高，焊补工期长。

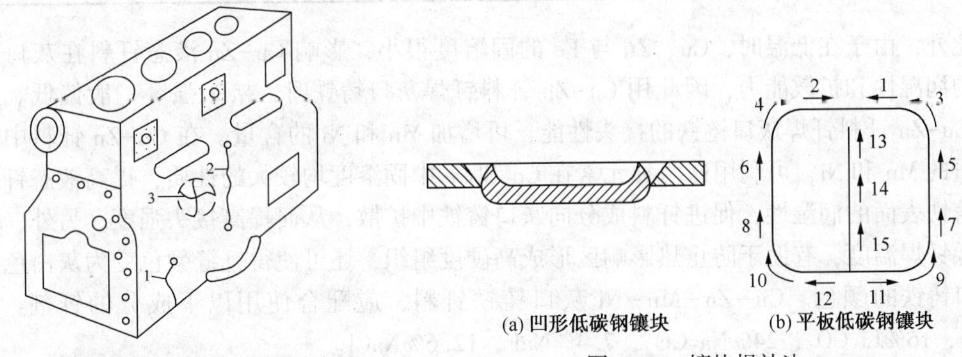

图 4-10　灰铸铁缸体侧壁裂纹的焊补

1，2，3—裂纹

图 4-11　镶块焊补法

③ 垫板焊补法　坡口尺寸更大时，甚至可以在坡口内放入低碳钢板，用焊缝强度高、抗裂性好的铸铁焊条将铸铁母材和低碳钢板焊接起来，称之为垫板焊补法。这种方法可以大大减少焊缝金属量，有利于降低焊接应力，防止裂纹，还节省了大量焊接材料，缩短焊补工期。

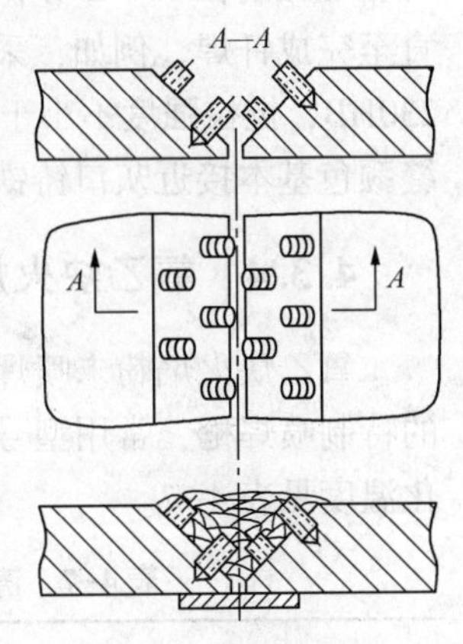

图 4-12　栽丝焊补法

4.3.3　钎焊

采用钎焊方法焊补铸铁缺陷时，母材不熔化，焊接接头一般不会形成白口及淬硬组织，焊接接头加工性较好。常用的灰口铸铁钎焊热源为氧乙炔火焰，一方面由于钎焊是靠扩散过程完成的，故对灰口铸铁钎焊前的准备工作要求比电弧焊等其他焊接方法高，必须将缺陷表面的氧化物、油污等彻底清理干净，并露出金属光泽。另一方面由于氧乙炔火焰温度较低，且钎焊前需将母材加热到一定温度，故钎焊的生产效率较低，主要用于加工面的缺陷焊补。

由于银基钎料昂贵，而锡铅基钎料强度低，故灰口铸铁钎焊时一般使用铜锌钎料，化学成分见表 4-6。少量 Si 在弱氧化焰作用下很快生成 SiO_2，并与钎剂(硼酸和硼砂的质量分数各占 50%的混合物)发生反应，而生成低熔点的硅酸盐，覆盖在液态钎料表面，阻碍 Zn 的蒸发。这种钎料价格较便宜，钎焊接头抗拉强度一般为 120~150MPa。但是，钎缝硬度较低，且焊缝颜色呈金黄色，与灰口铸铁颜色差别较大，同时该钎料的固相线温度为 850℃，液相线温度为 875℃，钎焊时需要把灰口铸铁加热到 900℃左右，超过了灰口铸铁的共析温度，在焊接快冷条件下，其热影响区可能会出现马氏体或贝氏体组织，从而影响焊接接头的加工性。

表 4-6 铜锌钎料的化学成分(GB/T 6418—2008)

钎料	质量分数/%						
	Cu	Sn	Si	Ni	Mn	Fe	Zn
BCu58ZnFeSn(Si)(Mn)	57.0~59.0	0.7~1.0	0.05~0.15	—	0.03~0.09	0.35~1.20	余量
BCu58ZnSn(Ni)(Mn)(Si)	56.0~60.0	0.8~1.1	0.1~0.2	0.2~0.8	0.20~0.50	—	余量

此外，由于在低温时，Cu、Zn 与 Fe 的固溶度很小，影响 Cu-Zn 液态钎料在灰口铸铁表面的润湿性和扩散能力，因此用 Cu-Zn 钎料钎焊灰口铸铁时，接头强度一般偏低。为了改善 Cu-Zn 钎料钎焊灰口铸铁的接头性能，可增加 Mn 和 Ni 的含量。在 Cu-Zn 钎料中加入一定量的 Mn 和 Ni，可利用这两种元素在 Cu 和 Fe 中固溶度均较大的性质，提高液态钎料在灰口铸铁表面的润湿性，促进钎料成分向灰口铸铁中扩散，从而提高接头强度。另外，也可以降低钎焊温度，有助于防止热影响区形成高硬度组织，还可使得钎缝颜色变为灰白色，接近灰口铸铁的颜色。Cu-Zn-Mn-Ni 灰口铸铁钎料，应配合使用以下成分的钎剂：40% H_3BO_3，16% Li_2CO_3，24% Na_2CO_3，7.4% NaF，12.6% NaCl。

氧乙炔火焰钎焊时，先用弱氧化焰预热铸铁件，有助于去除焊补表面的石墨。添加钎剂时温度控制在 600℃以下，钎剂全部熔化后，铸件温度升高到 650~700℃时，改用中性焰，直至完成钎焊。例如，采用 Cu-Zn-Mn-Ni 钎料钎焊灰口铸铁 HT200 时，接头最高硬度小于 230HB，抗拉强度不小于 196MPa，拉伸试件均断在母材上，钎焊接头机械加工性优异，钎缝颜色基本接近灰口铸铁。

4.3.4 氧乙炔火焰粉末喷焊

氧乙炔火焰粉末喷焊主要用于修复铸铁件在机械加工过程中出现的小缺陷。采用带粉斗的特制喷焊枪，常用型号为 SPH-2/h，根据不同硬度要求，可选用的粉末化学成分及其熔化温度见表 4-7。

表 4-7 铸铁喷焊用粉末化学成分及其熔化温度(JB/T 3168.1—1999)

牌号	质量分数/%						熔化温度/℃	硬度/HRC
	C	Cr	Si	B	Fe	Ni		
F11-25	<0.10	9.00~11.00	2.50~4.00	1.50~2.00	≤8.00	余量	985~1100	20~30
F31-28	0.40~0.80	4.00~6.00	2.50~3.50	1.30~1.70	余量	28.0~32.0	1100	26~30

F11-25 为镍基粉末，喷焊层硬度为 20~30HRC，加工性能良好，颜色接近母材。F31-28 为铁基粉末，可用于已淬火机床床身导轨面缺陷的修复，喷焊层硬度与导轨面相当，精磨后颜色与母材接近。

氧乙炔火焰粉末喷焊时，首先彻底清理干净母材表面上的氧化物、铁锈及油污等，并对待喷焊表面的边缘尖角处进行倒角处理；其次将待喷焊处用火焰预热到 300℃左右，预喷粉并使其厚度达 0.2mm 左右，保护母材表面防止高温氧化；最后应在喷焊金属填满缺陷后继续对喷焊区域加热几分钟后完成修复工作。

4.4 球墨铸铁的焊接工艺要点

4.4.1 球墨铸铁的焊接性分析

球墨铸铁的焊接性与灰口铸铁基本相同，即焊接接头容易产生白口组织及淬硬组织和焊接裂纹，但由于球墨铸铁的化学成分和力学性能与灰口铸铁有较大差异，因此，球墨铸铁的焊接性存在其自身特点，主要表现在以下两个方面：

1）球墨铸铁中的 Mg、Ce、Ca 等球化剂的存在，大大地增加了铁液过冷倾向，阻碍石墨化过程，同时这些元素还提高了奥氏体的稳定性，从而使得球墨铸铁焊接接头更容易形成白口组织及淬硬组织和焊接裂纹。对灰口铸铁熔池而言，若其在 1200~1000℃温度内的冷却速度为 18℃/s 时，可以防止灰口铸铁焊缝出现莱氏体。而在焊接球墨铸铁时，即使焊前预热到 400℃，焊接熔池在 1200~1000℃温度内的冷却速度仍然可达到 5.4℃/s，球墨铸铁焊缝中仍然有 20%左右的莱氏体；而半熔化区冷却速度比焊缝更快，更容易出现白口组织。因此在焊接球墨铸铁时，铸铁型焊缝及半熔化区液态金属结晶过冷度增大，更容易出现莱氏体组织，且奥氏体区更容易出现马氏体组织。

2）球墨铸铁有较高的强度和一定塑性，为了保证球墨铸铁构件可靠工作，一般要求焊接接头的力学性能与母材基本匹配。这就对球墨铸铁焊接提出了更高的要求。如铁素体球墨铸铁的抗拉强度为 400~500MPa，伸长率高达 10%~18%；珠光体球墨铸铁抗拉强度为 600~800MPa，伸长率为 2%~3%；铁素体+珠光体混合组织的球墨铸铁，力学性能处于二者之间，球墨铸铁良好的力学性能对焊接提出了较高要求。近年来随着国内外大力推广以铸代焊结构，焊接不仅用于球墨铸铁件铸造缺陷的修复，而且还用于球墨铸铁之间、球墨铸铁与其他金属之间的焊接结构制造。

4.4.2 球墨铸铁的焊接工艺要点

在同等焊接工艺条件下，球墨铸铁的焊接性一般比灰口铸铁差，根据国内已推广应用的球墨铸铁焊接方法及焊接材料，可分为同质焊缝（球墨铸铁型）熔化焊和异质焊缝电弧冷焊两种。

（1）同质焊缝（球墨铸铁型）熔化焊

1）气焊。气焊火焰温度低，可减少球化剂的蒸发，有利于焊缝球化。气焊火焰热量不集中，焊补区加热及冷却速度比较缓慢，有利于接头石墨化，可降低焊接接头形成白口及淬硬组织和裂纹倾向。

球墨铸铁气焊所用焊丝一般均含有少量球化剂，所有熔剂与灰口铸铁气焊熔剂化学成分相同。

不预热气焊适用于重要的中、小型球墨铸铁件的焊补，并在球化能力和石墨化能力较强的焊丝配合下，才能获得满意的焊接质量。但对于厚大球墨铸铁件焊补，焊前必须进行 500~700℃的高温预热，焊后保温缓冷，才能有效防止接头产生白口及淬硬组织和裂纹。

气焊方法比较灵活，焊前也可用气体火焰清理油污、开坡口、局部预热工件及后热使接头缓冷等，但其焊补时间长，焊补效率低，特别是对于已加工件焊补，焊接变形问题难于解决。该方法主要用于新铸件小缺陷的焊补。

2）电弧焊。电弧焊的效率比气焊高，但由于球化剂一般严重阻碍石墨化过程，因此在冷焊时，因冷速大而导致焊缝白口倾向较大，不仅影响加工，而且易出现焊接裂纹。

球墨铸铁电弧焊同质焊条可分为球墨铸铁芯球化剂和石墨化剂药皮焊条、低碳钢芯球化剂和石墨化剂药皮焊条，前者通过焊芯和药皮共同向焊缝过渡球化剂使焊缝球化，如 EZCQ 系列的 Z258 型焊条；后者仅通过药皮向焊缝过渡球化剂使焊缝球化，如 EZCQ 系列的 Z238 型焊条。

球墨铸铁同质焊缝（球墨铸铁型）电弧焊时，必须清理缺陷、开坡口；采用大电流、连续焊工艺；在中等缺陷应连续填满；较大缺陷应采取分段或分区填满再向前推移，保证焊补区有较大的焊接线能量；在大刚度部位较大缺陷焊补时，应采取加热减应工艺或焊前预热 200~400℃，焊后缓冷防止裂纹；若需焊态加工，焊后应立即用气焊火焰加热补焊区至红热状态，并保持 3~5min。

（2）异质焊缝（非球墨铸铁型）电弧焊

球墨铸铁异质焊缝（非球墨铸铁型）电弧焊焊条，主要有镍铁铸铁焊条 EZNiFe-1（Z408）和高钒铸铁焊条 EZV（Z116、Z117）。

镍铁铸铁焊条第一层焊缝金属镍的质量分数约为 40%，膨胀系数较小，有利于降低焊接应力防止裂纹。在镍基铸铁焊条中，该焊条抗热裂纹性能较好，力学性能较高，但用于球墨铸铁电弧冷焊，焊缝的力学性能仍需提高。例如，焊接 QT400-18 球墨铸铁时塑性不足，焊接 QT600-3 球墨铸铁时抗拉强度不足。该焊条主要用于加工面中小缺陷的焊补。

高钒铸铁焊条 EZV 的焊缝组织对冷却速度不敏感，细小的碳化钒（V_4C_3）对铁素体的弥散强化作用使焊缝金属具有较好的力学性能，可以满足多种球墨铸铁对焊缝金属的力学性能要求。但是，焊接接头半熔化区白口层较宽，焊缝底部有一条碳化钒颗粒组成的高硬度带状组织，使接头加工性差，焊后退火可降低接头硬度，改善加工性能。该焊条主要用于非加工面缺陷的焊补。

4.5 典型灰口铸铁焊接案例

材料为灰口铸铁 HT200 的汽缸如图 4-13 所示，其中 *A*、*B* 两处有裂纹，需要焊补。

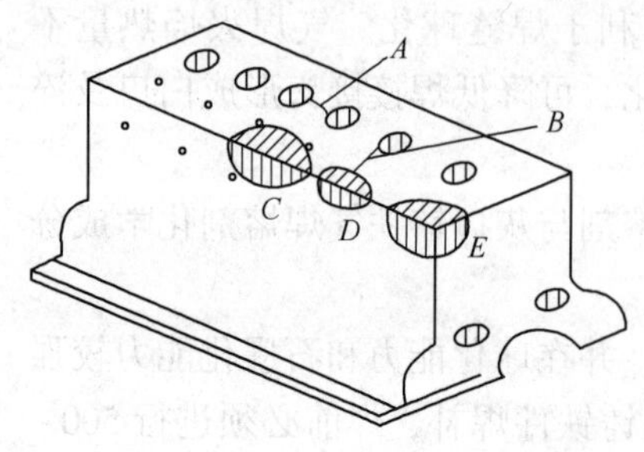

图 4-13　汽缸裂纹及减应区

（1）焊接方法的选择

因本汽缸裂纹较短，又是带孔洞的缸体结构，所以选用加热减应区气焊法进行焊补，减应区为图 4-13 中的阴影区域 *C*、*D*、*E*。

（2）焊接工艺

1）焊前准备。焊前将裂纹附近区域的油、锈等清除干净，用尖冲在裂纹的全长上冲眼，每个相距 10~15mm，以显示出裂纹的长度及形状。用砂轮开坡口，坡口角度为 70°~80°。

2）焊丝、熔剂和焊炬的选择。焊丝选用 RZC-2(HS401)，熔剂选用气剂 201。虽然铸铁的熔点低于碳钢，但补焊灰口铸铁时为提高熔池温度，消除气孔、夹渣、未焊透、白口化等缺陷，选用大号焊炬 H01-20 及 5 号焊嘴。

3）操作工艺。用两把 H01-20 型号焊炬同时加热减应区 *D*，当 *D* 处的温度升高到 400~500℃时，撤出一把焊炬加热 *A* 处裂纹，并进行焊补。焊补 *A* 处时，焊接过程必须使用中性火焰或弱碳化焰，火焰始终要覆盖住熔池，以减少碳、硅的烧损，保持熔池温度。先用火焰加热坡口底部使之熔化形成熔池，将已烧热焊丝蘸上熔剂迅速插入熔池，让焊丝在熔池中熔化而不是以熔滴状滴入熔池。焊丝在熔池中不断的往复运动，使熔池内的夹杂物浮起，待熔渣在表面集中，用焊丝端部沾出排除。若发现熔池底部有白亮夹杂物(SiO_2)或气孔时，应加大火焰，减小焰心到熔池的距离，以便提高熔池底部温度使之浮起，也可用焊丝迅速插入熔池底部将夹杂物、气孔排出。焊到最后的焊缝应略高于铸铁件表面，同时将流到焊缝外面的熔渣重熔，待焊缝温度降低至处于半熔化状态时，用冷的焊丝平行于铸件表面迅速将高出部分刮平，这样完成的焊缝无气孔、夹渣等焊接缺陷，且外表平整。*A* 处焊补好后要清除表面氧化膜层，并立即移到 *B* 处进行加热并采取同样方法焊补。同时用另一把焊炬加热减应区 *C*，当 *C* 处温度达到 500~600℃后，将焊炬移向 *D* 处加热。当 *B* 处焊补结束后，用两把焊炬同时加热 *D* 处，当该处温度达到 600~700℃之后，用一把焊炬加热减应区 *E*，当 *E* 处的温度达到 700℃左右时，应立即降低火焰温度，使 *E* 处温度缓慢下降，当 *E* 处温度降到 400~500℃时，停止加热。放在室内自然冷却，冷却后进行气密性试验。

思考题

1. 工业上常用的铸铁有哪几种？简述碳在每种铸铁中的存在形式和石墨形态有何不同？力学性能有何不同？

2. 分析影响铸铁型焊缝组织的主要因素有哪些？

3. 分析灰口铸铁电弧焊焊接接头易形成白口及淬硬组织的原因及危害。

4. 分析灰口铸铁同质焊缝产生冷裂纹的原因及防止措施。

5. 说明用镍基铸铁焊条电弧冷焊铸铁时，焊缝易产生热裂纹的原因及防止措施。

6. 球墨铸铁焊接性特点是什么？焊接过程中应采用什么样的工艺措施？

7. 简述采用铸铁同质焊条对焊接工艺有何要求。

8. 说明铸铁异质焊缝焊条电弧冷焊工艺要点“短段断续分散焊，较小电流熔深浅，每段锤击消应力，退火焊道前段软”的具体内容。

9. 某大齿轮为灰口铸铁，浇铸后发现 2 个缩孔，如图 4-14 所示。缩孔直径为 60mm，深度为 30mm，缩孔处于加工面，试拟定焊接修复方案。

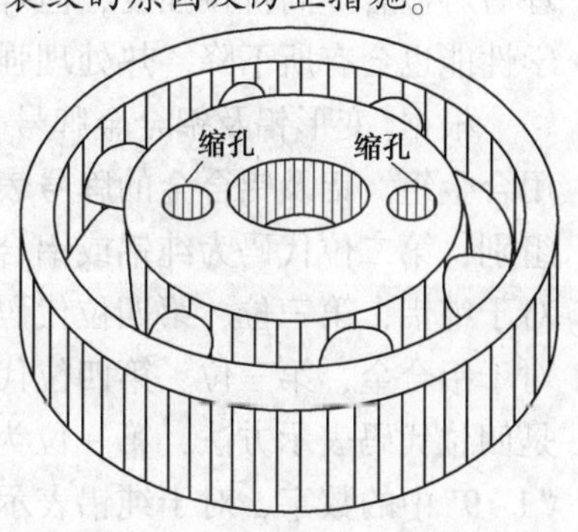

图 4-14 大齿轮缩孔缺陷

5 有色金属的焊接

随着科学技术的不断发展，各种有色金属在航空、航天、机械制造、电力及化学工业等领域的应用日益广泛。但各种有色金属所具有的特殊性能使得其焊接比钢材等黑色金属的焊接要复杂得多，即就是有色金属焊接存在较大的困难。为此，掌握和推广有色金属焊接新方法、新工艺具有十分重要的意义。

5.1 铝及铝合金的焊接

铝及铝合金具有良好的耐蚀性、较高的比强度及一定的导电性和导热性，在航空航天、汽车、电工、化工、交通运输、国防等工业领域得到广泛应用。

5.1.1 铝及铝合金的分类、成分及性能

(1) 铝及铝合金的分类

在铝中加入 Si、Cu、Mg、Mn、Zn 等合金元素，可获得不同性能的合金，如表 5-1 所示。按合金化方式可分为工业纯铝、Al-Cu、Al-Mn、Al-Si、Al-Mg、Al-Mg-Si、Al-Zn、其他合金八大类。按制造工艺可分为变形铝合金和铸造铝合金。变形铝合金又可分为非热处理强化铝合金和热处理强化铝合金。非热处理强化铝合金可通过加工硬化、固溶强化提高力学性能，特点是强度中等、塑性及耐蚀性好，又称防锈铝，焊接性良好，是焊接结构中应用最广的铝合金之一。热处理强化铝合金通过固溶、淬火、时效等工艺提高力学性能。经热处理后可显著提高抗拉强度，但焊接性较差，熔焊时产生焊接裂纹的倾向较大，焊接接头的力学性能也会有所下降。热处理强化铝合金包括硬铝、超硬铝、锻铝等。

根据《变形铝及铝合金牌号表示方法》，铝及铝合金共分为 9 个系列，其中系列 9 为备用合金组。铝及铝合金的牌号表示方法有两种。第一种为四位代码表示方法，第一位代码为组别；第二位代码为纯铝或铝合金的改型情况，其中“A”为原始状态，“B~Y”为改型序列；对于纯铝，第三位、第四位代码为铝含量数字的小数点后的两位数字，如 1A99、1A93 等；对于铝合金，第三位、第四位代码仅表示该系列的不同合金，如 2B11、5A02 等。第二种也是四位代码表示方法，第一位为组别；第二位数字为改型情况，其中“0”，表示原始状态，“1~9”中的数字，对于纯铝表示生产过程中有某几种杂质或合金元素需要控制，对于铝合金则表示对原始合金的修改次数；对于纯铝，第三位、第四位代码为铝含量数字的小数点后的两位数字，如 1070、3003 等；对于铝合金，第三位、第四位代码仅表示该系列的不同合金。

(2) 铝及铝合金的成分及性能

常用铝及铝合金的化学成分、力学性能和物理性能分别见表 5-2~表 5-4。

表 5-1 铝合金分类

分类		合金名称	合金系	性能特点
变形铝合金	非热处理强化铝合金	防锈铝	Al-Mn	抗蚀性、压力加工性与焊接性能好，但强度较低
			Al-Mg	
	热处理强化铝合金	硬铝	Al-Cu-Mg	力学性能好
		超硬铝	Al-Cu-Mg-Zn	强度较高
		锻铝	Al-Mg-Si-Cu	锻造性能好，耐热性能好
			Al-Cu-Mg-Fe-Ni	
铸造铝合金		硅铝合金	Al-Si	铸造性能好，不能热处理强化，力学性能较低
		特殊铝合金	Al-Si-Mg	铸造性能良好，可热处理强化，力学性能较高
			Al-Si-Cu	
		铝铜铸造合金	Al-Cu	耐热性好，铸造性能与抗蚀性差
		铝镁铸造合金	Al-Mg	力学性能高，抗蚀性好

表 5-2 常用铝及铝合金的力学性能

类别	合金牌号	材料状态	抗拉强度/MPa	屈服强度/MPa	伸长率/%	断面收缩率/%	硬度/HBW
工业纯铝	1A99	固溶态	45	10	50	—	17
	8A06	退火	90	30	30	—	25
	1035	冷作硬化	140	100	12	—	32
防锈铝	3A21	退火	130	50	20	70	30
		冷作硬化	160	130	10	55	40
	5A02	退火	200	100	23	—	45
		冷作硬化	250	210	6		60
	5A05 5B05	退火	270	150	23	—	70
硬铝	2A11	淬火+自然时效	420	240	18	35	100
		退火	210	110	18	38	45
		包铝的，淬火+自然时效	380	220	18	—	100
		包铝的，退火	180	110	18	—	45
	2A12	淬火+自然时效	470	330	17	30	105
		退火	210	110	18	55	42
		包铝的，淬火+自然时效	430	300	18	—	105
		包铝的，退火	180	100	18	—	42
	2A01	淬火+自然时效	300	170	24	50	70
		退火	160	60	24	—	38
锻铝	6A02	淬火+人工时效	323. 4	274. 4	12	20	95
		淬火	215. 6	117. 6	22	50	65
		退火	127. 4	60	24	65	30
超硬铝	7A04	淬火+人工时效	588	539	12	—	150
		退火	254. 8	127. 4	13	—	—

表 5-3　常用铝及铝合金的牌号及化学成分

类别	牌号	主要化学成分/%(质量)											旧牌号
		Si	Fe	Cu	Mn	Mg	Cr	Ni	Zn		Ti	Al	
	1A99	0.003	0.003	0.005	—	—	—	—	0.001	—	0.002	99.99	LG5
工业纯铝	1A97	0.015	0.015	0.005	—	—	—	—	0.001	—	0.002	99.97	LG4
	1035	0.35	0.6	0.10	0.05	0.05			0.10	0.05V	0.03	99.35	L4
	8A06	0.55	0.50	0.10	0.10	0.10			0.10	1.00		余量	L6
	5A02	0.4	0.4	0.10	0.15~0.4	2.0~2.8	—	—	—	0.6	0.15		LF2
	5A03	0.50~0.8	0.50	0.10	0.30~0.6	3.2~3.8	—	—	0.20	—	0.15	余量	LF3
	5A06	0.40	0.40	0.10	0.50~0.80	5.8~6.8	—	—	0.20	—	0.02~0.10		LF6
防锈铝	5B05	0.4	0.4	0.20	0.20~0.6	4.7~5.7	—	—	—	—	0.15		LF10
	5A12	0.30	0.30	0.05	0.40~0.8	8.3~9.6	Sb 0.004~0.05	0.10	0.20	—	0.05~0.15	余量	LF12
	3003	0.6	0.7	0.05~0.2	1.0~1.5		—	—	0.10	—	—		—
	3A21	0.6	0.70	0.20	1.0~1.6	0.05	—	—	0.10	—	0.15		LF21
	2A01	0.50	0.50	2.2~3.0	0.2	0.20~0.50	—	—	0.10	—	0.15		LY1
	2B11	0.5	0.5	3.8~4.5	0.40~0.8	0.40~0.8	—	—	0.10	—	0.15		LY8
硬铝	2A11	0.70	0.70	3.8~4.8	0.40~0.8	0.40~0.8	—	0.10	0.30	0.7Fe+Ni	0.15	余量	LY11
	2A12	0.50	0.50	3.8~4.9	0.30~0.9	1.2~1.8	—	0.10	0.30	0.5Fe+Ni	0.15		LY12
	2A16	0.30	0.30	6.0~7.0	0.40~0.80	0.05	—	—	0.10	0.10~0.20	0.20		LY16
	6A02	0.50~1.2	0.50	0.2~0.6	或铬 0.15~0.35	0.45~0.9	—	—	0.2	—	0.15		LD2
锻铝	2A70	0.35	0.9~1.5	1.9~2.5	0.2	1.4~1.8	—	0.9~1.5	0.3	—	0.02~0.1	余量	LD7
	2A14	0.6~1.2	0.7	3.9~4.8	0.4~1.0	0.4~0.8	—	0.1	0.3	—	0.15		LD10
	7A03	0.20	0.20	1.8~2.4	0.10	1.2~1.6	0.05	—	6.0~6.7	—	0.02~0.08		LC3
超硬铝	7A04	0.05	0.05	1.4~2.0	0.20~0.6	1.8~2.8	0.10~0.25	—	5.0~7.0	—	0.1	余量	LC4
	7A10	0.30	0.30	0.5~1.0	0.2~0.35	3.0~4.0	0.10~0.2	—	3.2~4.2		0.1		LC10
特殊铝	4A01	4.5~6.0	0.6	0.20	—	—	—	—	0.10Zn+Sn	—	0.15	余量	LT1
	4A17	11.0~12.5	0.5	0.15Cu+Zn	0.5	0.05	—	—	—	0.10 Ca	0.15		LT17

注：元素仅有单个值的，除 Al 为含量最小值外，其余为该元素的含量最大值。

表 5-4 常用铝及铝合金的物理性能

合金	密度 /[J/(g·℃)]	比热容 /[J/(cm·s·℃)]	热导率 /[J/(cm·s·℃)]	线膨胀系数 /($\times10^{-6}$/℃)	电导率 /($\times10^{-6}\Omega\cdot$cm)
		100℃	25℃	20~100℃	20℃
纯铝	2.7	0.90	2.21	23.6	2.665
3A21	2.693	1.00	1.80	23.2	3.45
5A03	2.67	0.88	1.46	23.5	4.96
5A06	2.64	0.92	1.17	23.7	6.73
2A12	2.78	0.92	1.17	23.7	5.79
2A16	2.70	0.88	1.38	22.6	6.10
6A02	2.80	0.79	1.75	23.5	3.70
2A14	2.85	0.83	1.59	22.5	4.30

5.1.2 铝及铝合金的焊接性分析

分析某一合金焊接性的主要依据是其本身的化学成分、热物理特性和物理化学特性。在实际应用中是通过该合金在焊接加工中是否容易出现内外质量缺陷来综合判断其焊接性的好坏，而且往往与低碳钢比较评价。

铝及铝合金的化学活性很强，特别是 Al、Mg 等元素与氧的亲和力很大，在空气中极易与氧结合在表面形成难熔氧化膜(Al_2O_3熔点约为 2050℃，MgO 熔点约为 2500℃)，氧化膜(特别是 MgO 氧化膜)可吸收较多水分，同时铝及铝合金的线膨胀系数大，导热性又强，因此在焊接过程中可能会产生一系列的困难和问题。

(1) 焊缝中的气孔

1) 产生原因。铝及铝合金熔焊时最常见的缺陷是焊缝中气孔，特别是纯铝或防锈铝的焊接。氢是铝及铝合金熔焊时产生气孔的主要原因，与氢在铝中的溶解度有关，如图 5-1 所示。可以发现，在平衡条件下氢的溶解度沿图中的实线变化，在凝固点时其溶解度可从 0.69mL/100g 突降到 0.036mL/100g，相差约 20 倍(在钢中只相差不到 2 倍)，这就是氢很容易使焊缝产生气孔的重要原因之一。同时，由于铝的导热性很强，在同样的工艺条件下，其冷却速度为高强钢焊接时的 4~7 倍，不利于气泡浮出，更加剧了焊缝产生气孔倾向。但实际冷却条件并非是平衡状态，其溶解度变化并不是图 5-1 中的实线，而是沿 abc(冷却速度大时)或 $a'b'c'$(冷却速度较小时)发生变化。在过热状态熔池的降温过程中，若冷却速度较大，过热熔池在凝固点以上，由于 a-b 间的溶解度差所造成的气泡数量虽然不多，但可能来不及逸出，在上浮途中被“搁浅”而形成粗大且孤立的所谓“皮下气孔”；若冷却速度较小，过热熔池中由于 a'-b'间溶解度差而可能形成数量较多的气泡，可能来得及聚合浮出，则往往不易产生气孔。在凝固点时，由于溶解度突变($b\rightarrow c$ 或 $b'\rightarrow c'$)，伴随着凝固过程可在结晶的枝晶前沿形成许多微小气泡，枝晶晶体的交互生长致使气泡的成长受到限制，并且不利于浮出，因而可沿结晶的层状线形成均布形式小气孔，称为“结晶层气孔”。

2) 影响因素。一般认为，弧柱气氛中的水分、焊接材料以及母材所吸附的水分，对焊缝气孔倾向有重要影响，其中焊丝及母材表面氧化膜吸附水分的影响最大。

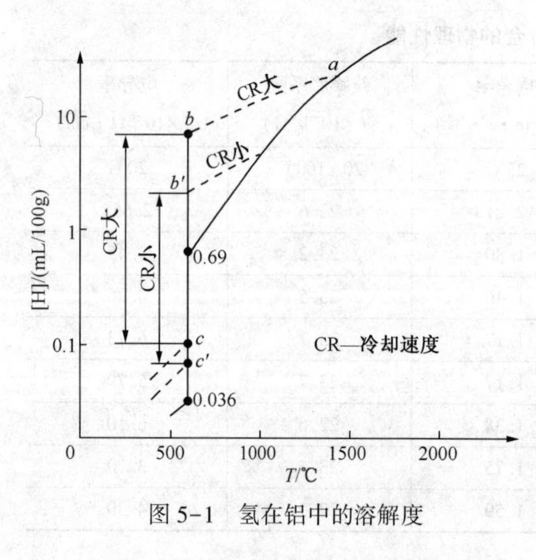

图 5-1　氢在铝中的溶解度

① 弧柱气氛中水分的影响　弧柱空间或多或少存在一定量的水分，尤其在潮湿季节或湿度较大的地区进行焊接时，由弧柱气氛中水分分解所生成的氢，溶入过热的熔融金属中，凝固时来不及析出而在焊缝中形成气孔。这时所形成的气孔具有白亮内壁的特征。

不同合金系的铝合金焊缝中气孔倾向受弧柱气氛中水分的影响是不同的。纯铝对弧柱气氛中的水分最为敏感；Al-Mg 合金随 Mg 含量增高，氢的溶解度和引起气孔的临界氢分压 p_{H_2} 随之增大，对弧柱气氛中水分敏感性减小。因此，在相同焊接条件下，纯铝焊缝产生气孔的倾向较大。

采用不同的焊接方法焊缝中气孔倾向受弧柱气氛中水分的影响也是不同的。TIG 焊或 MIG 焊时氢的吸收速率和吸氢量有明显差别。MIG 焊时，焊丝以细小熔滴形式通过弧柱过渡到熔池，由于弧柱温度高，熔滴比表面积大，熔滴金属易于吸收氢；TIG 焊时，熔池金属表面与气体氢反应，因比表面积小和熔池温度低于弧柱温度，与 MIG 焊相比，不容易吸收氢。同时，MIG 焊的熔深一般大于 TIG 焊，也不利于气泡的浮出。因此，在同样的气氛条件下，MIG 焊缝气孔倾向比 TIG 焊大。

② 氧化膜中水分的影响　在正常焊接条件下，一般能严格控制弧柱气氛中的水分，此时焊丝或工件氧化膜中所吸附的水分将是焊缝产生气孔的主要原因。氧化膜不致密、吸水性强的铝合金，如 Al-Mg 合金，比氧化膜致密的纯铝具有更大的气孔倾向。因为 Al-Mg 合金的氧化膜由 Al_2O_3、MgO 构成，而 MgO 越多，形成的氧化膜越不致密，更易于吸附水分；纯铝的氧化膜只由 Al_2O_3 构成，比较致密，相对来说吸水性要小。Al-Li 合金的氧化膜更易吸收水分从而加剧焊缝气孔倾向。

MIG 焊由于熔深大，坡口端部的氧化膜能迅速熔化，有利于氧化膜中水分的排除，氧化膜对焊缝气孔的影响较小。纯铝焊丝表面氧化膜的清理程度对焊缝含氢量的影响，见表 5-5。若是 Al-Mg 合金焊丝，影响将更显著，即在 MIG 焊接条件下，用 Al-Mg 合金焊丝比用纯铝焊丝焊缝的气孔倾向更大。

表 5-5　纯铝焊丝表面清理方法对焊缝含氢量的影响

处理方法	未处理	不完全的机械刮削	15%NaOH(2min)+15%HNO_3(8min)+水洗干燥	沸腾蒸馏水中加热 1h，室内存放 1d
气体总量/(mL/100g)	2.8	1.6	1.0	8.7
氢量/(mL/100g)	2.1	1.3	0.7	6.9
氢体积比率/%	74.9	81.3	70.0	79.3

TIG 焊时，在熔透不足的情况下，母材坡口根部未除净的氧化膜所吸附的水分是焊缝产生气孔的主要原因。这种氧化膜不仅提供了氢的来源，而且能使气泡聚集附着。在刚刚形成熔池时，如果坡口附近的氧化膜未能完全熔化，则氧化膜中水分因受热而分解出氢，并在氧

化膜上萌生并形成气泡；由于气泡是附着在残留氧化膜上，不易脱离浮出，且因气泡是在熔化早期形成的，有条件长大，其所形成的气孔也就较大。特别在焊缝根部未熔合时，这种气孔表现得更为严重。坡口端部氧化膜引起的气孔，常沿着熔合区原坡口边缘分布，内壁呈氧化色，这是其重要特征。由于 Al-Mg 合金比纯铝更易于形成疏松而吸水性强的厚氧化膜，所以 Al-Mg 合金比纯铝更容易产生这种集中的氧化膜气孔。因此，焊接 Al-Mg 合金时，焊前须仔细清除坡口端部的氧化膜。

另外，Al-Mg 合金气焊或 TIG 焊低焊速条件下，母材表面氧化膜也会在近缝区引起“气孔”。这种“气孔”以表面密集的小颗粒状的“鼓泡”形式呈现出来，也被认为是“皮下气孔”。关于这种气孔的产生机理，目前尚无比较合理的解释。

3）防止措施。综合考虑影响焊缝出现气孔的因素，其防止措施一是限制氢溶入熔融金属，或者是减少氢的来源，或者减少氢与熔融金属作用的时间，如减少熔池吸氢时间等；二是尽量促使氢自熔池逸出，即在熔池凝固之前使氢以气泡形式及时排出，这就要改善冷却条件以增加氢的逸出时间，如增大熔池析氢时间等。显然，熔池存在时间对氢的溶入和逸出的影响是相反的，因此尽量减少氢的来源具有一定的现实意义。

① 减少氢的来源　焊接铝及铝合金所使用的焊接材料，包括保护气体、焊丝等，应严格限制含水量，使用前需干燥处理。一般认为，氩气中的含水量小于 0.08%时，焊缝不易形成气孔。氩气的管路也要保持干燥。焊前应采用化学方法或机械方法（两者并用效果更好），彻底清除焊丝及母材表面的氧化膜，同时还应防止装配时再度污染。特别是焊接环境湿度较大时，更要认真清除。

化学清洗有脱脂去油和去除氧化膜两个步骤，其处理方法和所用溶液的示例见表 5-6。清洗后到焊前的间隔时间，即存放时间，对焊缝气孔的产生有一定的影响，存放时间延长，焊丝或母材吸附的水分增多，气孔倾向增大。所以，化学清洗后应及时施焊，一般要求化学清洗后 2~3h 内进行焊接，一般不要超过 12h。焊丝清洗后最好存放在 150~200℃烘箱中，随用随取。对于大型构件，清洗后不能立即焊接时，施焊前应再用刮刀刮削坡口端面并及时施焊。

表 5-6　铝合金化学清洗溶液及处理方法示例

作　用	配　方	处理方法
脱脂去油	Na_3PO_4，50g Na_2CO_3，50g Na_2SiO_3，30g H_2O，100g	在 60℃溶液中浸泡 5~8min，然后再 30℃热水中冲洗，冷水中冲洗，用干净的布擦干
清除氧化膜	NaOH（除氧化膜），5%~8% HNO_3（光化处理），30%~50%	50~60℃ NaOH 中浸泡（纯铝 20min，铝镁合金 5~10min），用冷水冲洗，然后在 30%HNO_3 中浸泡（≤1min），最后在 50~60℃热水中冲洗，放在 100~110℃干燥箱中烘干或风干

焊接区域正反面全面保护，配以坡口刮削是防止焊缝气孔的有效措施之一，如将坡口下端根部刮去一个倒角，对防止根部氧化膜引起的气孔很有效；焊接时铲焊根，有利于减少焊缝气孔的倾向。同时，在 MIG 焊时，采用粗直径焊丝比细直径焊丝，焊缝气孔倾向小，这是由于焊丝及熔滴比表面积降低所致。

② 控制焊接工艺　焊接工艺的影响可归结为对熔池高温存在时间的影响，也就是对氢溶入时间和氢析出时间的影响。熔池高温存在时间增长，有利于氢的逸出，但也有利于氢的溶入；反之，熔池高温存在时间减少，可减少氢的溶入，但也不利于氢的逸出。在焊接工艺控制不当时，如造成氢的溶入量多而又不利于逸出时，就会增大气孔倾向。

在 TIG 焊条件下，一方面应采用小线能量以减少熔池存在时间，从而减少氢的溶入，可适当提高焊接速度；同时又要保证根部熔合，以利于根部氧化膜上的气泡浮出，可适当增大焊接电流。采用大焊接电流配合较高的焊接速度对防止焊缝气孔较为有利，如图 5-2 所示。否则，当焊接电流不够大、焊接速度又较快时，根部氧化膜不易熔掉，气体也不易排出，气孔倾向必然增大。但在焊接电流不够大时，减小焊接速度有利于熔池排除气体，气孔倾向也可有所减小，但因不利于根部熔合，氧化膜中水分的影响显著，气孔倾向仍比较大。

在 MIG 焊条件下，焊丝氧化膜的影响更加明显，减少熔池存在时间，难以有效地防止焊丝氧化膜分解出来的氢向熔池侵入。因此一般希望增大熔池存在时间以利于气泡逸出。降低焊接速度和提高线能量，有利于减少焊缝中的气孔，如图 5-3 所示。薄板焊接时，焊接线能量的增大可以减少焊缝中的气体含量；但在中厚板焊接时，由于接头冷却速度较大，线能量增大后的影响并不明显。T 形接头的冷却速度约为对接接头的 1.5 倍，在同样的线能量条件下焊接薄板时，对接接头的焊缝气体含量高得多；中厚板焊接时，T 形接头的焊缝含有较多气体，如图 5-4 所示。因此，在 MIG 焊条件下，接头冷却条件对焊缝气体含量有较明显的影响。必要时可采取预热来降低接头冷却速度，以利于气体逸出，这有利于减少焊缝气孔倾向。

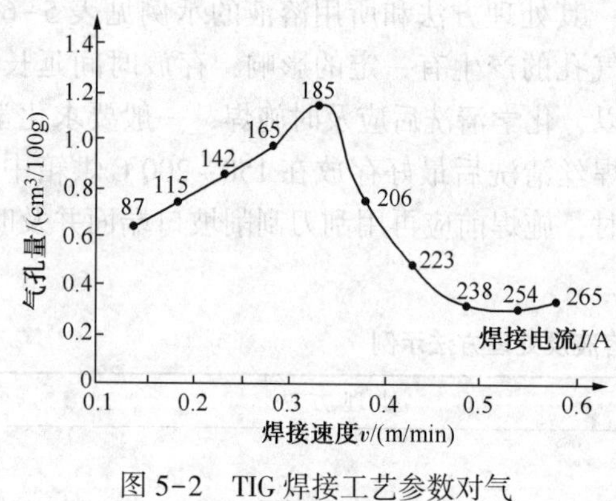

图 5-2　TIG 焊接工艺参数对气孔倾向的影响(5A06)

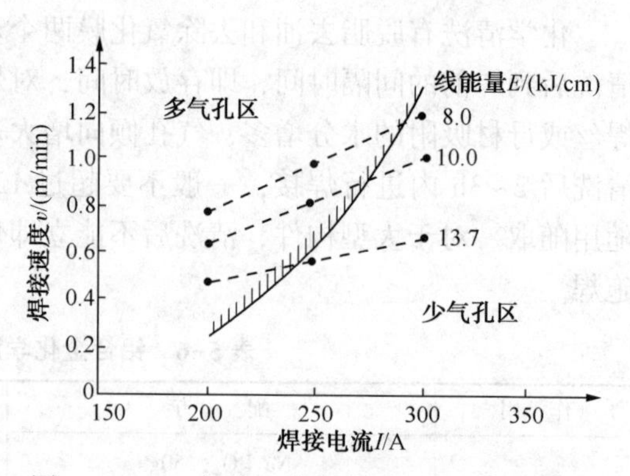

图 5-3　MIG 焊接工艺参数对气孔倾向的影响（Al-2.5%Mg，焊丝 Al-3.5%Mg）

改变弧柱气氛的性质，对焊缝气孔倾向也有一些影响。例如，在氩弧焊时，Ar 中加入少量 CO_2或 O_2等氧化性气体，使氢发生氧化而减小氢分压，能减少气孔的生成倾向。但是 CO_2或 O_2的数量要适当控制，数量少时无效果，过多时又会使焊缝表面氧化严重而发黑。

（2）焊接热裂纹

铝及铝合金焊接时，常见的热裂纹主要是焊缝金属凝固裂纹，有时也会产生近缝区液化裂纹。

1）产生原因。铝合金属于共晶型合金，低熔点共晶物的存在，特别是若铝合金中存在其他元素或杂质时，还可能形成三元共晶，其熔点要比二元共晶更低一些，凝固温度区间也

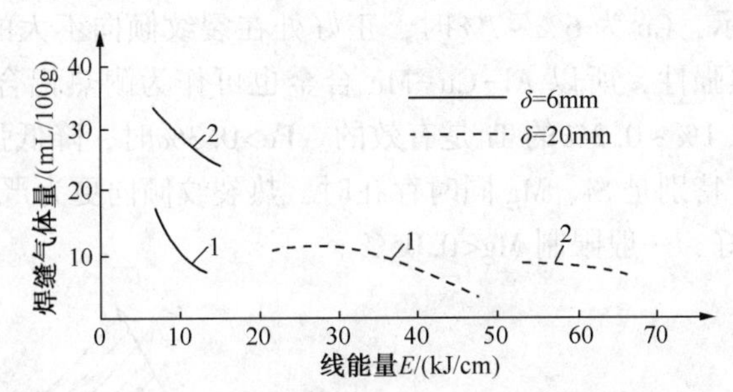

图 5-4 板厚及接头形式对焊缝气体含量的影响(MIG)

1—对接接头；2—T 形接头

更大一些。易熔共晶物的存在是铝合金焊缝产生凝固裂纹的重要原因之一。另外，铝合金的线膨胀系数比钢约大 1 倍，在拘束条件下焊接时易产生较大的焊接应力，也是促使铝合金具有较大热裂纹倾向的原因之一。

关于易熔共晶的作用，不仅要看其熔点高低，更要看它对界面能量的影响。易熔共晶成薄膜状展开于晶界上时，必促使晶体易于分离，而增大合金的热裂倾向；若成球状聚集在晶粒间时，合金的热裂倾向较小。

近缝区“液化裂纹”同焊缝金属凝固裂纹一样，也与晶间易熔共晶的存在有联系，但这种易熔共晶夹层并非晶间原已存在的，而是在不平衡的焊接加热条件下因偏析而形成的，所以称为晶间“液化裂纹”。

2）影响因素。一般认为，铝合金的合金系统及其具体成分，对焊接热裂纹的产生有根本性的影响。

① 合金系统的影响 调整焊缝金属合金系统，从抗裂角度考虑，应控制易熔共晶物的类型、尺寸、形状等，同时还应缩小结晶温度区间。由于铝合金均为共晶型合金，少量易熔共晶的存在总是增大凝固裂纹倾向，所以，一般都是使主要合金元素含量超过裂纹倾向最大时该合金的含量，以便能产生“愈合”作用。不同的防锈铝在 TIG 焊时，填送不同的焊丝以获得不同 Mg 含量的焊缝，可具有不同的抗裂性能，如图 5-5 所示。Al-Mg 合金焊接时，以采用 Mg 的质量分数超过 3.5%或超过 5%的焊丝为宜。

对于裂纹倾向较大的硬铝之类高强铝合金，在原合金系统中进行成分调整以改善抗裂性，往往成效不大。生产中不得不采用含有 5%Si 的 Al-Si 合金焊丝(SAl 4043)来解决抗裂问题。因为它可以形成较多的易熔共晶，流动性好，具有很好的“愈合”作用，有很高的抗裂性能，但强度和塑性不理想，不能达到母材的水平。

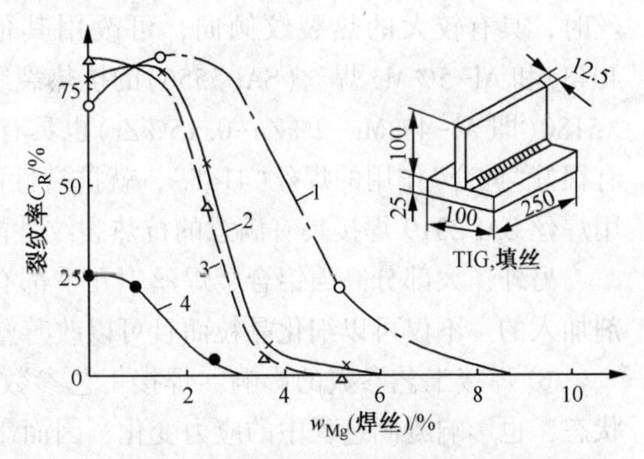

图 5-5 焊丝成分对不同母材焊缝热裂倾向的影响

1—3A21；2—Al-2.5%Mg；3—Al-3.5%Mg；4—Al-5.2%Mg

Al-Cu 系硬铝合金 2A16 是为了改善焊接性而设计的硬铝合金。Mg 可降低 Al-Cu 合金中 Cu 的溶解度，促使增大脆性温度区间。为此，应取消 Al-Cu-Mg 合金中的 Mg，添加少量 Mn（Mn < 1%），得到 Al-Cu-Mn 合金

(2A16)。如图 5-6 所示，Cu 为 6%~7%时，正好处在裂纹倾向不大的区域。由于 Mn 能提高再结晶温度而改善热强性，所以 Al-Cu-Mn 合金也可作为耐热铝合金应用。为了细化晶粒，加入质量分数为 0.1%~0.2%的 Ti 是有效的。Fe>0.3%时，降低强度和塑性；Si>0.2%时，增大热裂纹倾向。特别是 Si、Mg 同时存在时，热裂纹倾向更为严重，因 Cu 与 Mg 不能共存，Mg 含量越少越好，一般限制 Mg<0.05%。

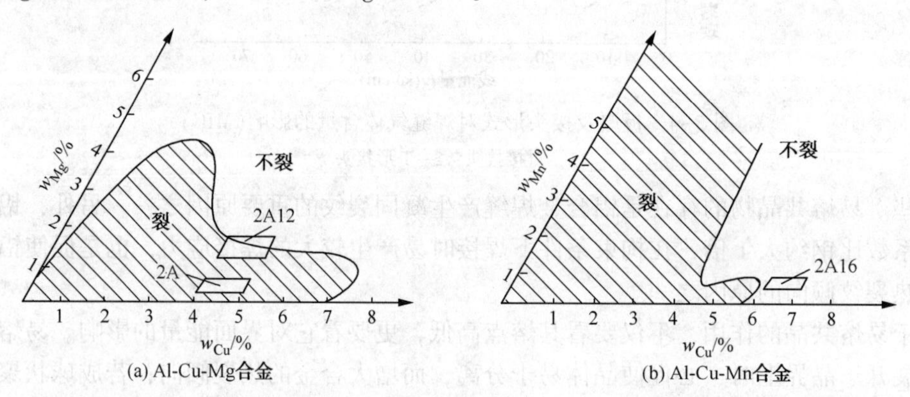

图 5-6　Al-Cu-Mg 及 Al-Cu-Mn 合金的凝固裂纹倾向与合金组成的关系(铸环抗裂试验)

超硬铝的焊接性差，尤其在熔焊时易产生裂纹，而且接头强度远低于母材。其中 Cu 的影响最大，在 Al-6%Zn-2.5%Mg 中只要加入质量分数为 0.2%的 Cu 即可引起焊接裂纹。对于 Al-Cu-Mg 系合金，同样不允许 Cu、Mg 共存。Zn 及 Mg 增多时，强度增高但耐蚀性下降。

为改善超硬铝的焊接性，发展了 Al-Zn-Mg 系合金。它是在 Al-Zn-Mg-Cu 系基础上取消 Cu，稍许降低强度而获得具有良好焊接性的一种时效强化铝合金。Al-Zn-Mg 合金焊接热裂纹倾向小，焊后不经人工热处理而仅靠自然时效，接头强度即可基本达到母材水平。合金的强度主要决定于 Mg 及 Zn 的含量。Mg 及 Zn 总量越高，强度也越高。Al-Zn-Mg 系合金所用焊丝不允许含有 Cu，且应提高 Mg 含量，同时要求 Mg 含量大于 Zn 含量。

② 焊丝成分的影响　不同成分的母材配合不同成分的焊丝，在刚性 T 形接头试样上进行 TIG 焊，具有不同的热裂纹倾向，如图 5-7 所示。可以发现，采用成分与母材相同的焊丝时，具有较大的热裂纹倾向，可改用其他合金组成的焊丝。采用 Al-5%Si 焊丝(SAl 4043)和 Al-5%Mg 焊丝(SAl 5556)的抗热裂纹效果是令人满意的。Al-Zn-Mg 合金专用焊丝 X5180(即 Al-4%Mg-2%Zn-0.15%Zr)也具有相当高的抗热裂纹性能。易熔共晶数量很多而有很好“愈合”作用的焊丝“4145”，就抗裂性而言比焊丝“4043”更好。Al-Cu 系硬铝 2219 采用焊丝 SAl 2319 焊接具有满意的抗热裂纹性能。

另外，大部分高强铝合金焊丝中几乎都有 Ti、Zr、V、B 等微量元素，一般是作为变质剂加入的。不仅可以细化晶粒而且可以改善塑性、韧性，并可显著提高抗裂性能。

③ 焊接工艺参数的影响　焊接工艺参数影响焊缝凝固过程的不平衡性和凝固后的组织状态，也影响凝固过程中的应力变化，因而影响焊缝凝固裂纹的产生。

热能集中的焊接方法，可防止焊缝形成方向性强的粗大柱状晶，因而可以改善抗裂性。采用小焊接电流可减少熔池过热，也有利于改善抗裂性。焊接速度的提高，促使增大焊接接头的应力，可增大热裂倾向。因此，增大焊接速度和焊接电流，都促使增大热裂倾向。因大

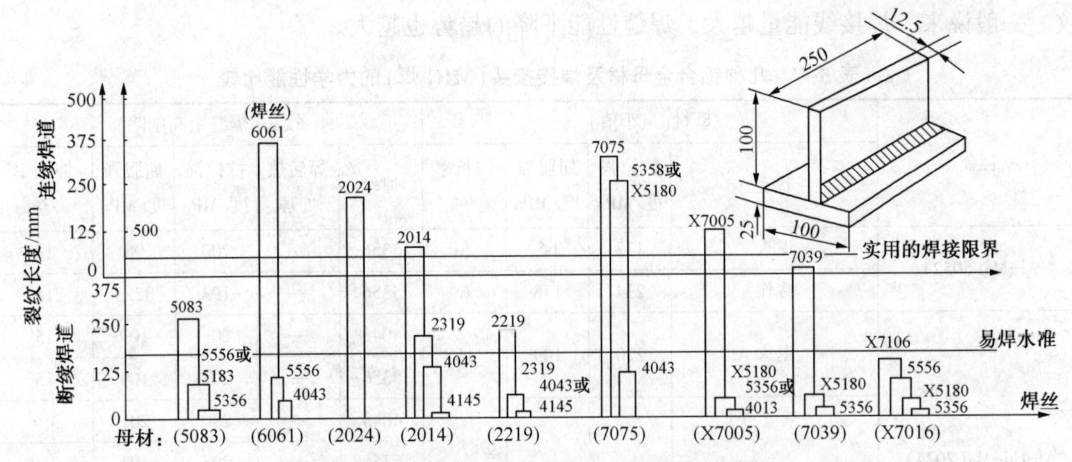

图 5-7 母材与焊丝组合的抗热裂性试验(刚性 T 形接头，TIG)

注：括号中数字为母材代号，无括号的数字为焊丝代号。

部分铝合金的裂纹倾向都比较大，所以，即使是采用合理的焊丝，在熔合比大时，裂纹倾向也必然增大。因此，增大焊接电流是不利的，而且应避免断续焊接。

3）控制措施。对于焊缝金属的凝固裂纹，主要通过合理选定焊缝的合金成分，并配合适当的焊接工艺来进行控制。对于近缝区"液化裂纹"，目前尚无行之有效的防止方法，一般只能尽量减小近缝区过热。

(3) 焊接接头的"等强性"

几种铝合金母材及其 MIG 焊接接头的力学性能，见表 5-7。可以发现，非时效强化铝合金，如 Al-Mg 合金，在退火状态下焊接时，接头与母材基本等强；在冷作硬化状态下焊接时，接头强度低于母材。表明在冷作状态下焊接时接头有软化现象。时效强化铝合金，无论是退火状态下还是时效状态下焊接，焊后不经热处理，接头强度均低于母材。特别是在时效状态下焊接的硬铝，即使焊后经人工时效处理，接头强度系数，即接头强度与母材强度之比的百分数，也未超过 60%。

Al-Zn-Mg 合金焊接接头强度与焊后自然时效的时间长短有关系，焊后仅仅依靠自然时效的时间增长，焊接接头强度即可提高到接近母材的水平，这是 Al-Zn-Mg 合金值得注意的特点。所有时效强化的铝合金，焊后无论是否经过时效处理，其焊接接头强度均未能达到母材的水平。

铝合金焊接时焊接接头存在的不等强性，说明其焊接接头发生了某种程度的软化或性能上的削弱。这种性能上的薄弱环节可以存在于焊缝或熔合区或热影响区。

对于焊缝，由于是铸态组织，即使在退火状态以及焊缝成分与母材基本相同的条件下，强度可能差别不大，但焊缝的塑性一般都不如母材。若焊缝成分不同于母材，焊缝性能将主要决定于所选用的焊接材料。在保证焊缝强度与塑性方面，一般固溶强化型合金要优于共晶型合金。如，采用 SAl 4043（Al-5%Si)焊丝焊接硬铝，接头强度及塑性在焊态下远低于母材。共晶数量越多，焊缝塑性越差。另外，焊接工艺条件也有一定影响。如多层焊时，后一焊道可使前一焊道重熔一部分，由于没有同素异构转变，不仅看不到钢材多层焊时的层间晶粒微细化现象，还可发生缺陷的积累，特别是在层间温度过高时，甚至可能使层间出现热裂纹。一般说来，焊接线能量越大，焊缝性能下降的趋势也越大。

表 5-7　几种铝合金母材及焊接接头(MIG 焊)的力学性能比较

合金	母材(最小值)				接头(焊缝余高削除)				
	状态	抗拉强度/MPa	屈服强度/MPa	伸长率/%	焊丝	焊后热处理	抗拉强度/MPa	屈服强度/MPa	伸长率/%
Al-Mg(5052)	退火	173	66	20	5356	—	200	96	18
	冷作	234	178	6	5356	—	193	82.3	18
Al-Cu-Mg(2024)	退火	220	109	16	4043	—	207	109	15
					5356	—	207	109	15
	固溶+自然时效	427	275	15	4043	—	280	201	3.1
					5356	—	295	194	3.9
					同母材	—	289	275	4
					同母材	自然时效 30 天	371	—	4
Al-Cu(2219)	固溶+人工时效	463	383	10	2319	—	285	208	3
Al-Zn-Mg-Cu(7075)	固溶+人工时效	536	482	7	4043	人工时效	309	200	3.7
Al-Zn-Mg(X7005)	固溶+自然时效	352	225	18	X5180	自然时效 30 天	316	214	7.3
	固溶+人工时效	352	304	15	X5180	自然时效 30 天	312	214	6.2
Al-Zn-Mg(7-39)	—	461	402	11	5356	—	324	196	8
Al-Cu-Li(weldalite 049)	固溶+人工时效	—	650	—	2319	—	343	237	3.9

对于熔合区，非时效强化铝合金的主要问题是晶粒粗化而降低塑性；时效强化铝合金焊接时，除了晶粒粗化，还可能因晶界液化而产生显微裂纹。

对于焊接热影响区，特别在熔化焊条件下，无论是非时效强化的合金或时效强化的合金，主要表现出强化效果的损失，即软化。

1）非时效强化铝合金焊接热影响区(HAZ)的软化。主要发生在焊前经冷作硬化的合金上。经冷作硬化的铝合金，热影响区峰值温度超过再结晶温度(200~300℃)的区域就会产生明显的软化现象。其软化程度主要取决于加热的峰值温度，而冷却速度的影响不很明显。由于软化后的硬度实际已低到退火状态的硬度水平，因此，焊前冷作硬化程度越高，焊后软化的程度就越大。板件越薄，这种影响越显著。冷作硬化薄板铝合金的强化效果，焊后可能全部丧失。

2）时效强化铝合金焊接热影响区(HAZ)的软化。主要是焊接热影响区“过时效”软化。其软化程度决定于合金第二相的性质，也与焊接热循环有一定关系。第二相越易于脱溶析出并易于聚集长大时，就越容易发生“过时效”软化。Al-Cu-Mg 合金比 Al-Zn-Mg 合金的第二相易于脱溶析出。自然时效状态下焊接时，Al-Cu-Mg 硬铝合金焊接热影响区的强度明显下降，即发生明显的软化现象，如图 5-8 所示。Al-Zn-Mg 合金焊后经 96h 自然时效，热影响区的软化程度却显著减小；经 2160h(90 天)自然时效时，软化现象几乎完全消失，如图 5-9

所示。这说明，A1-Zn-Mg 合金在自然时效状态下焊接时，焊后仅经自然时效就可使焊接接头强度性能逐步达到或接近母材的水平。时效强化铝合金中的超硬铝也和硬铝类似，其焊接热影响区也有明显的软化现象。因此，在时效强化合金焊接时，为防止焊接热影响区软化，应采用小的焊接线能量，如图 5-10 所示。一般情况下，时效强化铝合金焊后不经完全的固溶和人工时效处理，焊接接头性能总是不理想的，但如焊后可以进行完全热处理，则采用在固溶或退火状态下焊接，焊后进行完全热处理的焊接方案较好。

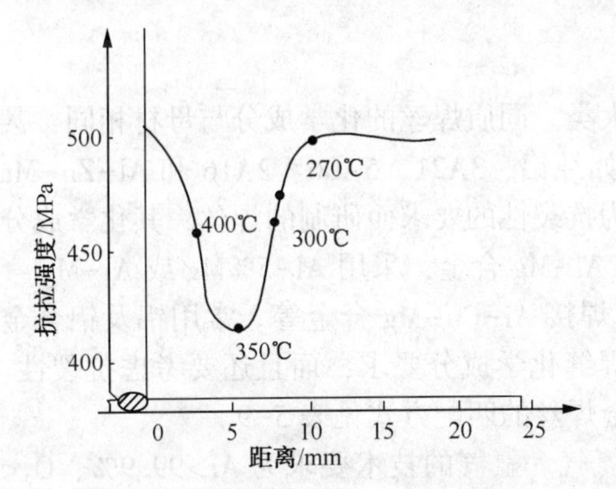

图 5-8　Al-Cu-Mg(2A12)合金焊接热影响区的强度变化(手工 TIG，焊后经 120h 自然时效)

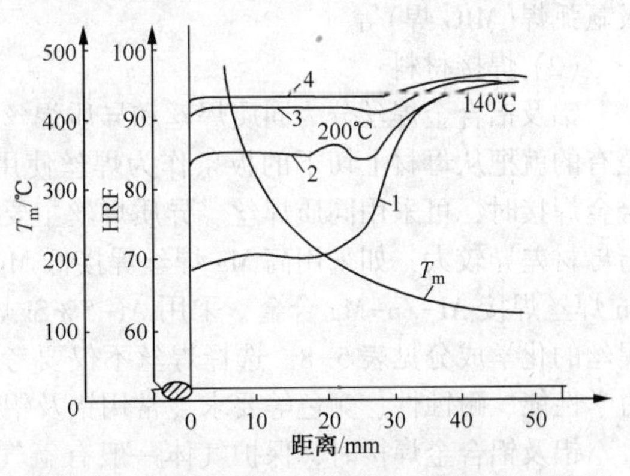

图 5-9　Al-4.5Zn-1.2Mg 合金焊接热影响区的硬度变化(焊前自然时效，MIG)

T_m—峰值温度；1、2、3、4—不同的焊后自然时效时间(1—3h，2—96h，3—720h，4—2160h)

(4) 焊接接头的耐蚀性

铝合金焊接接头的耐蚀性一般都低于母材，特别是热处理强化铝合金(如硬铝)焊接接头的耐蚀性降低尤为明显。焊接接头组织越不均匀，其耐蚀性降低越显著。焊缝金属的纯度和致密性也是影响焊接接头耐蚀性的因素之一。焊缝金属中存在的杂质越多、晶粒越粗大以及脆性相(如 $FeAl_3$)析出越多，其耐蚀性下降就越明显。其不仅产生局部表面腐蚀，而且会出现晶间腐蚀。焊接应力更是影响铝合金耐蚀性的敏感因素。一般可以通过焊接材料使焊缝合金化，细化晶粒并防止缺陷以及调整焊接工艺防止过热和焊后热处理等改善接头组织成分的不均匀性；通过局部锤击来消除焊接应力；通过采取阳极氧化处理或涂层等措施来改善铝合金焊接接头的耐蚀性。

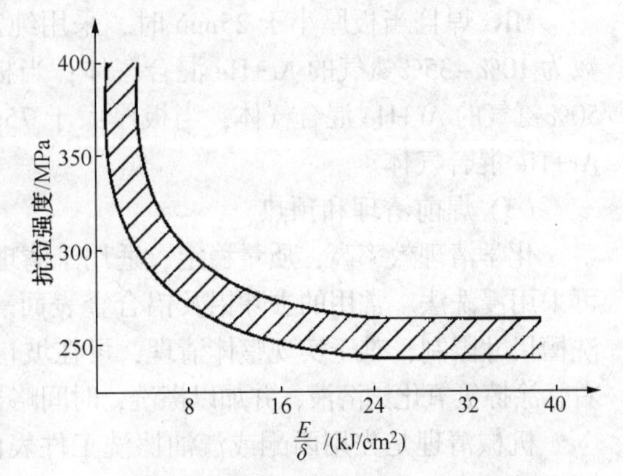

图 5-10　单位板厚焊接线能量对焊接接头强度的影响(2A16)

(5) 金属色泽不随温度变化

铝及铝合金从固态变成液态时，无明显的颜色变化，故在焊接过程中不易确定焊接坡口是否熔化，造成焊接操作上的困难。同时，铝合金中的 Mg、Zn、Mn 均易蒸发，不仅影响焊缝性能，也影响焊接操作。

5.1.3 铝及铝合金的焊接工艺要点

(1) 焊接方法

铝及铝合金的导热性强而热容量大，线胀系数大，熔点低(纯铝熔点为660℃)和高温强度小，以及极易形成难熔氧化膜等，因此必须采用能量集中和保护效果好的焊接方法，以保证熔合良好和达到去除氧化膜的目的。常用的焊接方法有气焊、钨极氩弧焊(TIG焊)、熔化极氩弧焊(MIG焊)等。

(2) 焊接材料

铝及铝合金焊丝分为同质焊丝和异质焊丝两大类。同质焊丝的化学成分与母材相同，甚至有的就把从母材上切下的板条作为焊丝使用，如纯铝、3A21、5A06、2A16和Al-Zn-Mg合金焊接时，可采用同质焊丝。异质焊丝主要是为抗裂性的要求而研制的焊丝，其化学成分与母材差异较大，如采用高Mg焊丝焊接低Mg的Al-Mg合金，采用Al-5%Mg或Al-Mg-Zn焊丝焊接Al-Zn-Mg合金，采用Al-5%Si焊丝焊接Al-Cu-Mg合金等。常用铝及铝合金焊丝的化学成分见表5-8。选择焊丝不仅要考虑焊缝化学成分要求，而且还要考虑抗裂性、力学性能、耐蚀性、颜色等要求。常用铝及铝合金焊丝的匹配方式见表5-9。

铝及铝合金焊接时，保护气体一般有氩气和氦气。氩气的技术要求为Ar>99.9%、O_2<0.005%、H_2<0.005%、N_2<0.015%。水分含量<0.02mg/L。氧、氮增多，均恶化阴极雾化作用。O_2>0.3%使钨极烧损加剧，超过0.1%使焊缝表面无光泽或发黑。

交流TIG焊时，选用纯氩气，适用于大厚板；直流TIG焊正极性焊接时，选用氩气+氦气或纯氦。

MIG焊且当板厚小于25mm时，采用纯氩气；当板厚为25~50mm时，采用添加体积分数为10%~35%氦气的Ar+He混合气体；当板厚为50~75mm时，采用添加体积分数为35%~50%氦气的Ar+He混合气体；当板厚大于75mm时，采用添加体积分数为50%~75%氦气的Ar+He混合气体。

(3) 焊前清理和预热

化学清理效率高，质量稳定，适用于清理焊丝以及尺寸不大、批量生产的工件。小型工件可采用浸洗法。常用的去除铝及铝合金表面氧化膜的化学处理方法见表5-10。大型焊件受酸洗槽尺寸限制，难于实现整体清理，可在坡口两侧各30mm的表面区域用火焰加热至100℃左右，涂擦氢氧化钠溶液，并加以擦洗，时间略长于浸洗时间，并用清水冲洗干净，随后再烘干。

机械清理是先用丙酮或汽油擦洗工件表面油污，然后根据零件形状采用切削方法，如使用风动或电动铣刀，也可使用刮刀、锉刀等。较薄的氧化膜可采用不锈钢丝刷清理。但不宜采用砂纸或砂轮打磨。

工件和焊丝清理后如不及时装配焊接，其表面会重新氧化，特别是在潮湿环境以及被酸碱蒸气污染的环境中，氧化膜生长很快。因此，焊丝及工件清理后应及时施焊，一般要求化学清理后2~3h内进行焊接，最好不要超过12h，并且焊丝清洗后应存放在150~200℃烘箱中，随用随取。

预热可增大焊接热影响区宽度，降低铝及铝合金焊接接头的力学性能，因此铝合金焊接时，一般焊前不预热，但对厚度超过5~8mm的厚大铝件焊前需进行预热，以防止变形和未焊透，也可减少焊缝气孔等缺陷的产生。通常预热到90℃即足以保证在始焊处有足够的熔深。铝及铝合金焊前预热温度很少超过150℃。

表 5-8 常用铝及铝合金焊丝的化学成分(GB/T 10858—2008)

型号	化学成分代号	化学成分/%(质量)											
		Si	Fe	Cu	Mn	Mg	Cr	Zn	Be	Ti	Al	其他	
												每种	合计
SAl1070	Al99.7	0.02	0.25	0.04	0.03	0.03	—	0.04	0.0003	0.03	99.70	0.03	
SAl1100	Al99.0Cu	Si+Fe0.95		0.05~0.20	0.05	—	—	0.10	0.0003	—	99.00	0.05	0.15
SAl1200	Al99.0	Si+Fe1.0		0.05	0.05	—	—	0.10	0.0003	0.05	99.00	0.05	0.15
SAl2319	AlCu6MnZrTi	0.20	0.30	5.8~6.8	0.2~0.4	0.02	—	0.10	0.0003, V0.05~0.15, Zr0.10~0.25	0.10~0.20	余量	0.05	0.15
SAl4043	AlSi5	4.5~6.0	0.8	0.30	0.05	0.05	—	0.10	0.0003	0.20	余量	0.05	0.15
SAl4047	AlSi12	11.0~13.0	0.8	0.30	0.15	0.10	—	0.20	0.0003	—	余量	0.05	0.15
SAl4145	AlSi10Cu4	9.3~10.7	0.8	3.3~4.7	0.15	0.15	0.15	0.20	0.0003	—	余量	0.05	0.15
SAl5554	AlMg2.7Mn	0.25	0.40	0.10	0.50~1.0	2.4~3.0	0.05~0.20	0.25	0.0003	0.05~0.2	余量	0.05	0.15
SAl5654	AlMg3.5Ti	Si+Fe0.45		0.05	0.01	3.1~3.9	0.15~0.35	0.20	0.0003	0.05~0.15	余量	0.05	0.15
SAl5356	AlMg5Cr(A)	0.25	0.40	0.10	0.05~0.2	4.5~5.5	0.05~0.20	0.10	0.0003	0.06~0.2	余量	0.05	0.15
SAl5556	AlMg5Mn1Ti	0.25	0.40	0.10	0.50~1.0	4.7~5.5	0.05~0.20	0.25	0.0005	0.05~0.2	余量	0.05	0.15
SAl5183	AlMg4.5Mn0.7(A)	0.40	0.40	0.10	0.50~1.0	4.3~5.2	0.05~0.25	0.25	0.0005	0.15	余量	0.05	0.15

表 5-9　常用铝及铝合金焊丝的匹配方式

材　料	要求强度高	要求延性高	要求焊后阳极氧化后颜色匹配	要求抗海水腐蚀	要求焊接时裂纹倾向低
1100	SAl 4043	SAl 1200	SAl 1200	SAl 1200	SAl 4043
2A16	SAl 2319	SAl 2319	SAl 2319	SAl 2319	SAl 2319
3A21	SAl 3103	SAl 2319	SAl 2319	SAl 2319	SAl 4043
5A02	SAl 5556	SAl 5556	SAl 5556	SAl 5556	SAl 5556
5A05	5B06	5B06	SAl 5556	SAl 5556	5B06
5083	SAl5183 ER5183	SAl 5356 ER5356	SAl 5356 ER5356	SAl 5356 ER5356	SAl 5356 ER5356
5086	SAl 5356 ER5356	SAl 5356 ER5356	SAl 5356 ER5356	SAl 5356 ER5356	SAl 5356 ER5356
6A02	SAl 5556	SAl 5556	SAl 5556	SAl4043	SAl4043
6063	SAl 5356 ER5356	SAl 5356 ER5356	SAl 5356 ER5356	SAl4043	SAl4043
7005	SAl 5356 ER5356	SAl 5356 ER5356	SAl 5356 ER5356	SAl 5356 ER5356	X5180
7039	SAl 5356 ER5356	SAl 5356 ER5356	SAl 5356 ER5356	SAl 5356 ER5356	X5180

表 5-10　常用的去除铝及铝合金表面氧化膜的化学处理方法

溶液	组成	温度/℃	容器材料	工　序	目　的
硝酸	50%水 50%硝酸	18~24	不锈钢	浸 15min，在冷水中漂洗，然后再热水中漂洗，干燥	去除薄的氧化膜，供熔焊用
氢氧化钠+硝酸	5%氢氧化钠 95%水	70	低碳钢	浸 10~60s，在冷水中漂洗	去除厚氧化膜，适用于所有焊接方法和钎焊方法
	浓硝酸	18~24	不锈钢	浸 30s，在冷水中漂洗，然后再热水中漂洗，干燥	
硫酸 铬酸	硫酸 CrO_3 水	70~80	衬铅的钢罐	浸 2~3min，在冷水中漂洗，然后再热水中漂洗，干燥	去除因热处理形成的氧化膜
磷酸 铬酸	磷酸 CrO_3 水	93	不锈钢	浸 5~10min，在冷水中漂洗，然后再热水中漂洗，干燥	去除阳极化处理镀层

（4）焊接工艺要点

1）气焊。气焊主要用于厚度较薄(0.5~10mm)的铝及铝合金件，以及对质量要求不高或铝及铝合金铸件缺陷的焊补。

铝及铝合金气焊时，不宜采用难以清理缝隙中的残留熔剂和焊渣的搭接接头和 T 形接头，应采用对接接头。为保证焊件既焊透又不塌陷或烧穿，可采用带槽的垫板(一般用不锈钢或纯铜等制成)，带垫板焊接可获得良好的反面成形，提高焊接生产率。

气焊熔剂分含氯化锂和不含氯化锂两类。含氯化锂熔剂的熔点低，熔渣的熔点、黏度低、流动性和润湿性好，与氧化膜形成低熔点的熔渣易上浮到焊缝表面，焊后焊渣易清除，适用于薄板和全位置焊接。缺点是吸湿性强，成本较高。不含氯化锂的熔剂熔点高、黏度大、流动性差，焊缝易形成夹渣，适于厚件焊接。对于搭接接头、角接头和难以完全清理掉残留熔渣的焊接接头，以及含镁较高的铝镁合金，不宜采用含氯化锂熔剂。在气焊时，一般将粉状熔剂和蒸馏水调成糊状(每100g熔剂约加入50mL蒸馏水)涂于工件坡口和焊丝表面，涂层厚0.5~1.0mm。或用灼热的焊丝直接蘸熔剂干粉使用，这样可减少熔池中水分的来源，减少焊缝气孔。另外，调制好的熔剂应在12h内用完。

铝及铝合金气焊时，一般采用中性焰或微弱碳化焰。若用氧化性较强的氧化焰会使铝及其他元素强烈氧化，形成大量氧化膜，从而使焊缝气孔、热裂纹倾向加剧，同时也易形成夹渣等缺陷。

为防止焊件在焊接中产生变形，焊前需要定位焊。由于铝及铝合金的线膨胀系数大、导热快、气焊加热面积大，因此，定位焊缝较钢件应密一些。定位焊所用的填充焊丝应与正式焊接时相同。

铝及铝合金加热到熔化时颜色变化不明显，给操作带来困难，可根据以下现象掌握施焊时机。当加热表面由光亮银白色变成暗淡的银白色，表面氧化膜起皱，加热处金属有波动现象时，即达熔化温度，可以施焊；用蘸有熔剂的焊丝端头触及加热处，焊丝与母材能熔合时，可以施焊；母材边棱有倒下现象时，母材达到熔化温度，可以施焊。

气焊薄板可采用左焊法，焊丝位于焊接火焰之前，这种焊法因火焰指向未焊金属，故热量散失一部分，有利于防止烧穿、熔池过热及热影响区晶粒长大。母材厚度大于5mm时可采用右焊法，焊丝在焊炬后面，火焰指向焊缝，热量损失小，熔深大，加热效率高。

气焊完成1~6h内，应将熔剂残渣清洗掉，以防引起焊件腐蚀。

2) 钨极氩弧焊(TIG焊)。钨极氩弧焊亦称非熔化极氩弧焊，这种方法是在氩气保护下施焊，热量比较集中，电弧燃烧稳定，焊缝金属致密，焊接接头强度和塑性高，特别是具有“阴极清理”作用，一般可获得满意的优质焊接接头，在铝及铝合金焊接中得到了广泛应用。

TIG焊可分为直流TIG焊、交流TIG焊和脉冲TIG焊三种。采用直流正接TIG焊时，熔深大，即使是厚截面也不需要预热，且母材几乎不发生变形，但此时其不具有“阴极清理”作用。而交流TIG焊可在载流能力、电弧可控性以及电弧清理等方面实现最佳配合，是铝及铝合金最适宜的焊接方法之一。铝及铝合金手工交流TIG焊的工艺参数见表5-11。为了防止起弧处及收弧处产生裂纹等缺陷，有时需要加引弧板和熄弧板。当电弧稳定燃烧，钨极端部被加热到一定的温度后，方能将电弧移入焊接区。铝及铝合金自动交流TIG焊的工艺参数见表5-12。脉冲TIG焊的特点是利用一定的装置实现脉冲式电流，其脉冲频率、脉宽比、脉冲电流、基值电流可调，可明显改善小电流焊接过程的稳定性，便于通过调节各种规范参数来控制电弧功率和焊缝成形，焊接变形小、焊接质量高，特别适用于焊接铝及铝合金精密零件，对仰焊、立焊、管子全位置焊、单面焊双面成形等，也可得到较好的焊接效果。铝及铝合金交流脉冲TIG焊的工艺参数见表5-13。铝及铝合金TIG焊的缺陷及防止措施见表5-14。

表 5-11 铝及铝合金手工交流 TIG 焊的工艺参数

板厚 /mm	钨极直径 /mm	焊接电流 /A	焊丝直径 /mm	氩气流量 /(L/min)	喷嘴孔径 /mm	焊接层数 正面/背面	预热温度 /℃	备注
1	2	40~60	1.6	7~9	8	正 1		卷边焊
2	2~3	90~120	2~2.5	8~12	8~12			对接焊
4	4	180~200	3	10~15	10~12	(1~2)/1	—	—
6	5	240~280	4	16~20	14~16	(1~2)/1	—	
10	5~6	280~340	4~5			(3~4)/(1~2)	100~150	
14	6	340~380	5~6	20~24	16~20		180~200	
16~20	6~7	340~380		25~30	16~22	(2~3)/(2~3)	200~260	
22~25		360~400		30~35	20~22	(3~4)/(3~4)		

表 5-12 铝及铝合金自动交流 TIG 焊的工艺参数

焊件厚度 /mm	焊件层数	钨极直径 /mm	焊丝直径 /mm	喷嘴直径 /mm	氩气流量 /(L/min)	焊接电流 /A	送丝速度 /(m/h)
1	1	1.5~2	1.6	8~10	5~6	120~160	—
2		3	1.6~2		10~14	180~220	65~70
4	1~2	5	2~3	10~14	14~18	240~280	70~75
6~8	2~3	5~6	3	14~18	18~24		75~80
8~12		6	3~4			300~340	80~85

表 5-13 铝及铝合金交流脉冲 TIG 焊的工艺参数

母材牌号	板厚 /mm	钨极直径 /mm	焊丝直径 /mm	焊接电压 /V	脉冲电流 /A	基值电流 /A	脉宽比 /%	气体流量 /(L/min)	频率 /Hz
5A03	1.5	3	2.5	14	80	45	33	5	1.7
	2.5			15	95	50			2
5A06	2		2	10	83	44			2.5
5A12	2.5			13	140	52	36	8	2.6

表 5-14 铝及铝合金 TIG 焊的缺陷及防止措施

缺 陷	产 生 原 因	防 止 措 施
气孔	氩气纯度低，焊丝或母材坡口附近有污物；焊接电流和焊速选择过大或过小；熔池保护欠佳，电弧不稳，电弧过长，钨极伸出过长	保证氩气纯度，选择合适气体流量；调整好钨极伸出长度；焊前认真清理，清理后及时焊接；正确选择焊接参数
裂纹	焊丝成分选择不当；熔化温度偏高；结构设计不合理；高温停留时间长；弧坑没填满	选择成分与母材匹配的焊丝；加入引弧板或采用电流衰减装置填满弧坑；正确设计焊接结构；减小焊接电流或适当增加焊接速度
未焊透	焊接速度过快，弧长过大，工件间隙、坡口角度、焊接电流均过小，钝边过大；工件坡口边缘的毛刺、底边的污垢焊前未清除干净；焊炬与焊丝倾角不正确	正确选择间隙、钝边、坡口角度和焊接参数；加强氧化膜、溶剂、焊渣和油污的清理；提高操作技能等

续表

缺 陷	产 生 原 因	防 止 措 施
焊缝夹钨	接触引弧所致；钨极末端形状与焊接电流选择的不合理，使尖端脱落；填丝触及到热钨极尖端和错用了氧化性气体	采用高频高压脉冲引弧；根据选用的电流，采用合理的钨极尖端形状；减小焊接电流，增加钨极直径缩短钨极伸出长度；更换惰性气体
咬边	焊接电流太大，电弧电压太高，焊炬摆幅不均匀，填丝太少，焊接速度太快	降低焊接电流与电弧长度；保持摆幅均匀；适当增加送丝速度或降低焊接速度

3）熔化极氩弧焊(MIG 焊)。熔化极氩弧焊由于焊丝为电极，其焊接电流可比钨极氩弧焊大许多，因此电弧功率大，热量集中，焊接速度高，焊接热影响区小，生产效率比手工钨极氩弧焊可提高 2~3 倍，生产中常用于焊接 50mm 以下板厚结构。特别是熔化极脉冲氩弧焊具有平均焊接电流小，参数调节范围广，抗气孔性及抗裂性高，焊接变形及热影响区小，适用于薄板或全位置焊接等优点，生产中常用于焊接 2~12mm 板厚结构。

5.2　钛及钛合金的焊接

钛及钛合金是一种优良的结构材料和功能材料，其具有密度小、比强度高、耐热耐蚀性好以及加工性优良等特点，在航空航天、化工、造船、冶金、仪器仪表等领域得到了广泛应用。

5.2.1　钛及钛合金的分类、成分及性能

（1）工业纯钛

纯钛是一种银白色的金属，它有两种晶体结构，885℃以下为密排六方晶格，称为 α 钛；885℃以上为体心立方晶格，称为 β 钛。纯钛的同素异构转变温度随着加入的合金元素及杂质的种类和数量的不同而变化。钛与氧的亲和力很大，甚至在室温下都能迅速生成稳定而致密的氧化膜。

工业纯钛塑性好，但强度低，并且纯度越高，强度和硬度越低，塑性越高，越容易加工成形。工业纯钛的再结晶温度为 550~650℃。

工业纯钛中的杂质有 H、O、Fe、Si、C、N 等。其中 O、N、C 与 Ti 形成间隙固溶体，Fe、Si 与 Ti 形成置换固溶体，起固溶强化作用，能显著提高钛的强度和硬度，降低其塑性和韧性。H 以置换方式固溶于 Ti 中，微量的 H 即能使 Ti 的韧性急剧降低，增大缺口敏感性，并引起氢脆。

工业纯钛根据 O、Fe 等杂质含量以及强度级别，可分为 TA1、TA2、TA3、TA4 等，见表 5-15。随着工业纯钛牌号的顺序数字增大，杂质含量增加，强度增加，塑性降低。工业纯钛的主要物理性能见表 5-16。钛的热膨胀系数很小，在加热和冷却时产生的热应力较小。钛的导热性差，摩擦因数大，其切削、磨削加工性能和耐磨性较差。工业纯钛具有良好的耐腐蚀性、塑性、韧性和焊接性。其板材和棒材可用于制造 350℃以下工作的零件，如飞机蒙皮、隔热板、热交换器、化学工业中的耐蚀结构等。

表 5-15 钛及钛合金的主要牌号及化学成分(GB/T 3620—2007)

合金牌号	合金组分	主要化学成分/%(质量)					杂质(不大于)/%(质量)				
		Ti	Al	Sn	V	Mn	Fe	C	N	H	O
TA1	工业纯钛	余量	—	—	—	—	0.20	0.08	0.03	0.015	0.18
TA2	工业纯钛	余量	—	—	—	—	0.30	0.08	0.03	0.015	0.25
TA3	工业纯钛	余量	—	—	—	—	0.40	0.08	0.05	0.015	0.35
TA4	工业纯钛	余量	—	—	—	—	0.30	0.08	0.05	0.015	0.40
TA5	Ti-4Al-0.005B	余量	3.3~4.7	—	—	B0.005	0.30	0.08	0.04	0.015	0.15
TA6	Ti-5Al	余量	4.0~5.5	—	—	—	0.50	0.08	0.05	0.015	0.15
TC1	Ti-2Al-1.5Mn	余量	1.0~2.5	—	—	0.7~2.0	0.30	0.08	0.05	0.012	0.15
TC2	Ti-4Al-1.5Mn	余量	3.5~5.0	—	—	0.8~2.0	0.30	0.08	0.05	0.012	0.15
TC3	Ti-5Al-4V	余量	4.5~6.0	—	3.5~4.5	—	0.30	0.08	0.05	0.015	0.15
TC4	Ti-6Al-4V	余量	5.5~6.75	—	3.5~4.5	—	0.30	0.08	0.05	0.015	0.20

表 5-16 纯钛的主要物理性能(20℃)

密度 /(g/cm)	熔点 /℃	比热容 /[J/(kg·K)]	热导率 /[J/(m·s·K)]	电阻率 /(μΩ·cm)	热膨胀系数 /($\times10^{-6}$/K)	弹性模量 /($\times10^{-5}$MPa)
4.5	1668	552	16	42	8.4	16

(2) 钛合金

工业纯钛的强度不高，但加入合金元素形成的钛合金却具有高强度、高塑性以及良好的抗氧化性。钛合金可分为α型钛合金、β型钛合金和(α+β)型钛合金三大类。其牌号分别以T加A、B、C和顺序数字表示。如TA5~TA28表示α钛合金，TB2~TB11表示β钛合金，TC1~TC26表示(α+β)型钛合金。钛合金的主要牌号及化学成分见表5-15。常用钛及钛合金的力学性能见表5-17。

表 5-17 常用钛及钛合金的常温力学性能(GB/T 3621—2007)

合金系	合金牌号	材料状态	板材厚度 /mm	室温力学性能			
				抗拉强度 /MPa	屈服强度 /MPa	伸长率/%	弯曲角 α/(°)
工业纯铁(α型)	TA1	退火	0.3~25.0	≥240	140~310	≥30	≥105
钛铝合金 (α型)	TA6	退火	0.8~1.5 >1.5~2.0 >2.0~5.0 >5.0~10.0	≥685	—	≥20 ≥15 ≥12 ≥12	—
钛铝锡合金 (α型)	TA7	退火	0.8~1.5 >1.6~2.0 >2.0~5.0 >5.0~10.0	735~930	≥685	≥20 ≥15 ≥12 ≥12	—

续表

合金系	合金牌号	材料状态	板材厚度/mm	室温力学性能			
				抗拉强度/MPa	屈服强度/MPa	伸长率/%	弯曲角α/(°)
钛铝钼铬合金(β型)	TB2	固溶	1.0~3.5	≤980	—	≥20	—
钛铝锰合金(α+β型)	TC1	退火	0.5~2.0 2.1~10.0	590~735	—	≥25 ≥20	≥100 ≥70
钛铝钒合金(α+β型)	TC4	退火	0.8~2.0 2.1~10.0 10.0~25.0	≥895	≥830	≥12 ≥10 ≥8	—

1) α型钛合金。α型钛合金中的主要合金元素是Al，Al溶入钛中形成α固溶体，从而提高再结晶温度。含$w_{Al}=5\%$的钛合金，再结晶温度从600℃提高到800℃，耐热性和力学性能也有所提高。Al还能扩大氢在钛中的溶解度，减小氢脆敏感性。但Al的加入量不宜过多，否则易出现Ti_3Al相而引起脆性，通常Al的质量分数不大于7%。α型钛合金具有高温强度高、韧性好、抗氧化能力强、焊接性好、组织稳定等特点，但加工性能较β型和(α+β)型钛合金差。α型钛合金不能进行热处理强化，但可通过600~700℃的退火处理消除加工硬化或通过不完全退火(550~650℃)消除焊接时产生的应力。

2) β型钛合金。β型钛合金含有很高比例的β稳定化元素，使β→α很缓慢，在一般工艺条件下，组织几乎全部为β相。通过时效处理，β型钛合金的强度可得到提高。β型钛合金在单一β相条件下的加工性能良好，并具有加工硬化性能，但室温和高温性能差，脆性大，焊接性较差，易形成冷裂纹，在焊接结构中应用的较少。

3) (α+β)型钛合金。(α+β)型钛合金中含有α稳定元素和β稳定元素，其中β稳定元素的质量分数通常不超过6%。(α+β)型钛合金兼有α型和β型钛合金的优点，即具有良好的高温变形能力和热加工性，可通过热处理强化得到高强度。但是，随着α相比例的增加，加工性能变差；随着β相比例增加，焊接性变差。(α+β)型钛合金退火状态时韧性高，热处理状态时比强度大，硬化倾向较α型和β型钛合金大。(α+β)型钛合金的室温、中温强度比α型钛合金高。由于β相溶解氢等杂质的能力较α相大，因此，氢对(α+β)型钛合金的危害较α型钛合金小。由于(α+β)型钛合金力学性能可在较宽的范围内变化，从而可使其满足不同使用性能的要求。

5.2.2 钛及钛合金的焊接性分析

(1) 焊接接头脆化

钛是一种活性元素，常温下能与氧生成致密的氧化膜而保持高的稳定性和耐腐蚀性，但540℃以上生成的氧化膜则不致密。随着温度的升高，钛及钛合金吸收氧、氮、氢的能力也随之明显上升，如图5-11所示。可以发现，钛在250℃开始吸氢，400℃开始吸氧，600℃开始吸氮。空气中含有大量氧和氮，钛的氧化过程最容易进行。因此，在钛及钛合金焊接时，凝固的高温焊缝金属及其近缝区，不管是正面还是反面，如果不能受到有效的保护，必将引起脆化。特别是液态熔池和熔滴金属若得不到有效保护，则更容易受空气等杂质的污染，脆化程度更严重。

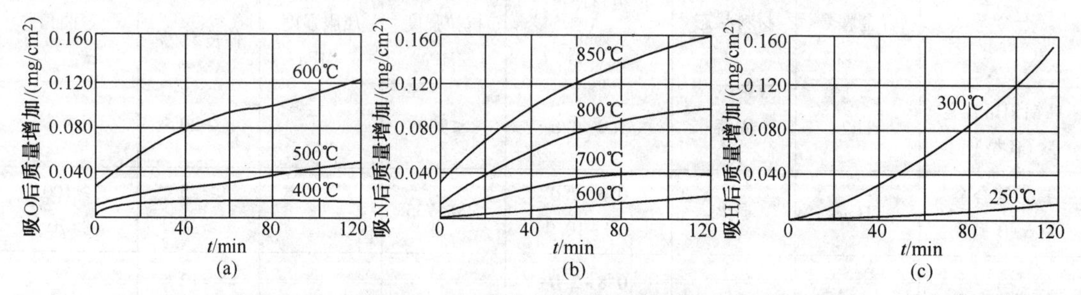

图 5-11　钛吸收氧、氮、氢的强烈程度与温度时间的关系

注：质量增加用试件单位面积上增加的毫克表示。

1）氧的影响。氧是扩大 α 相区的元素，并使 β→α 同素异构转变温度上升，故氧为 α 稳定元素，如图 5-12 所示。氧在 α-Ti 中的最大溶解度为 14.5%，在 β-Ti 中的最大溶解度为 1.8%。氧在高温的 α-Ti、β-Ti 中都容易形成间隙固溶体，起固溶强化作用，造成钛的晶格畸变，使强度、硬度提高，但塑性、韧性显著降低。焊缝含氧量变化对焊缝力学性能的影响如图 5-13 和图 5-14 所示，图中 R/δ 为板材极限弯曲半径与厚度的比值。可以发现，焊缝强度及硬度随焊缝含氧量增加而增加。因此，我国现行技术条件所规定的工业纯钛及钛合金母材中氧的质量分数一般应小于 0.30%。

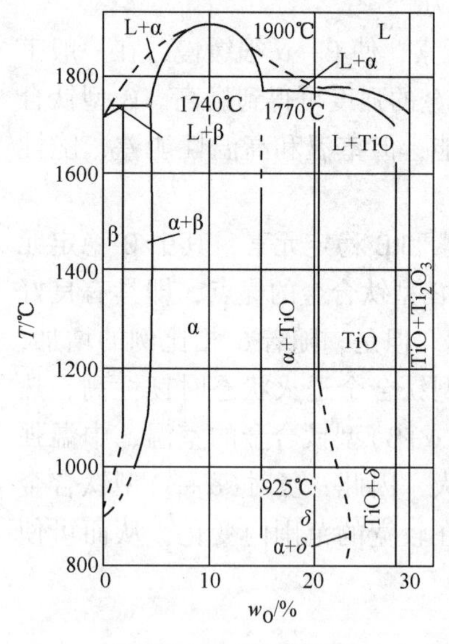

图 5-12　钛-氧相图

2）氮的影响。氮在高温液态金属中的溶解度随电弧气氛中氮的分压增高而增大。氮在固态 α-Ti 及 β-Ti 中均能间隙固溶。氮在 α-Ti 中的最大固溶度为 7%左右，在 β-Ti 中的最大固溶度为 2%。与氧相似，氮也是 α 稳定元素。氮对提高工业纯钛焊缝的抗拉强度、硬度，降低焊缝的塑性方面比氧更为显著，即氮的污染脆化作用比氧更为强烈。氮对焊缝金属力学性能的影响如图 5-13 和图 5-14 所示。焊缝含氮量较低时主要是固溶强化，只有当含氮量较高时，才会析出脆性氮化物。因此，我国现行技术条件所规定工业纯钛及钛合金母材中氮的质量分数一般应小于 0.05%。

3）氢的影响。氢是 β 相稳定元素，在 α-Ti 及 β-Ti 中间隙固溶，如图 5-15 所示。氢在 β-Ti 中的溶解度大于在 α-Ti 中的溶解度。在 325℃ 时发生共析转变 β-α+γ，在 325℃ 以下氢在 α-Ti 中的溶解度急速下降。常温时氢在 α-Ti 中的溶解度仅为 0.00009%。共析转变后析出以细片状或针状存在的 γ 相（TiH_2）。焊缝含氢量越多，细片状或针状析出物就越多。

含氢量对焊接接头力学性能的影响如图 5-16 所示。可以发现，含氢量对焊缝冲击性能的影响最为显著。原因是随焊缝含氢量增加，焊缝中析出的片状或针状 TiH_2 增多。TiH_2 的强度很低，故针状或片状 TiH_2 的作用类似缺口，因而使焊缝冲击韧性显著降低。含氢量对抗拉强度和塑性的影响并不很显著，这是由于含氢量变化对晶格参数的影响很小，固溶强化作用很小，强度及塑性变化不显著所致。

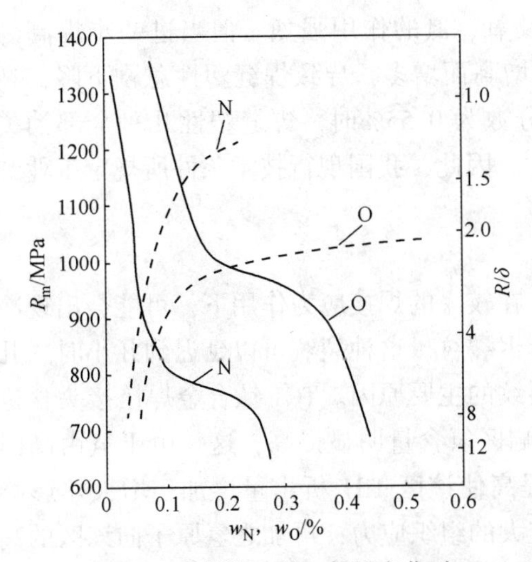

图 5-13 焊缝含氧、氮量变化对接头强度和弯曲塑性的影响

注：图中虚线表示接头强度，实线表示弯曲塑性。

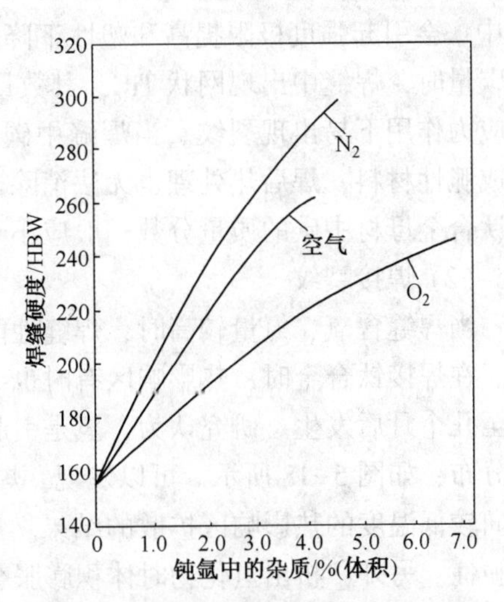

图 5-14 氩气中氧、氮和空气含量对工业纯钛焊缝硬度的影响

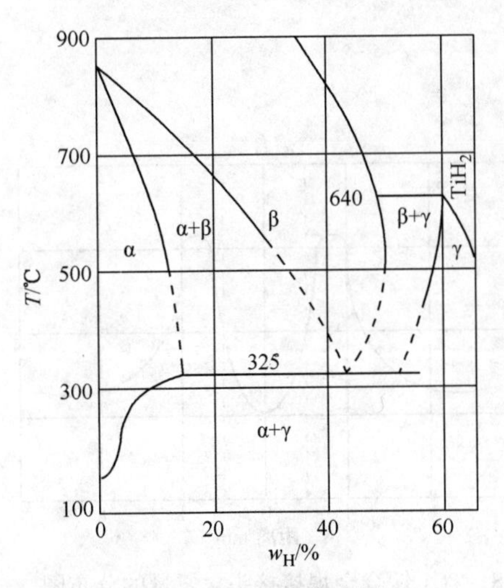

图 5-15 钛-氢状态图

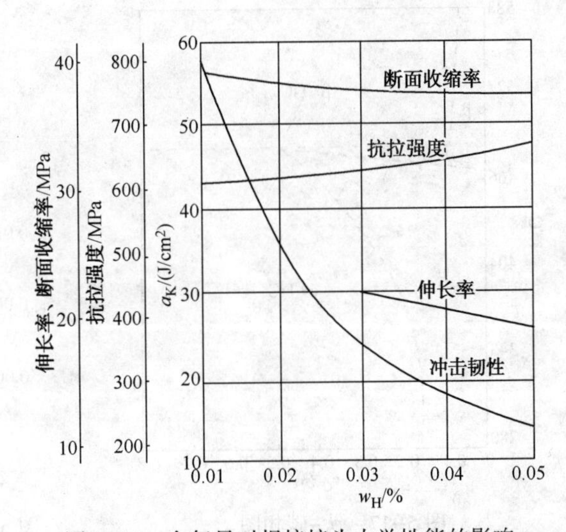

图 5-16 含氢量对焊接接头力学性能的影响

为防止氢造成的焊缝脆化现象，焊接时应严格控制氢的来源。严格限制母材和焊接材料中的氢含量以及表面吸附的水分，同时提高氩气的纯度，使焊缝中氢的质量分数控制在0.015%以下。采用冶金措施，提高氢的溶解度，如添加质量分数为5%的Al，在常温下可使氢在α-Ti中的溶解度达到0.023%；添加β相稳定元素Mo、V可使室温组织中保留少量β相，溶解更多的氢，从而降低焊缝的氢脆倾向；焊接重要构件时，可将焊丝、母材放入真空度为0.0013~0.0130Pa的真空退火炉中加热至800~909℃，保温5~6h进行脱氢处理，将氢的质量分数控制在0.0012%以下，以提高焊接接头的塑性和韧性。因此，我国现行技术条件所规定工业纯钛及钛合金母材中氢的质量分数一般应小于0.015%。

4）碳的影响。碳也是钛及钛合金中常见的杂质，主要来源于母材、焊接材料。另外工件上的油污等也可能成为焊缝增碳的来源。碳在α-Ti中的溶解度随温度下降而下降，同时析出TiC，如图5-17所示。在工业纯钛中，当碳的质量分数为0.13%以下时，碳固溶在α-

Ti 中，会引起强度极限提高和塑性下降，但不及氧、氮的作用强烈。但当进一步提高焊缝含碳量时，焊缝中出现网状 TiC，其数量随含碳增高而增多，导致焊缝塑性急剧下降，在焊接应力作用下易出现裂纹。当焊缝中碳的质量分数为 0.55%时，焊缝塑性几乎全部消失而变成脆性材料，焊后热处理也无法消除这种脆性。因此，我国现行技术条件所规定工业纯钛及钛合金母材中碳的质量分数一般应小于 0.10%。

（2）焊接裂纹

当焊缝含氧、氮量较高时，焊缝性能变脆，在较大的焊接应力作用下，可能会出现冷裂纹。在焊接钛合金时，热影响区有时也会出现延迟裂纹，这种裂纹可以延迟到几小时、几天甚至几个月后发生。研究认为，氢是引起延迟裂纹的主要原因。TC1 钛合金焊接接头含氢量的分布，如图 5-18 所示。可以发现，焊接热影响区氢含量明显提高，这是由于氢由高温熔池向较低温度的热影响区扩散的结果。氢含量提高使该区 TiH_2 析出量增加，增大热影响区的脆性。另外，析出氢化物时体积膨胀会引起较大的组织应力，再加之氢原子向该区的高应力部位扩散及聚集，以致最后形成裂纹。为此，在钛及钛合金焊接时，应严格控制氢的来源，必要时可进行真空退火处理，以减少焊接接头的氢含量。

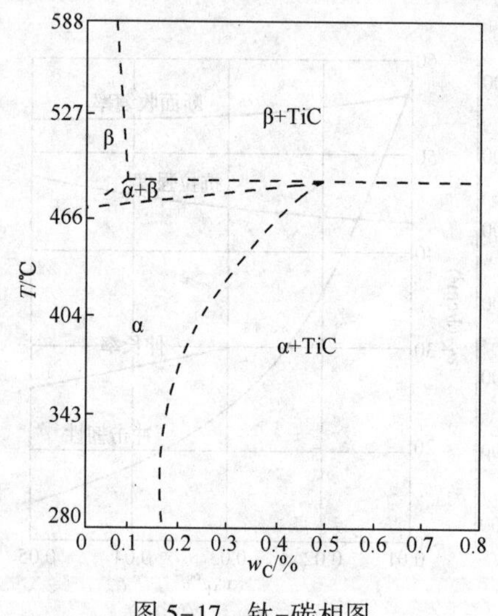

图 5-17　钛-碳相图

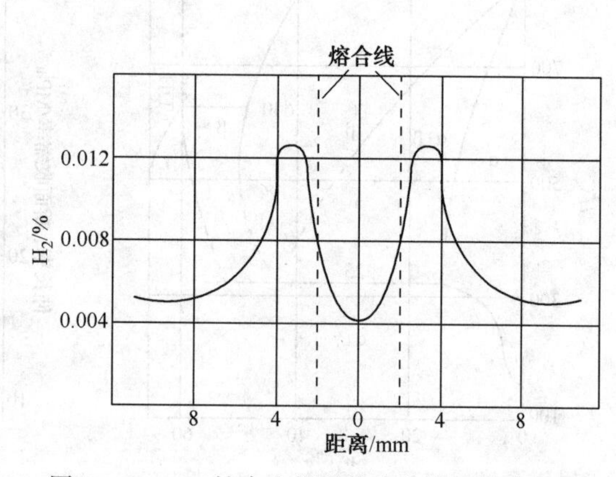

图 5-18　TC1 钛合金焊接接头含氢量的分布图

由于钛及钛合金中含 S、P、C 等杂质较少，低熔点共晶在晶界处很少生成，而且焊缝凝固时收缩量小，因此钛及钛合金热裂纹倾向较小。

（3）焊缝气孔

气孔是钛及钛合金焊接时最常见的焊接缺陷之一，一般可分为焊缝中部气孔和熔合区气孔两类。焊接线能量较大时气孔一般位于熔合区附近。

研究认为，一方面氩气及母材、焊丝中含 H_2、O_2、N_2、H_2O 量的提高，都会使焊缝气孔倾向明显增加，其中 N_2 对焊缝气孔的影响较弱；另一方面钛板及焊丝表面常受到外部杂质的污染，包括水分、油脂、氧化物（常带有结晶水）、含碳物质、砂粒、磨料质点（表面用砂轮磨后或砂纸打磨后的残余物）、有机纤维及吸附的气体等，特别是对接端面处的表面污染对气孔形成的影响更为显著。

氢是钛及钛合金焊接时形成气孔的主要气体。研究发现，通过增氢处理及真空减氢处理改变焊丝及母材中含氢量变化，或通过在氩气中加入不同量的氢气，若能使焊缝含氢量增加，则焊缝气孔数量随之也增加。焊接熔池存在时间很短时，因氢的扩散不充分，即使有气泡核存在，也来不及长大形成气泡；熔池存在时间逐渐增长后，氢向气泡核扩散，使形成宏观气泡的条件变得有利，于是焊缝气孔逐渐增多，直到出现最大值；此后再延长熔池存在时间，气泡逸出熔池的条件变得有利，故进一步增长熔池存在时间，焊缝气孔逐渐减少。

在实际焊接生产中，防止焊接气孔产生的关键是杜绝气体的来源，杜绝待焊区被污染。通常应严格限制原材料中 H_2、O_2、N_2 等杂质气体的含量；采用机械方法加工坡口端面，并除去剪切痕迹；焊前仔细清除焊丝、母材表面的氧化膜及油污等；或焊前对焊丝进行真空去氢处理来改善焊丝的含氢量和表面状态。尽量缩短焊件清理后到焊接的时间间隔，一般不要超过 2h，否则要妥善保存焊件，以防吸潮。正确选择焊接工艺参数，延长熔池停留时间，以便于气泡的逸出；控制氩气流量，防止湍流现象。采用真空电子束焊或等离子弧焊；采用的氩气纯度应大于 99.99%；氩气管路不宜采用橡胶管，以尼龙软管为好。

5.2.3 钛及钛合金的焊接工艺要点

（1）焊接方法及焊接材料

钛及钛合金的性质活泼，溶解 H_2、O_2、N_2 的能力很强，常规的气焊、焊条电弧焊、CO_2 气体保护焊不适用于钛及钛合金的焊接。一般选用钨极氩弧焊、熔化极氩弧焊，有时也会选等离子弧焊、真空电子束焊、扩散焊等。钛及钛合金的主要焊接方法及其特点见表 5-18。

表 5-18 钛及钛合金的主要焊接方法及其特点

焊接方法	特点	焊接方法	特点
钨极氩弧焊	1. 可用于薄板及厚板的焊接，板厚 3mm 以上时可以采用多层焊； 2. 熔深浅，焊道平滑； 3. 适用于修补焊接	等离子弧焊	1. 熔深大； 2. 10mm 的板厚可以一次焊成； 3. 手工操作困难
		电子束焊	1. 熔深大，污染少； 2. 焊缝窄，热影响区小，焊接变形小； 3. 设备价格高
熔化极氩弧焊	1. 熔深大，熔敷量大； 2. 飞溅较大； 3. 焊缝外形较钨极氩弧焊差	扩散焊	1. 可以用于异种金属或金属与非金属的焊接； 2. 形状复杂的工件可以一次焊成； 3. 变形小

钛及钛合金焊接时的填充金属与母材的成分相似。为了改善接头的韧性和塑性，有时采用强度低于母材的焊接材料，例如，用工业纯钛（TA1、TA2）作为焊接材料焊接 TA7 和厚度不大的 TC4。保护气体一般采用纯氩气，纯度大于 99.99%。

（2）焊前准备

焊接前应认真清理钛及钛合金坡口及其附近区域。采用剪切、冲压和切割下料时，需对其待焊边缘进行机械清理。对焊接质量要求不高或酸洗有困难的焊件，如在 600℃ 以上形成的氧化皮很难用化学方法清除，也可采用细砂布或不锈钢丝刷或硬质合金刮刀，清理待焊边缘表面氧化膜。采用气割下料的工件，机械加工切削层的厚度应不小于 1~2mm，然后用丙酮或乙醇、四氯化碳或甲醇等溶剂去除坡口两侧的有机物及油污等，且除油时使用厚棉布、毛刷或人造纤维刷刷洗。

焊前经过热加工或在无保护情况下热处理的工件，通常采用喷丸或喷砂方法清理表面，然后进行化学清理。经酸洗的焊件、焊丝应在4h内焊接，否则要重新酸洗。焊丝可放在温度为150~200℃的烘箱内保存，随取随用，另外为避免取焊丝时污染焊丝，应戴洁净的白手套。

搭接接头由于背面保护困难，尽可能不采用。母材厚度小于2.5mm的不开坡口对接接头，可不添加填充焊丝进行焊接。厚度大的母材需开坡口并添加填充金属，尽量采用平焊。钛板的坡口加工时应采用刨、铣等冷加工工艺，以减小热加工时容易出现的坡口边缘硬度增高现象。定位焊所用的焊丝、工艺参数及保护气体等与正式焊接时相同，装配时应严禁敲击和划伤待焊工件表面。

(3) 焊接工艺要点

1) 钨极氩弧焊(TIG)。TIG焊是钛及钛合金最常用的焊接方法之一，分为敞开式焊接和箱内焊接两种。

敞开式焊接即普通钨极氩弧焊，是在大气环境中施焊，利用焊枪喷嘴、拖罩和背面保护装置通以适当流量的Ar或Ar+He混合气体，把焊接高温区与空气隔开，以防止空气侵入而沾污焊接区的金属的局部气体保护焊接方法。箱内焊接是一种整体气体保护焊接方法，一般当工件结构复杂难以实现拖罩或背面保护时，应采用箱内焊接，焊接前箱体应先抽真空，然后充Ar或Ar+He混合气体，使工件在箱体内惰性气氛下施焊。

TIG焊时，对于处于400℃以上的熔池、焊缝及焊接热影响区，均应进行氩气保护，包括焊缝背面。保护效果的好坏，可用焊接接头表面的颜色来鉴别，一般银白色表示保护效果最好，黄色(TiO)表示有轻微氧化，蓝色(Ti_2O_3)表示氧化稍微严重，灰色(TiO_2)表示氧化严重。

另外，TIG焊炬、喷嘴的结构形式和尺寸等因素也是影响保护效果的决定因素之一。钛的热导率小、焊接熔池尺寸大，喷嘴的孔径也应相应增大，以扩大保护区的面积。

钛及钛合金TIG焊焊接工艺参数的选择，既要防止焊缝在电弧作用下不发生晶粒粗化，又要避免焊后冷却过程中形成脆硬组织。钛及钛合金焊接有晶粒粗化的倾向，尤以β型钛合金最为显著，所以应采用较小的焊接线能量。多层焊时，应保持层间温度尽可能的低，等到前一层焊道冷却至室温后再焊下一道焊缝，以防止过热。厚度为0.1~2.0mm的纯钛及钛合金板材、对焊接热循环敏感性强的钛合金以及薄壁钛管焊接时，宜采用脉冲氩弧焊。

钛及钛合金接头在焊后存在很大的残余应力，如果不及时消除，会引起冷裂纹，增大接头对应力腐蚀开裂的敏感性，因此焊接后须进行消除应力处理。处理前，焊件表面必须进行彻底的清理，然后在惰性气氛中进行热处理。

2) 熔化极氩弧焊(MIG)。对于钛及钛合金中厚板焊接，可采用MIG焊以减少焊接层数，提高焊接速度和生产率，降低成本。此方法的主要缺点是飞溅问题，它影响焊缝成形和保护效果。MIG焊时的填丝较多，焊接坡口角度较大。厚度为15~25mm的板材，可选用90°单面V形坡口，或不开坡口、留1~2mm间隙。钨极氩弧焊的拖罩可用于MIG焊，但由于MIG焊焊速高、高温区长，拖罩应适当加长，并采用流动水冷却。MIG焊时焊接材料的选择与TIG焊相同，但对气体纯度和焊丝表面清洁度的要求更高。

3) 等离子弧焊。与钨极氩弧焊相比，等离子弧焊具有能量集中、单面焊双面成形、弧长变化对熔透程度影响小、无钨夹杂、气孔倾向小和焊接接头性能好等优点，非常适合钛及钛合金的焊接。可用“小孔法”和“熔透法”两种方法进行焊接。液态钛的表面张力大、密度小，有利于采用“小孔法”等离子弧焊。采用小孔法一次焊透的适合厚度为5~15mm的板材。“熔透法”等离子弧焊适合于焊接各种板厚，但一次焊透的厚度较小，3mm以上的厚板一般需开坡口。

等离子弧焊的气体保护方式与TIG焊相似，可采用拖罩，但随着板厚的增加和焊速的提高，拖罩长度要适当加长。厚度为15mm以上的钛材焊接时，一般开6~8mm钝边的V形或U形坡口，用“小孔法”等离子弧焊封底，然后用“熔透法”等离子弧焊填满坡口。由于氩弧焊封底时，钝边仅1mm左右，故用等离子弧焊封底可减少焊道层数，减少填丝量和焊接角变形，并能提高生产率和降低焊接成本。“熔透法”等离子弧焊多用于厚度为3mm以下的薄件，其比TIG焊更容易保证焊接质量。

4）真空电子束焊。真空电子束焊由于在真空室中焊接，气氛非常纯净，焊缝含O、H、N量非常低，再加上焊缝及焊接热影响区很窄、且晶粒细小，因此其具有焊接冶金质量好，深宽比大，焊接变形极小，焊接接头性能好，焊接效率高等优点，非常适用于钛及钛合金的焊接。真空电子束焊的主要缺点是设备初次费用大，另外焊缝向母材过渡不平滑，容易出现气孔，结构尺寸受真空室限制等。

5.3 铜及铜合金的焊接

铜及铜合金具有优良的导电性能、导热性能、耐腐蚀性能和良好的加工性能，某些铜合金还兼有较高的强度。在电气、电子、动力、化工、交通等工业部门得到了应用广泛。随着国民经济的迅速发展，对铜及铜合金的焊接技术要求也越来越迫切，焊接新工艺、新技术得到了不断推广。

5.3.1 铜及铜合金的分类、成分及性能

（1）铜及铜合金的分类

铜及铜合金可分为紫铜、黄铜、白铜及青铜等。紫铜因表面呈紫色而得名，它是含铜量不小于99.5%的工业纯铜，具有极好的导电性能、导热性能和良好的常温、低温塑性，以及对大气、海水和某些化学药品的耐腐蚀性能。黄铜是Cu-Zn合金，并因表面呈淡黄色而得名，具有比紫铜更高的强度、硬度和耐腐蚀能力，并保持一定的塑性，又能承受冷热加工。白铜是Cu-Ni合金，其中Ni的质量分数低于50%，是因Ni的加入使Cu由紫色逐渐变白而得名，如白铜中加入Mn、Fe、Zn等元素可形成锰白铜、铁白铜、锌白铜等，力学性能、耐蚀性能较好，在海水、有机酸和各种盐溶液中具有较高的化学稳定性和优良的冷热加工性。青铜是除Cu-Zn、Cu-Ni以外所有铜基合金的统称，如锡青铜、铝青铜、硅青铜、铍青铜等，为了获得某些特殊性能，青铜中还加入少量的其他元素，如Zn、P、Ti等，具有较高的力学性能、铸造性、耐磨性、耐蚀性，并保持一定的塑性，焊接性较好。

（2）铜及铜合金的牌号、成分及性能

常用铜及铜合金的牌号、成分见表5-19，常用铜及铜合金的力学性能和物理性能见表5-20。

表 5-19 常用铜及铜合金的牌号、化学成分 %(质量)

名称		牌号	Cu	Zn	Sn	Ni	Fe	Pb	Al	其他
纯铜		T1	Cu+Ag≥99.95	—	—	—	—	—	—	≤0.05
无氧铜		TU1	≥99.97	—	—	—	—	—	—	≤0.03
黄铜	压力加工黄铜	H68	67.7~70.0	余量	—	—	0.10	0.03	—	0.3
		H62	60.5~63.5	余量	—	—	0.15	0.08	—	0.5
	铸造黄铜	ZCuZn16Si4	79.0~81.0	余量	—	Si 2.5~4.5	—	—	—	2.0
青铜	压力加工青铜	QSn6.5-0.4	余量	0.3	6.0~7.0	P 0.26~0.40	0.02	0.02	0.002	0.4
	铸造青铜	ZQSn10Pb5	余量	—	9.0~11.0	—	—	4.0~6.0	—	0.75
白铜		BFe10-1-1	余量	0.3	0.03	Ni+Co 9.0~11.0	1.0~1.5	0.02	S 0.01 C 0.05 Mn 0.5~1.0 P 0.006 S 0.01 Si0.15	0.7

表 5-20 常用铜及铜合金的力学性能和物理性能

名称	牌号	材料状态或铸模	力学性能			物理性能			
			抗拉强度/MPa	伸长率/%	硬度/HBW	密度/(g/cm³)	线膨胀系数/(10^{-6}/K)	热导率/[W/(m·K)]	熔点/℃
纯铜	T1	软态	196~253	50	—	8.94	16.8	395.80	1083
		硬态	329~490	6	—				
黄铜	H68	软态	313.6	55	—	8.5	19.9	117.04	932
		硬态	646.8	3	150				
	H62	软态	323.4	49	56	8.43	20.6	108.68	905
		硬态	588	3	164				
	ZCuZn16Si4	砂模	345	15	90	8.32	17.0	41.8	900
		金属模	390	20	100				
青铜	QSn6.5-0.4	软态	441	20~40	80~100	7.6	17.0	71.06	1060
		硬态	584~784	4~5	160~180				
	ZCuAl10Fe3	砂模	490	13	100	7.6	18.1	58.52	1040
		金属模	540	15	110				
白铜	BFe10-1-1	软态	372	25	—	8.9	16	47.2	1230
		硬态	490	6	—				

5.3.2 铜及铜合金的焊接性分析

考虑到铜及铜合金焊接结构主要是纯铜及黄铜，故焊接性分析主要结合纯铜及黄铜熔焊来讨论。

(1) 难熔合且焊缝成形能力差

铜及大多数铜合金熔化焊时，容易出现母材难于熔合、未焊透和表面成形差等外观缺陷。这主要与铜及铜合金的物理性能有关。铜和大多数铜合金导热系数大，20℃时其导热系数比普通碳钢大7倍多，1000℃时大11倍多，见表5-21。焊接时热量迅速从加热区传导出去，使母材与填充金属难以熔合。基体厚度愈大，散热愈严重，越难以熔合。铜在熔化温度时的表面张力比铁小1/3，流动性比钢大1~1.5倍，熔化金属容易流失，表面成形能力较差。另外，铜的线膨胀系数比铁大15%，收缩率比铁大1倍以上，再加上铜及铜合金导热能力强，使焊接热影响区加宽，产生较大变形或焊接应力。

表5-21 铜和铁物理性能的比较

金属	热导率/[W/(m·K)]		线膨胀系数/($\times10^{-6}$/K)	收缩率/%	熔点/℃
	20℃	1000℃	200~100℃		
Cu	393.6	326.6	16.4	4.7	1083
Fe	54.8	29.3	14.2	2.0	1580

(2) 热裂纹

铜能与其中的杂质形成多种低熔点共晶，如熔点为326℃的Cu+Pb共晶、熔点为1064℃的Cu_2O+Cu共晶和熔点为1067℃的Cu+Cu_2S共晶等，他们在结晶过程中均分布在枝晶间或晶界处，使铜或铜合金具有明显的热脆性。焊缝处于凝固过程的凝固阶段，热影响区处于易熔共晶物液化状态下都容易因焊接应力而造成热裂纹。其中以氧的危害性最大，它不但在冶炼时以杂质的形式存在于铜中，而且在轧制过程和焊接过程中还会以Cu_2O的形式溶入。Cu_2O可溶于液态铜，不溶于固态铜而生成熔点低于铜的易熔共晶，如图5-19所示。此外，一方面铜与很多铜合金在加热过程中无同素异构转变，晶粒长大倾向严重，有利于薄弱面的形成，另一方面铜及铜合金的膨胀系数和收缩率较大，增加了焊接接头的应力，更增大了焊接接头热裂纹倾向。

因此，在铜及铜合金熔焊时，应严格限制其中杂质的含量，并采取一些冶金措施，增强对焊缝的脱氧能力，如通过焊丝加入Si、Mn等合金元素，同时选用能获得双相组织的焊丝，使焊缝晶粒细化，使易熔共晶物分散、不连续，从而防止焊接接头出现热裂纹。

(3) 气孔

铜及铜合金熔化焊时，焊缝产生气孔的倾向比低碳钢要严重得多，所形成的气孔也几乎分布在焊缝的各个部位，其不仅可能属于由溶解性气体氢直接引起的气孔，即扩散气孔，也可能属于由氧化还原反应引起的气孔，即反应气孔。

氢在铜中的溶解度随温度下降而降低。当铜处在液-固转变时，氢的溶解度有一突变，且随温度降低，氢在固态铜中的溶解度继续下降，如图5-20所示。在电弧作用下的高温熔池中，氢在液态铜中的极限溶解度与液-固转变时的最大溶解度之比高达3.7，而铁仅为1.4，这样在铜焊缝结晶时，其氢的过饱和程度比钢焊缝大好几倍。

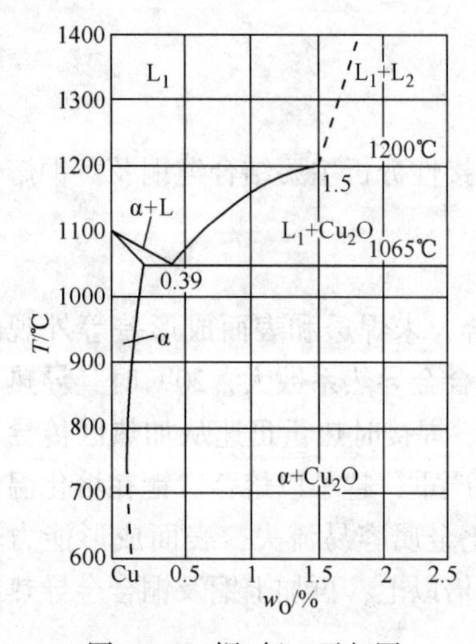

图 5-19　铜-氧二元相图

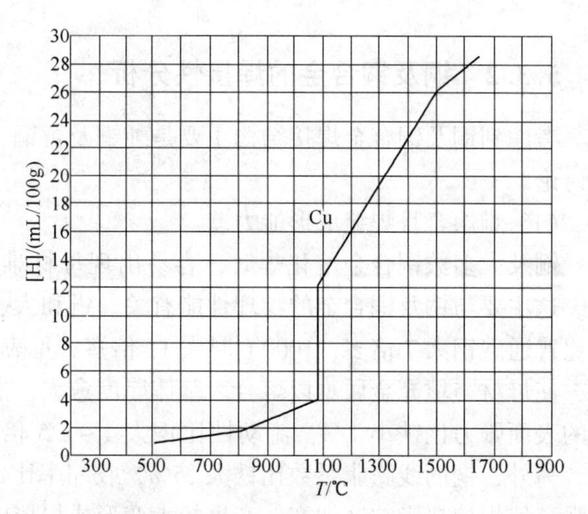

图 5-20　氢在铜中的溶解度和温度的关系($p_{H_2}=101kPa$)

焊接熔池中的 Cu_2O 在焊缝凝固时不溶于铜而析出，并随温度降低其析出量也会增大，与氢或 CO 反应生成的水蒸气或 CO_2 也不溶于铜而促使反应性气孔的产生。

$$Cu_2O+2H = 2Cu+H_2O\uparrow \qquad (5-1)$$

$$Cu_2O+CO = 2Cu+CO_2\uparrow \qquad (5-2)$$

铜的导热系数比低碳钢大 8 倍以上，焊缝结晶过程进行得特别快，氢扩散逸出和 H_2O 上浮条件更恶劣，使焊缝中形成气孔倾向加剧。

为了减少和消除铜及铜合金焊缝中的气孔，主要的措施是减少氢和氧的来源，可采用焊前预热来延长熔池的存在时间，使气体易于析出。采用含适量强脱氧剂的焊丝，如 Ti、Al 等，或在铜合金中加入 Al、Sn 等元素也会获得良好的效果，如图 5-21 所示。

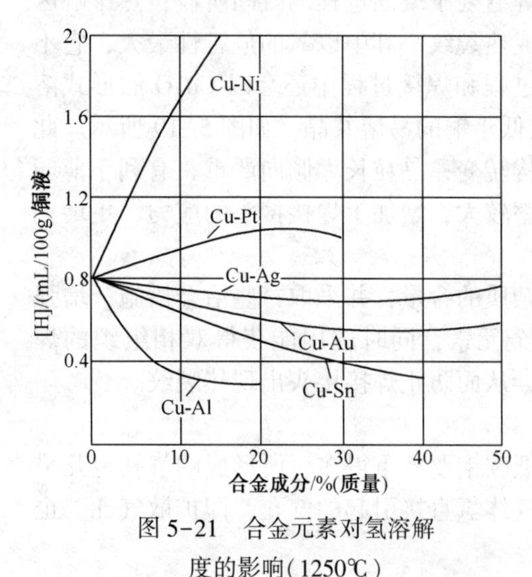

图 5-21　合金元素对氢溶解度的影响(1250℃)

(4) 焊接接头性能下降

铜及铜合金在熔焊过程中，由于晶粒严重长大，杂质的渗入以及合金元素的氧化、蒸发，使焊接接头性能发生很大变化。

1) 塑性严重变差。焊缝与焊接热影响区晶粒粗化，各种脆性的低熔点共晶出现于晶界，使焊接接头的塑性和韧性显著下降。如手工电弧焊或埋弧焊焊接紫铜时，焊缝金属的抗拉强度虽与母材相近，但伸长率仅为母材的 20%~50%。

2) 导电性下降。任何元素渗入铜中都会使其导电性下降，因此焊接过程中杂质和合金元素的熔入都会不同程度地使铜焊接接头导电性下降。但在埋弧焊或惰性气体保护焊时，因熔池保护良好，如果焊接材料选用得当，焊缝金属纯度较高，焊接接头的导电能力也可达到母材的 90%~95%。

3) 耐腐蚀性能下降。在熔焊过程中，Zn、Mn、Ni、Al 等合金元素的蒸发和氧化烧损会不同程度地使接头耐蚀性下降。焊接应力的存在则使对应力腐蚀比较敏感的黄铜、铝青铜、镍锰青铜的焊接接头在腐蚀环境中过早地受到破坏。

改善焊接接头性能的措施，除了减弱热作用、焊后进行消除应力处理外，主要的冶金措施是控制杂质含量和通过合金化对焊缝进行变质处理，但这些措施往往是互相矛盾的，如变质处理在细化焊缝组织改善塑性、提高耐蚀性的同时，又会导致导电性能的下降，因此在实际生产中应结合具体要求采取不同的方法。

5.3.3 铜及铜合金的焊接工艺要点

(1) 焊接方法和焊接材料

焊接铜及铜合金需要大功率、高能束的焊接热源。热效率越高、能量越集中对焊接越有利。铜及铜合金常用的熔焊方法及特点见表5-22。

表5-22 铜及铜合金常用的熔焊方法及特点

焊接方法（热效率η）	纯铜	黄铜	锡黄铜	铝青铜	硅青铜	白铜	说明
钨极氩弧焊（0.65~0.75）	薄板好	较好	较好	较好	好	好	用于薄板（小于12mm），纯铜、黄铜、锡青铜、白铜采用直流正接，铝青铜用交流，硅青铜用交流或直流
熔化极氩弧焊（0.70~0.80）	好	较好	较好	好	好	好	厚板大于3mm可用，板厚大于15mm优点更显著，采用直流反接
等离子弧焊（0.80~0.90）	较好	较好	较好	较好	较好	好	厚板在3~6mm可不开坡口，一次焊成，最适合3~15mm中厚板焊接
焊条电弧焊（0.75~0.85）	可	差	可	较好	可	好	采用直流反接，操作技术要求高，使用板厚2~10mm
埋弧焊（0.80~0.90）	厚板好	可	较好	较好	较好	—	采用直流反接，适用于6~30mm中厚板
气焊（0.30~0.50）	可	较好	可	差	差	—	成型不好，用于厚度小于3mm的不重要结构

熔焊时焊接材料是控制冶金反应、调整焊缝成分以保证获得优质焊缝的重要手段。根据对铜及铜合金焊接接头性能的要求，不同熔焊方法所选用的焊接材料有很大的差别。选用铜及铜合金焊丝时，最重要的是控制杂质的含量和提高其脱氧能力，防止焊缝出现热裂纹及气孔等缺陷。常用的铜及铜合金常用焊丝见表5-23。铜气焊所用的焊剂主要由硼酸盐、卤化物或它们的混合物组成见表5-24。铜及铜合金常用焊条见表5-25。

(2) 焊前准备

焊前准备主要是指焊前对焊件及焊接材料的清理和选择坡口形式及坡口加工方法。铜及铜合金工件对焊前准备的要求比较严格。

表 5-23　铜及铜合金常用焊丝的化学成分和主要用途(GB/T 9460—2008)

型号	名称	主要化学成分/%(质量)	熔点/℃	主要用途
SCu1898	纯铜焊丝	$w_{Cu}\geqslant 98.0$、$w_{Sn}\leqslant 1.0$、$w_{Mn}\leqslant 0.5$、$w_{Si}\leqslant 0.5$	1050	纯铜氩弧焊或气焊(和 CJ301 配用),埋弧焊(和 HJ431 或 HJ150 配用)
SCu4700	锡黄铜焊丝	$w_{Cu}=57.0\sim 61.0$、$w_{Sn}=0.25\sim 1.0$、w_{Zn}=余量	886	黄铜气焊或惰性气体保护焊,铜及铜合金钎焊
SCu6800	铁黄铜焊丝	$w_{Cu}=56.0\sim 60.0$、$w_{Sn}=0.8\sim 1.1$、$w_{Mn}=0.01\sim 0.50$、$w_{Fe}=0.25\sim 1.20$、$w_{Si}=0.04\sim 0.15$、w_{Zn}=余量	860	黄铜气焊、碳弧焊;铜、白铜等钎焊
SCu6100A	铝青铜焊丝	$w_{Zn}\leqslant 0.2$、$w_{Sn}\leqslant 0.1$、$w_{Mn}\leqslant 0.5$、$w_{Fe}\leqslant 0.5$、$w_{Si}\leqslant 0.2$、w_{Cu}=余量	—	铝青铜的 TIG 和 MIG 焊,或用作焊条电弧焊用焊芯

表 5-24　铜及铜合金气焊用焊剂

牌号		新化学成分/%(质量)						熔点/℃	应用范围
		$Na_2B_4O_7$	H_3BO_3	NaF	NaCl	KCl	其他		
标准	CJ301	17.5	77.5	—	—	—	$AlPO_4$ 4~5.5	650	铜及铜合金气焊、钎焊
	CJ401	—	—	7.9~9.0	27~30	49.5~52	LiAl 13.5~15	560	青铜气焊
非标准	01	20	70	10	—	—	—	—	铜及铜合金气焊及碳弧焊通用
	04	LiCl 15	—	KF 7	30	30	45	—	铝青铜气焊用

表 5-25　铜及铜合金常用焊条

型号	药皮类型	焊接电源	焊缝主要成分/%(质量)	焊缝金属性能	主要用途
ECu	低氢型	直流反接	纯铜>99	$R_m\geqslant$167MPa	在大气及海水介质中具有良好的耐蚀性,用于焊接脱氧或无氧铜构件
ECuSi	低氢型	直流反接	硅青铜 Si 3 Mn<1.5 Sn<1.5 Cu 余量	R_m>340MPa A>20% 110~130HV	适用于纯铜、硅青铜及黄铜的焊接,以及化工管道等内衬的堆焊
ECuSnB	低氢型	直流反接	磷青铜 Sn 8 P≤0.3 Cu 余量	$R_m\geqslant$270MPa A>20% 80~115HV	适用于焊纯铜、黄铜、磷青铜等,堆焊磷青铜轴衬、船舶推进器叶片等
ECuAl	低氢型	直流反接	Al 8 铝青铜 Mn≤2 Cu 余量	R_m>410MPa A>15% 120~160HV	用于铝青铜及其他铜合金,铜合金与钢的焊接以及铸件焊补

吸附在焊丝和工件坡口两侧30mm范围内表面的油脂、水分及其他杂质，以及表面氧化膜都必须仔细清理，制作露出金属光泽为止，这是避免焊缝出现气孔的最基本最有效的工艺措施。铜及铜合金焊前清理及清洗方法见表5-26。经清洗合格的工件应及时施焊。

在铜及铜合金熔焊时，只有当被焊接头相对热源呈对称形时，接头两侧才能具备相同的传热条件，才能获得成形均匀的焊缝，因此对接接头最为合理。另外，应根据母材厚度和焊接方法的不同，制备相应的坡口，如不同厚度(厚度差超过3mm)的紫铜板对接焊时，厚度大的一端须按规定削薄；采用单面焊接接头，特别是开坡口的单面焊接接头又要求背面成形时，须在接头背面加成形垫板。一般情况下，铜及铜合金工件不易实现立焊和仰焊。

表5-26 铜及铜合金的焊前清理及清洗方法

目的	清理内容及工艺措施	
去油污	1. 去除氧化膜之前，将待焊处坡口及两侧各30mm内的油、污、脏污等杂质用汽油、丙酮等有机溶剂进行清洗； 2. 用10%氢氧化钠水溶液加热到30~40℃对坡口除油→用清水处理干净→置于35%~40%(或硫酸10%~15%)的硝酸水溶液中浸渍2~3min清水洗刷干净，烘干	
去除氧化膜	机械清理	用风动钢丝轮或钢丝刷或砂布打磨焊丝和焊件表面，直至露出金属光泽
	化学清理	置于70mL/L HNO_3+100mL/L H_2SO_4+1mL/L HCl混合溶液中进行清洗后，用碱水中和，再用清水冲净，然后用热风吹干

(3) 焊接工艺要点

1) 焊条电弧焊。焊条电弧焊所用的焊条能使铜及铜合金焊缝中含氧量、含氢量增加，其中Zn蒸发严重，不但容易形成气孔，而且焊接接头强度低，导电导热性下降严重。因此，在焊接过程中应严格控制焊接工艺参数。焊条一般要经(200~250)℃×2h烘干，以去除药皮中所吸附的水分。焊接前和多层焊的层间应对工件进行预热，预热温度根据材料的热导率和工件厚度等确定。紫铜预热温度在300~600℃范围内选择；黄铜导热比紫铜差，为了抑制Zn的蒸发须预热至200~400℃；锡青铜和硅青铜预热不应超过200℃；磷青铜的流动性差，预热不超过250℃。为了改善焊接接头的性能，同时减小焊接应力，焊后可对焊缝和接头进行锤击。对性能要求较高的接头，可采用焊后高温热处理消除应力和改善接头韧性。

2) 埋弧焊。铜及铜合金埋弧焊时，板厚小于20mm的工件在不预热和不开坡口的条件下可获得优质接头，使焊接工艺大为简化，特别适于中厚板长焊缝的焊接。纯铜、青铜埋弧焊的焊接性较好，黄铜的焊接性尚可。铜及铜合金埋弧焊选用高硅高锰焊剂(如HJ431)可获得满意的工艺性能。对接头性能要求高的工件可选用HJ260、HJ150或选用陶质焊剂、氟化物焊剂。厚度小于20~25mm的铜及铜合金可采用不开坡口的单面焊或双面焊。厚度更大的工件最好开U形坡口(钝边为5~7mm)并可采用双丝焊接，丝距约为20mm。因埋弧焊焊接线能量较大，熔化金属多，为防止液态铜的流失和获得理想的反面成形，无论是单面焊还是双面焊，接头反面均应采用各种形式的垫板。

3) 氩弧焊。钨极氩弧焊(TIG)具有电弧能量集中、保护效果好、热影响区窄、操作灵活的优点，已经成为铜及铜合金熔焊方法中应用最广的方法之一，特别适合中、薄板和小件的焊接和补焊。由于受钨极载流能力的限制，焊接电流增大是有限度的，对板厚小于3mm的构件，不开坡口；板厚在4~10mm时，一般开V形坡口；板厚大于10mm开双面V形坡口。熔化极氩弧焊(MIG)具有熔化效率高，熔深大，焊速快，因此对于厚度大于 3mm 的铝青铜、硅青铜和铜镍合金一般选用熔化极氩弧焊，此时其焊丝的选用与 TIG 焊基本相同。

4）等离子弧焊。等离子弧具有比 TIG 和 MIG 电弧更高的能量密度和温度，很适合于焊接铜及铜合金。厚度为 6~8mm 的铜件可不预热不开坡口一次焊成，焊接接头质量可达到母材水平。厚度为 8mm 以上的铜件可采用留大钝边、开 V 形坡口的等离子弧焊与 TIG 或 MIG 焊联合工艺，即先用不填丝的等离子弧焊焊底层，然后用 MIG 焊或加丝 TIG 焊焊满坡口。另外，微束等离子弧焊接厚度 0.1~1mm 的超薄件可使工件的变形减到最小程度。

5.4 典型铝及铝合金焊接案例

压力容器的壳体由两节模锻的圆顶筒、一个圆形的中部隔板及一根轴向导管组成，如图 5-22 所示。容器的材质为 5254 铝合金。

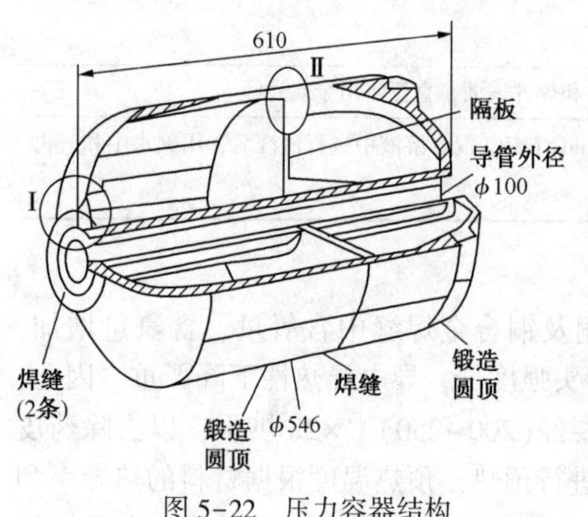

图 5-22 压力容器结构

1）焊接方法。全部采用 MIG 焊。

2）坡口形式及清理。图 5-23 为容器Ⅰ部分、Ⅱ部分放大图。Ⅰ部分为轴向导管与锻造的圆顶筒端部焊接接头，如图 5-23(a)所示。轴向导管的外径为 ϕ100mm，壁厚 12mm，锻造的圆顶筒端部壁厚为 35mm，两者的接头形式为 J 形坡口，其焊缝由 26 条焊道组成。Ⅱ部分为两节锻造的圆顶筒对接接头，如图 5-23(b)所示。锻造的圆顶筒在此处的壁厚为 8mm，中部隔板在此处作为圆顶筒单面焊时内面永久垫板，其壁厚为 8mm，单面焊缝由 4 条焊道组成。

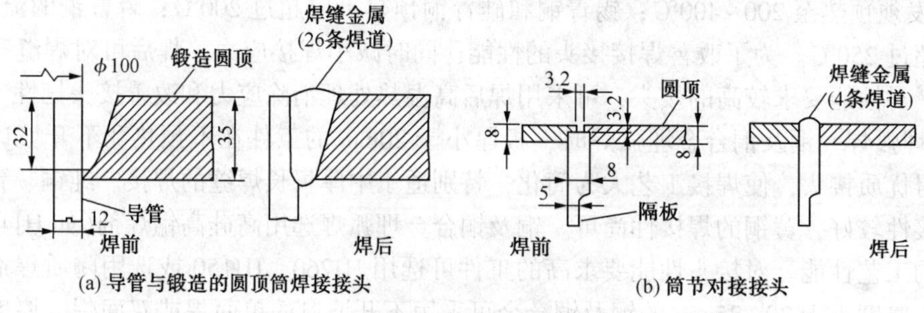

图 5-23 坡口形式

焊前对坡口两侧各 100mm 范围进行清理。采用氧乙炔焰加热至 100℃ 以上，然后进行局部化学清洗，施焊前用不锈钢丝旋转刷打磨坡口及其两侧。

3）焊接材料。第 1、2 焊道采用 ϕ1.6mm 的 ER5254 铝合金焊丝，为改善接头的强度，后续焊道的焊接采用 ϕ1.6mm 的 ER5356 铝合金焊丝。

4）焊接工艺。所采用的焊接工艺参数见表 5-27。

表 5-27 所采用的焊接工艺参数

项 目	Ⅰ接头	Ⅱ接头
接头形式	角接头	T型
焊缝形式	图 5-23(a)	图 5-23(b)
焊接位置	平焊	平焊
焊接电源	500A，平特性弧焊整流器	500A，平特性弧焊整流器
夹具	夹紧式夹具，变位机	夹紧式夹具，变位机
焊枪	水冷式	水冷式
喷嘴直径	1~4 焊道，16mm；5~26 焊道，19mm	19mm，用于全部焊道
焊丝	1，2 焊道，ϕ1.6mm ER5254 3，4 焊道，ϕ1.6mm ER5356	1，2 焊道，ϕ1.6mm ER5254 3，4 焊道，ϕ1.6mm ER5356
保护气体	He75%+Ar25%；14L/min	He75%+Ar25%；14L/min
电流	全部焊道：200~210A，直流反接	第 1 焊道：180~190A 直流反接 第 2~4 焊道：190~220A 直流反接
电压	全部焊道：27~27.5V	全部焊道：27~27.5V
焊接速度	74cm/min	74cm/min
焊道数	约 26	4

5）焊接检验。容器焊接完成后，对焊缝进行着色检验，对容器进行氦质谱仪渗漏检验，检验结果满足技术及使用要求。

思考题

1. 铝及铝合金是如何分类的，各以何种途径强化？铝合金焊接时存在什么主要问题，为什么？

2. 铝及铝合金焊接时易产生气孔的原因是什么？如何防止？

3. 纯铝及不同类型的铝合金焊接应选用什么成分的焊丝比较合理？

4. 铝及铝合金焊接时易产生什么样的裂纹？为什么？如何防止？

5. 分析高强度铝合金焊接接头性能低于母材的原因及防止措施。焊后热处理对焊接接头性能有什么影响？什么情况下应对铝合金接头进行焊后热处理？

6. 钛及钛合金焊接线能量应如何选择？为什么钛及钛合金焊接过程中应采取必要的保护措施？

7. 分析 O、N、H、C 对钛及钛合金焊接接头质量有何影响？

8. 铜及铜合金的物理化学性能有何特点，焊接性如何？不同的焊接方法对铜及铜合金焊接接头质量有什么影响？

6 异种金属材料的焊接

异种金属材料焊接结构不仅能满足不同工作条件对材质提出的不同要求，而且能充分发挥不同金属材料的性能优势，提高复合零部件的性能，有效延长焊接结构的使用寿命，降低制造成本。异种金属材料的焊接，一般包括不同钢种之间的焊接、钢与有色金属之间的焊接、不同有色金属之间的焊接、不同非金属之间的焊接等。异种金属材料焊接结构在机械、化工、电力及核工业等行业得到广泛应用。由于不同材料的化学成分、物理性能及化学性能等存在显著差异，因此异种金属材料的焊接较为困难，一般存在熔合困难、热影响区性能改变较大、接头性能下降等问题。

6.1 珠光体钢与奥氏体钢的焊接

异种钢的焊接一般包括珠光体钢(碳钢、低合金钢、Cr-Mo耐热钢等)与奥氏体钢的焊接、珠光体钢与马氏体钢的焊接、铁素体钢与奥氏体钢的焊接等，其中珠光体钢与奥氏体钢焊接结构可节省大量不锈钢，显著降低成本，在石油化工、造纸、纺织印染机械及制酒设备的生产中得到广泛应用，如各种容器、罐体内壁与腐蚀介质接触的部位采用奥氏体不锈钢，而基座、法兰等不与腐蚀介质接触的部位采用碳钢或低合金钢等。本节以珠光体钢与奥氏体钢的焊接为例，阐述异种钢的焊接性问题。

6.1.1 异种钢的焊接性分析

(1) 焊缝成分的稀释

焊缝金属的化学成分实际上取决于熔敷金属的化学成分及其所熔入母材的化学成分。一般将熔入的母材引起焊缝中合金元素所占比例的降低或增高，称为“稀释”或“合金化”。稀释或合金化的程度取决于熔合比的大小，即母材在焊缝金属中所占的比例。熔合比大，稀释或合金化的程度也大，反之亦然。熔合比大小一般取决于坡口形式、焊接工艺参数、焊接环境和母材熔化特性及导热性等多种因素。异种钢多层焊接时，母材在焊缝金属中的比例，每层各不相同，焊缝金属的化学成分与性能存在着显著不均性。在许多情况下，熔合比的数值与稀释率的数值是一样的。

焊条电弧焊和焊条电弧堆焊熔合比见表6-1。可以发现，坡口角度越大，熔合比越小；焊条电弧堆焊的熔合比较小，且各焊层之间的变化较大；反之，坡口角度越小，熔合比越大，且各焊层之间的变化也较小。

一般情况下，可以根据所焊异种钢接头的使用要求设计焊缝金属的化学成分、组织和性能，并选择焊接材料和控制熔合比。由于异种钢的密度、熔点、热导率、比热容等均影响熔合比，因此用数学计算的方法很难准确求得焊缝金属的化学成分，只能定性估算，从而分析推论可能获得的组织和性能。在经过稀释的焊缝中，某一合金元素的质量分数可按式(6-1)计算：

$$w_W = (1-\theta)w_d + k\theta w_{b1} + (1-k)\theta w_{b2} \qquad (6\text{-}1)$$

式中　w_W——某元素在焊缝金属中的质量分数,%；

w_d——某元素在熔敷金属中的质量分数,%；

w_{b1}——某元素在母材 1 中的质量分数,%；

w_{b2}——某元素在母材 2 中的质量分数,%；

k——两种母材的相对熔合比，$k=F_1/F_2\times100\%$，F_1、F_2 分别为熔化的两种母材在焊缝截面中所占的面积；

θ——熔合比,%。

表 6-1　焊条电弧焊及焊条电弧堆焊熔合比　　%

焊层	焊条电弧焊的坡口角度			焊条电弧堆焊
	15°	60°	90°	
1	48~50	43~45	40~43	30~35
2	40~43	35~40	25~30	15~20
3	36~39	25~30	15~20	8~12
4	35~37	20~25	12~15	4~6
5	33~36	17~22	8~22	2~3
6	32~36	15~20	6~10	<2
7~10	30~35	—	—	—

相对熔合比 k 可以根据焊接热源的不同位置或金属的热物理性能变化确定。若为多层焊，打底焊缝成分仍按式(6-1)计算，其他各层焊缝成分按式(6-2)计算(以母材 1 一侧焊缝为例)：

$$w_w^{n+1} = (1-\theta)w_d + k\theta w_{b1} + (1-k)\theta w_w^n \qquad (6\text{-}2)$$

式中　w_w^{n+1}——第 n+1 层焊缝中合金元素的质量分数,%；

w_w^n——第 n 层焊缝中合金元素的质量分数,%。

例如 Q235 与 1Cr18Ni9 焊接。Q235 与 1Cr18Ni9 对接焊的坡口形式一般为 V 形，如图 6-1 所示。两种母材熔合比均为 20%，母材总熔合比为 40%。Q235 与 1Crl8Ni9 焊接的舍夫勒焊缝组织，如图 6-2 所示。Q235 钢、1Cr18Ni9 钢及几种奥氏体焊条的 Cr_{eq}、Ni_{eq} 见表 6-2。

设 1Cr18Ni9 奥氏体钢为 a 点，Q235 低碳钢为 b 点，并作 a—b 连线。若采用钨极氩弧焊，且没有熔敷金属填充时，两种钢同等比例混合后的成分为 a—b 连线中点 f，也就是待焊母材的平均成分。具有 f 点成分的母材再与成分为 c、d、e 的焊条金属熔合后，即构成焊缝金属，其成分应位于 f—c 或 f—d 或 f—e 的连线上，并取决于熔合比的大小。将 f—c 线按熔合比找出 30%~40%的线段 gh，此线段处于 A+M 组织区。由此可见，Q235+1Cr18Ni9 焊接时，采用 E308-16(Cr18-Ni8)焊条(c 点)不能避免焊缝中马氏体组织的出现。

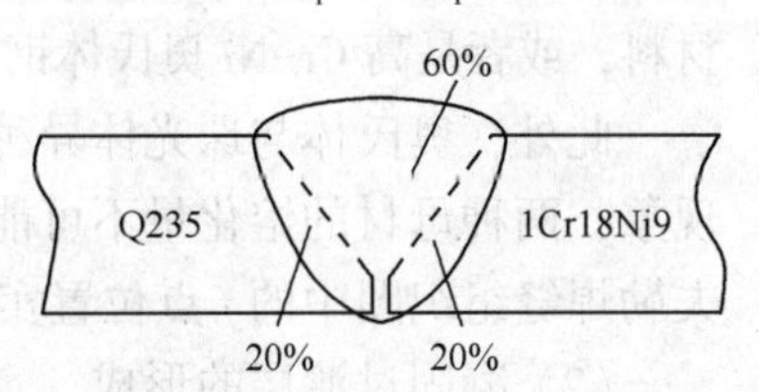

图 6-1　Q235+1Cr18Ni9 异种钢接头形式

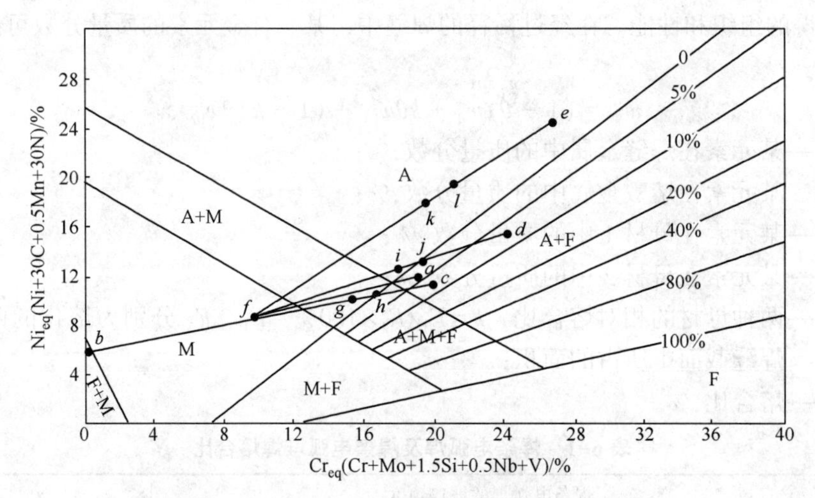

图 6-2　利用舍夫勒图确定异种钢焊缝组织图

表 6-2　Q235 钢和 1Cr8Ni9 钢及几种奥氏体焊条的铬当量和镍当量

母材及焊材	化学成分/%(质量)					Cr_{eq}/%	Ni_{eq}/%	组织图上符号
	C	Mn	Si	Cr	Ni			
1Cr18Ni9	0.07	1.36	0.66	17.8	8.65	18.79	11.56	*a*
Q235	0.18	0.44	0.35	—	—	0.53	5.62	*b*
E308-16(A102)	0.068	1.22	0.46	19.2	8.50	19.89	11.15	*c*
E309-15(A307)	0.11	1.32	0.48	24.8	12.8	25.52	16.76	*d*
E310-15(A407)	0.18	1.40	0.54	26.2	18.8	27.10	24.9	*e*

采用 E310-15(Cr25-Ni20)高铬镍焊条时(*e* 点)，在 *f*—*e* 线上的熔合比 30%~40%为 *k*—*l*，处于单相奥氏体区，从提高抗热裂性角度考虑，这种组织也不理想。采用 E309-15(Cr25-Ni13)焊条时(*d* 点)，在 *f*—*d* 线上的熔合比 30%~40%为 *i*—*j*，此线段处于 A+5%F 组织区，此种焊缝为奥氏体+铁素体双相组织，抗裂性较好，是异种钢焊接时希望得到的组织。

综上所述，奥氏体钢与珠光体钢焊接时，由于珠光体钢母材的稀释作用，使焊缝的成分和组织发生了很大的变化，为了确保焊缝成分合理(保证塑性、韧性和抗裂性)，一方面应依据焊件的工作条件，如温度、介质种类等，以及奥氏体钢本身的性能，可采用超合金化焊接材料，或者是高 Cr-Ni 奥氏体钢，或者是 Ni 基合金；另一方面应合理控制熔合比或稀释率。

此外，奥氏体与珠光体异种钢焊接时，由于母材热物理性能不同，以及存在电弧磁偏吹现象，两种母材的熔化量不可能完全相同，珠光体钢一侧的熔化量可能要大一些。这时，舍夫勒焊缝组织图中的 *f* 点位置实际上要向左侧移动，对熔合比的限制要更严格一些。

(2) 凝固过渡层的形成

焊缝金属的化学成分一般是指焊缝中心部位的平均成分，实际上，焊缝中心部位与焊缝边缘(熔合区)的化学成分有很大差别，靠近焊缝边缘(熔合区)的化学成分具有浓度梯度特征。熔合区在焊接冶金上是非常重要的区域。熔池边缘靠近固态母材处，液态金属的温度较低、流动性较差，该处熔化的母材与填充金属不能充分地混合，在熔池靠近焊缝边界的较小范围内存在一个“不完全混合区”。填充金属与母材在化学成分上差异越大，不完全混合区越明显，即浓度梯度越明显。由于这种成分上的过渡变化区是因熔池凝固特性而造成的，故可称为凝固过渡层。

低碳钢(20 号钢)与 Cr25-Ni20 奥氏体焊缝(E310-15)熔合区附近合金质量分数的变化，如图 6-3 所示。1Cr5Mo 钢与 Cr25-Nil3 奥氏体焊缝熔合区附近合金质量分数的变化，如图 6-4 所示。可以发现，焊缝中的 Cr、Ni 含量较高，达到了舍夫勒焊缝组织图中单相奥氏体的含量，可形成奥氏体组织；凝固过渡层中的 Cr、Ni 含量不足以形成单相奥氏体，快速冷却时可能会形成脆性马氏体组织。

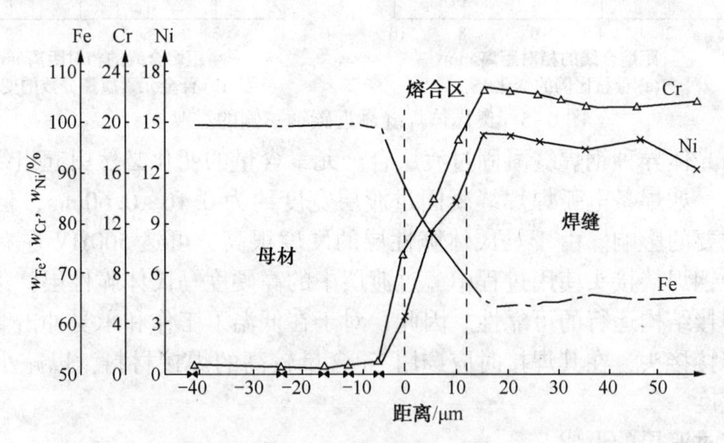

图 6-3 低碳钢与 Cr25-Ni20 焊缝熔合区附近合金元素的分布

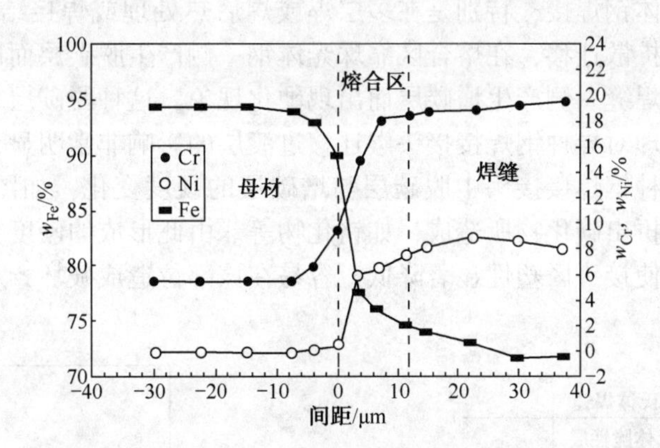

图 6-4 1Cr5Mo 钢与 Cr25-Ni13 奥氏体焊缝熔合区附近合金元素的分布

凝固过渡层的宽度主要受焊接工艺和填充金属化学成分的影响，采用高 Ni 含量的焊接材料可减小马氏体脆性层的宽度。凝固过渡层中的母材比例与合金元素含量的变化如图 6-5 所示。可以发现，距离焊接熔合区越近，珠光体钢的稀释作用越强烈，过渡层中 Cr、Ni 含量越少。奥氏体焊缝中 Ni 含量对马氏体脆性层宽度的影响如图 6-6 所示。可以发现，马氏体脆性层的宽度与焊缝中的 Ni 含量成反比。如采用 E308-15(Cr18-Ni8)焊条时，脆性层的宽度达 100μm；而采用奥氏体化能力较强的 E310-15(Cr25-Ni20)或 E16-25MoN-15(Cr16-Ni25)焊条时，脆性层宽度显著减小；当采用镍基填充材料时，脆性层可能会完全消失。一般情况下，在靠近珠光体钢一侧焊缝边缘的凝固过渡层区域，当 Ni_{eq} 小于 5%时，就会出现高硬度的马氏体脆性层。

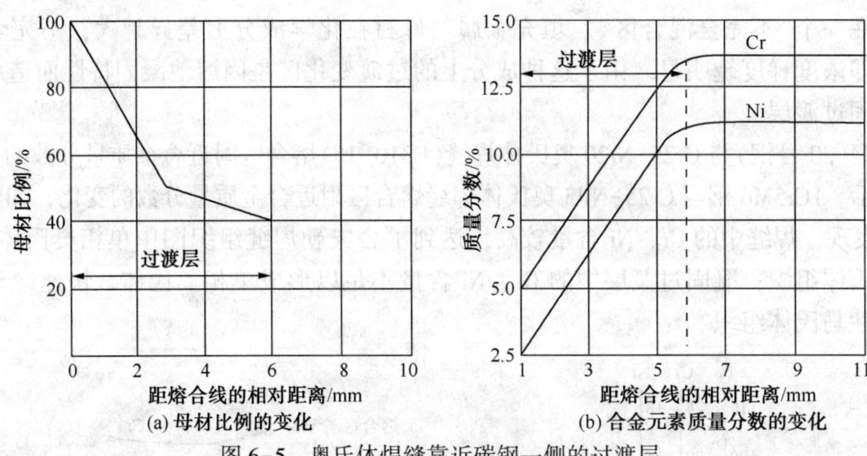

(a) 母材比例的变化　　(b) 合金元素质量分数的变化

图 6-5　奥氏体焊缝靠近碳钢一侧的过渡层

奥氏体与珠光体异种钢焊缝凝固过渡层合金元素含量的变化必然引起组织性能变化，该过渡区虽然很窄，如焊条电弧焊焊缝凝固过渡层宽度约为 0.10~0.60mm，但其对焊接接头的力学性能有重要的影响。由于马氏体脆性层的硬度很高，可达 500HV 左右，因此在奥氏体与珠光体异种钢焊接接头使用过程中，过渡层中的高硬度马氏体脆性层，可能导致熔合区的破坏，降低焊接结构运行的可靠性。因此，对于在低温下工作和承受冲击载荷的珠光体和奥氏体异种钢焊接接头，在其焊接时应选用 Ni 含量较高的焊接材料，以减小熔合区附近马氏体脆性层的宽度。

（3）碳迁移过渡层的形成

珠光体钢与奥氏体钢焊接，特别是在多层焊或焊后热处理或焊接结构高温运行过程中，熔合区附近存在碳的扩散迁移，在熔合区靠珠光体钢一侧产生脱碳层而出现软化现象，而在相邻的靠近奥氏体钢焊缝一侧产生增碳层而出现硬化现象，这种脱碳层与增碳层总称为碳迁移过渡层。焊后热处理对异种钢焊接接头碳迁移过渡层的影响非常明显，一般会加剧脱碳层及增碳层的形成。异种钢焊接接头中脱碳层与增碳层的硬度变化，如图 6-7 所示。增碳层是由于碳扩散迁移而析出碳化物所造成，如铬化物等。由此形成的硬度突变现象对焊接接头工作性能是有害的，使接头区塑性显著降低，容易在该部位造成破坏，从而降低了焊接结构安全运行的可靠性。

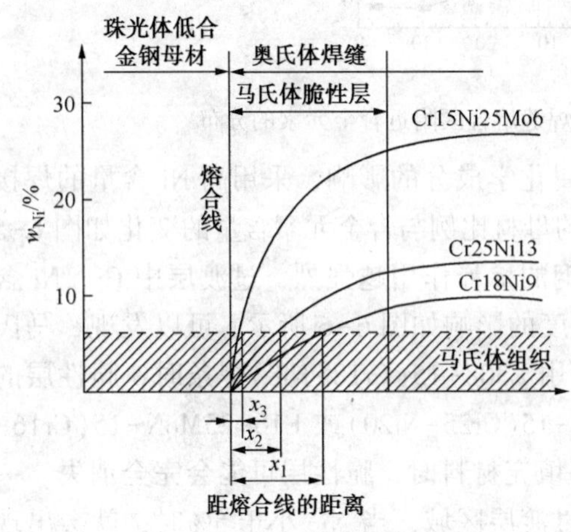

图 6-6　奥氏体焊缝中 Ni 含量对马氏体脆性层宽度的影响

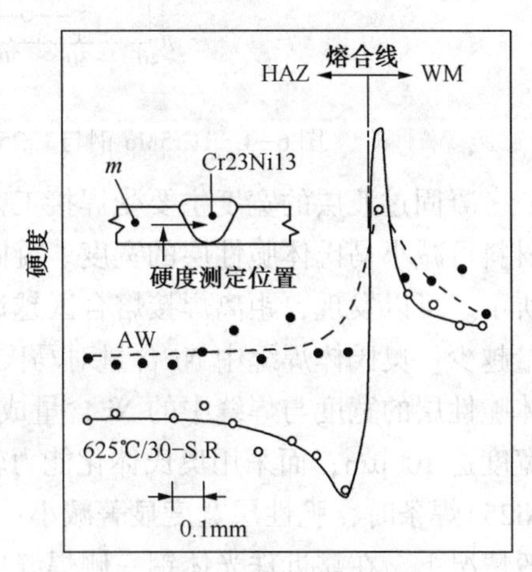

图 6-7　异种钢焊接接头中脱碳层与增碳层的硬度变化

研究认为，形成碳迁移过渡层的原因一方面是作为间隙原子的碳的扩散性要比其他溶质元素大$10^4 \sim 10^6$倍，而且在所有温度下，碳在α-Fe中的扩散活动能力均比在γ-Fe中大得多，如910℃时大39倍，755℃时大126倍，500℃时大835倍。另一方面是碳在液态铁中的溶解度大于在固态铁中的溶解度；碳在γ-Fe中的溶解度大于在α-Fe中的溶解度；奥氏体焊缝中含有更多的碳化物形成元素，有利于碳从母材向焊缝迁移。一般情况下，凡能提高母材中碳的活度而降低焊缝中碳活度的因素，都有利于促使碳从母材向焊缝中迁移。碳化物形成元素，如Cr、Mo、Ti、V、Nb等，都能显著降低碳的活度，而非碳化物形成元素，如Si、Al、Ni等，都增大碳的活度。如果碳的扩散迁移量过大，采用轻微腐蚀就能显示出来，利用金相显微镜即可发现在靠近熔合区的珠光体钢一侧存在白亮低碳带，而在不锈钢焊缝一侧存在暗色高碳区。

为了减少碳迁移现象或减少碳迁移扩散层的宽度，除了合理选择成分合适的珠光体钢外，如含有Cr、Mo、Ti、V、Nb等碳化物形成元素的珠光体钢，还应力求焊缝中存在能增大碳活度系数的元素，且一般不考虑进行焊后热处理。另外，Ni能有效地阻止碳的迁移，焊缝中含有一定量Ni可显著减小增碳层及脱碳层宽度。

(4) 残余应力的形成

由于珠光体钢与奥氏体钢的线膨胀系数有明显差别，如在20~600℃温度范围内，珠光体钢为$(13.5 \sim 14.5)\times10^{-6}$/K，而奥氏体钢为$(16 \sim 18.5)\times10^{-6}$/K，奥氏体钢的线膨胀系数比珠光体钢大30%~50%，而其热导率却只有珠光体钢的1/3，不仅焊接时会产生较大的残余应力，而且在使用过程中如有循环温度作用，也会形成热应力。异种钢焊接接头的残余应力，即使通过焊后热处理也难以消除。珠光体钢与奥氏体钢异种钢焊接接头熔合区附近焊接应力的分布特征，如图6-8所示。可以发现，在焊态时，Cr25-Ni20奥氏体焊缝承受拉应力，珠光体母材(20Cr3MoWV)受压应力；焊后回火处理并未能消除残余应力，而仅仅只是使焊接残余应力重新分布。实际上，回火加热时虽然发生了应力松弛过程，但在随后冷却过程中，不均匀的热收缩性会重新引起残余应力，这属于“回火残余应力”。熔合区附近的回火残余应力特征，仍然是奥氏体焊缝受拉应力，珠光体钢母材受压应力。

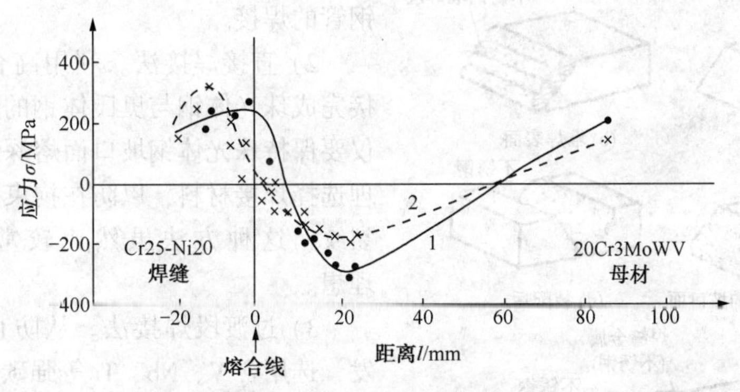

图6-8 异种钢接头的应力分布

1—焊态；2—700℃×2h 回火

珠光体钢与奥氏体钢异种钢焊接残余应力的存在是影响接头强度和使用性能的重要因素。特别是在循环温度下工作时，由于形成热应力或热疲劳而可能产生裂纹。这时，应避免使异种钢接头处在这种工况下，或者不采用异种钢接头。若不得不采用异种钢接头时，应选用线膨胀系数介于珠光体钢与奥氏体钢之间的镍基合金作为焊接材料，可以减轻热应力的产生。

6.1.2 异种钢的焊接工艺要点

(1) 焊接方法及焊接材料

一般情况下，手工电弧焊、TIG焊、MIG焊、埋弧自动焊等焊接方法均可用于异种钢的焊接，只是在工艺参数及措施方面需适当考虑异种钢的特点。在选择择焊接方法时，既要保证满足异种钢焊接的质量要求，又要尽可能考虑生产条件和生产效率，还应特别考虑选择稀释率小的焊接方法。

异种钢焊接接头质量和性能与焊接材料关系十分密切，必须按照母材的成分、性能、坡口形式和使用要求，合理选择焊接材料。一方面在焊接接头不产生裂纹等缺陷的前提下，如果不可能兼顾焊缝金属的强度和塑性，则应该选用塑性较好的焊接材料；另一方面所选用的焊接材料所形成的焊缝金属性能只需符合两种母材的一种即可，同时还应具有良好的工艺性能、焊缝成形美观、经济性好。

针对奥氏体和珠光体异种钢的焊接特点，一般选用Cr25-Ni13系焊条，如E309-15、E309-16等。多道焊时，根据各焊道稀释率的变化，可分别采用多种填充金属。

(2) 其他工艺措施

1) 隔离层堆焊法。为防止形成凝固过渡层，最好是在珠光体钢一侧坡口面上先堆焊一层Cr23-Ni13奥氏体金属隔离层，如图6-9所示。这样也可使最易出问题的那部分焊缝，即靠近珠光体钢焊缝，在拘束度小的情况下完成。在隔离层堆焊完成并经过检查后，奥氏体钢与隔离层间的连接就成为奥氏体钢与奥氏体钢之间焊接，此时即可选用普通奥氏体钢焊接材料。但应当避免在奥氏体钢的坡口上堆焊碳钢或低合金钢的隔离层，因为这样将导致形成硬脆的马氏体组织。

为防止形成碳迁移过渡层，也应进行隔离层堆焊。即先用含V、Nb、Ti等的焊接材料在珠光体钢的坡口上堆焊第一隔离层，然后再用适当奥氏体焊接材料堆焊第二隔离层。

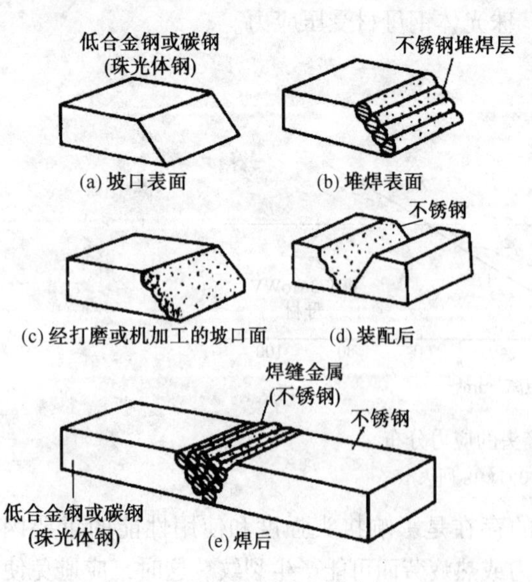

图6-9 隔离层堆焊

隔离层堆焊法广泛用于不锈钢管与低合金钢管的焊接。

2) 直接焊接法。利用高合金焊接材料直接完成珠光体钢与奥氏体钢的焊接。此时，不仅要保持珠光体钢坡口面熔深最小，而且要合理选择焊接材料，以防在拘束条件下焊缝产生裂纹。这种方法虽然比较常用，但效果不理想。

3) 过渡段焊接法。从防止碳迁移现象出发，选用含V、Nb、Ti等强碳化物形成元素的一段珠光体钢作为中间过渡段，先与原珠光体钢焊接，然后再与奥氏体钢焊接。过渡段与奥氏体钢的焊接，可采用隔层堆焊法，或者采用直接施焊法。同样，也可采用含有V、Nb、Ti等碳化物形成元素的焊接材料或高Ni奥氏体焊接材料，预先在珠光体钢一侧坡口上堆焊厚度为5~8mm的隔离层，然后再用奥氏体填充材料将隔离层与奥氏体钢焊接起来。在珠光体钢坡口上堆焊隔离层，不仅可防止碳迁移过渡层出现，还可省去预热和减小裂纹敏感性。一般情况下，隔离层的厚度对于非淬火钢为5~6mm，对于淬火钢可增加到9mm。

6.2 复合钢板的焊接工艺要点

复合钢板是由较厚的珠光体钢和较薄的不锈钢复合轧制而成的双金属板。珠光体钢部分称为基层，多为碳钢或低合金钢，主要满足强度和刚度要求；不锈钢部分称为复层，如1Cr18Ni9Ti、Crl8Ni12Mo2Ti、Cr23Ni28Mo3Cu3Ti等，主要满足耐蚀性能要求。复层通常是在容器里层，厚度一般只占复合钢板总厚度的10%~20%。由于焊接时存在珠光体钢与奥氏体钢两种母材，所以复合钢板焊接属于异种钢焊接问题。复合钢板的焊接过程，一般是复层和基层分开各自进行焊接，焊接中的主要问题在于基层与复层交接处的过渡层焊接。

(1) 焊接方法

根据复合钢板材质、接头厚度、坡口尺寸及施焊条件等，通常可选用焊条电弧焊、埋弧焊、氩弧焊、CO_2气体保护焊等。目前常用氩弧焊焊接复层和过渡层，用埋弧焊或焊条电弧焊焊接基层。

(2) 焊接材料

不锈复合钢板焊接材料见表6-3。表中列出了基层、复层和过渡层焊接推荐采用的焊条类型。

表6-3 不锈复合钢板焊接材料

复合钢板的组成	基层	过渡层	复层
Q235/0Cr13	E4303 E4315	E309-16(E1-23-13-16) E309-15(E1-23-13-15)	E308-16(E0-19-10-16) E308-15(E0-19-10-15)
Q235/0Cr13 Q390/0Cr13	E5003、E5015 E5515-G	E309-16(E1-23-13-16) E309-15(E1-23-13-15)	E347-16(E0-19-10Nb-16) E347-15(E0-19-10Nb-15)
12CrMo/0Cr13	E5515-B1	E309-16(E1-23-13-16) E309-15(E1-23-13-15)	E347-16(E0-19-10Nb-16) E347-15(E0-19-10Nb-15)
Q235/1Cr18Ni9Ti	E4303 E4315	E309-16(E1-23-13-16) E309-15(E1-23-13-15)	E347-16(E0-19-10Nb-16) E347-15(E0-19-10Nb-15)
Q235/1Cr18Ni9Ti Q390/1Cr18Ni9Ti	E5003、E5015 E5515-G	E309-16(E1-23-13-16) E309-15(E1-23-13-15)	E347-16(E0-19-10Nb-16) E347-15(E0-19-10Nb-15)
Q235/Cr1812Mo2Ti	E4303 E4315	E309Mo-16 (E1-23-13-Mo2-16)	E318-16 (E0-18-12-Mo2Ni-16)
Q235/Cr1812Mo2Ti Q390/Cr1812Mo2Ti	E5003、E5015 E5515-G	E309Mo-16 (E1-23-13-Mo2-16)	E318-16 (E0-18-12-Mo2Ni-16)

复合钢板的基层和复层分别选用各自适用的焊接材料进行焊接。关键是接近复层的过渡区部分，必须考虑基层的稀释作用，应选用 Cr_{eq}、Ni_{eq} 较高的奥氏体填充金属来焊接过渡区部分，以免出现马氏体脆硬组织。复合钢板较薄时，如总厚度小于 8mm，可以用奥氏体焊条或填充金属焊接复合钢的全厚度，这时更须考虑基层的稀释作用。

(3) 坡口形式

对于复合钢板接头设计和坡口形式，薄件可采用 I 形坡口，较厚的复合钢板可采用 V 形、U 形、X 形、V 形和 U 形复合坡口，一般尽可能采用 X 形坡口双面焊，也可以在接头背面一小段距离内进行机械加工，去掉复层金属，如图 6-10 所示，以确保焊第一道基层焊道不受复层金属的过大稀释。复合钢板焊接角接头的形式如图 6-11 所示。

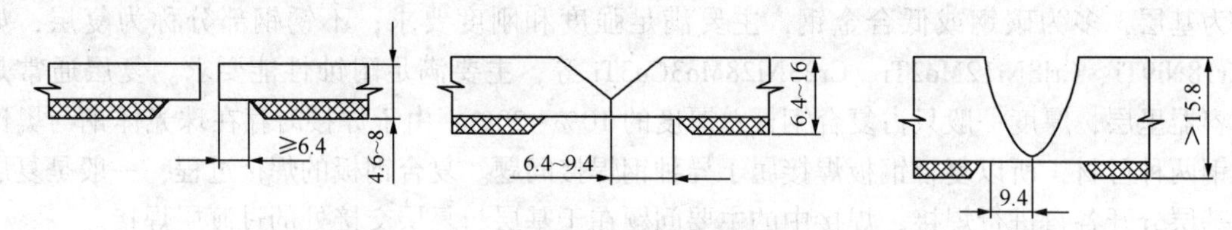

图 6-10 去掉复层金属的复合钢板焊接坡口形式

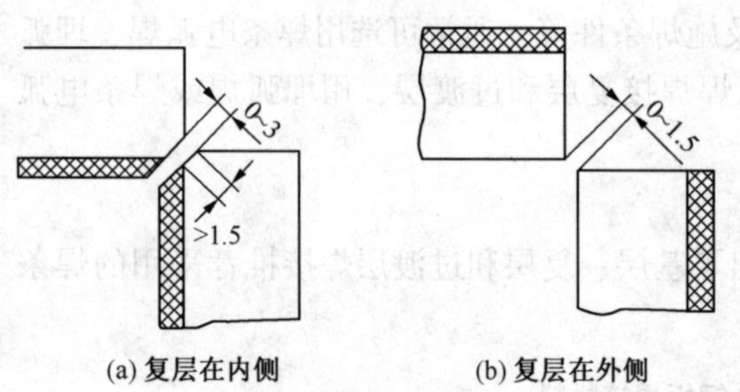

图 6-11 复合钢板焊接角接头形式

(4) 装配

焊接前必须保证复合钢板工件装配的质量，一般对接接头间隙为 1.5～2mm，保证错边在允许范围内。错边量过大将直接影响过渡层和复合层的焊接质量。对于复合钢板筒体件装配的错边量允许值见表 6-4。装配时的定位焊应在基层上进行，定位焊焊缝不得出现裂纹和气孔，否则应铲去重焊。定位焊所用焊接材料、焊接工艺参数等应与正式焊接时相同。

表 6-4 复合钢板筒体件装配焊缝的错边允许值

复层厚度/mm	纵缝错边来量/mm	环缝错边量/mm
2～2.5	≤0.5	≤1.0
3～5	≤1.0	≤1.5

(5) 焊接顺序

为了保证焊接接头具有较好的耐腐蚀性，不锈钢复合钢板的焊接顺序一般为先焊基层，再焊过渡层，最后焊复层，如图 6-12 所示。同时考虑到过渡层的焊接特点，应尽量减少复层一侧的焊接量。

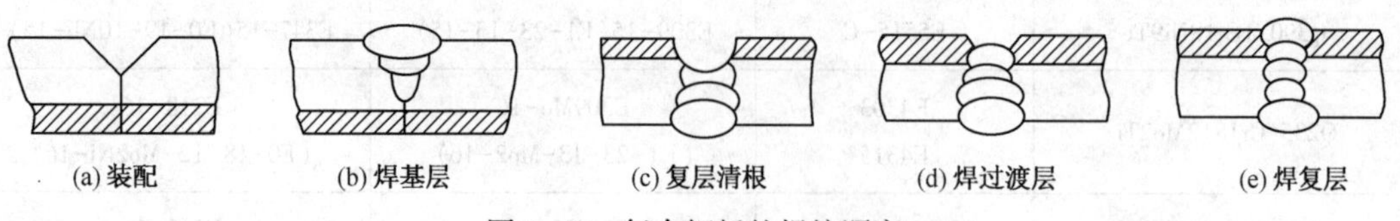

图 6-12 复合钢板的焊接顺序

(6) 工艺参数

焊接基层时，第一道基层焊缝不应熔透到复层金属，以防焊缝金属发生脆化或产生裂纹。此时，可按基层钢常规焊接电流施焊。同时，为了防止第一道基层焊缝金属熔入复层，可预先将待焊区附近的复层金属加工掉一部分。基层焊完后，用铲削或磨削法清理焊根，经X射线探伤合格后，才可焊接过渡层。焊接过渡层时，为了减少母材对焊缝的稀释率，在保证焊透的条件下，应尽量采用小电流焊接，且必须盖满基层焊缝，并高出基层与复层交界线约1mm，焊缝成形要平滑，不可凸起，否则需将凸起部分用手砂轮打磨平整。Q235/1Cr18Ni9Ti复合板焊接的工艺参数见表6-5。

表6-5 Q235/1Cr18Ni9Ti复合板焊接的工艺参数

焊缝层次		焊条		焊条直径/mm	焊接电流/A	焊接电压/V
		牌号	型号			
基层	1	J427	E4315	3.2	110~130	22
	2			4.0	140~160	24
	3			4.0	150~180	26
过渡层	4	A302	E309-16(E1-23-13-16)	4.0	130~140	22
复层	5	A312	E309Mo-16(E1-23-13Mo2-16)	4.0	140~150	22

(7) 焊后热处理

复合钢板焊接接头焊后热处理时，在复合交接面上会产生碳元素从基层向复层的扩散，并随温度升高、保温时间增长而加剧。结果会在基层一侧形成脱碳层，在不锈钢复层一侧形成增碳层，使其局部硬化，韧性下降。基层与复层的热膨胀系数相差很大，加热、冷却过程中，厚度方向上也会产生较大残余应力，且在不锈钢表面形成拉伸应力，易导致应力腐蚀开裂。因此，复合钢板焊接接头一般不进行复层的固溶处理，也不进行消除应力热处理，但可采用喷丸处理复合钢板的不锈钢复层部分，使其表面形成残余压应力，从而避免应力腐蚀开裂。

6.3 钢与铝及铝合金的焊接

铝及铝合金的密度小、比强度高，并且具有良好的导电性、导热性和耐腐蚀性，与钢结合形成的双金属焊接结构或在钢结构表面堆焊铝及铝合金，已在航空、造船、石油化工、原子能等工业中显示出独特的优势和良好的经济效益。

6.3.1 钢与铝及铝合金焊接性分析

铝能够与钢中的Fe、Mn、Cr、Ni等元素形成有限固溶体，也会形成金属间化合物，还能够与钢中的碳形成化合物。Al-Fe合金状态图如图6-13所示。可以发现，在不同含量的情况下，Al与Fe可分别形成多种金属间化合物，如FeAl、$FeAl_2$、$FeAl_3$、Fe_2Al_7、Fe_3Al、Fe_2Al_5，其中Fe_2Al_5脆性最大。这些金属间化合物不仅对力学性能有显著影响，而且在焊接时可能还会引起焊接裂纹。

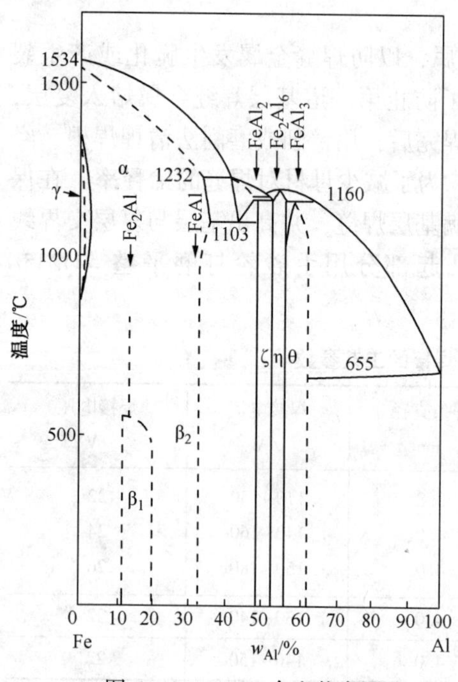

图 6-13　Fe-Al 合金状态图

铝及铝合金的物理性能与钢相差很大，见表 6-6。两者熔点相差达 800~1000℃，导致铝或铝合金已完全熔化时，钢却保持着固态，而且液态的铝对固态的钢也很难润湿；两者导热系数相差 2~13 倍，线胀系数相差 1.4~2 倍，导致很难均匀加热，并在接头界面两侧造成较大的残余热应力。同时，铝及铝合金易形成 Al_2O_3 氧化膜也必然会造成熔合困难、在焊缝中形成气孔、夹渣等缺陷。因此，钢与铝及铝合金采用熔化焊焊接是极其困难的。

6.3.2　钢与铝及铝合金焊接工艺要点

1）钨极氩弧焊。钢与铝及铝合金可以采用钨极氩弧焊焊接，这时钢的一侧坡口角度为 70°时，接头强度较高。坡口表面需彻底清理并加上表面活化层。碳钢及低合金钢表面可以镀锌，奥氏体钢表面则以镀铝为好。但在碳钢及低合金钢表面不宜镀铝，因为镀铝过程中产生金属间化合物时会排挤出碳而形成增碳层，严重降低接头强度。

表 6-6　铝与铁物理性能及化学性能

特性	Al	Fe	特性	Al	Fe
周期表中的类型	ⅢA	ⅧB	熔点/℃	660	1535
原子序数	13	26	沸点/℃	2519	2450
相对原子质量	26.98	55.85	线膨胀系数/(10^{-6}/K)	24	12
原子外层电子数目	3	2	热导率/[W/(m·K)]	217.7	66.7
晶格类型	面心立方	α-体心立方 γ-面心立方	比热容/[J/(kg·K)]	899.2	481.5
晶格常数/nm	0.404	0.286 0.365	电阻率/(10^{-6}·Ω·cm)	2.66	12
原子半径/nm	0.182	0.141	密度/(g/cm^3)	2.7	7.85

钨极氩弧焊采用交流电源，钨极直径 2~5mm。在钢表面堆焊铝及铝合金时，可先将电弧指向铝焊丝，待开始移动进行焊接时则指向焊丝和已形成的焊道表面，如图 6-14(a) 所示。这样能保护镀层不致被破坏。在钢与铝及铝合金对接焊时，可将电弧沿铝及铝合金侧表面移动而铝焊丝沿钢侧移动，使液态铝流至钢的坡口表面，如图 6-14(b) 所示。此时应特别注意保护坡口上的镀层勿过早烧失而失去作用。

采用含少量 Si 的纯铝焊丝作为填充材料，可以形成优质焊接接头，抗拉强度和疲劳强度均可达到铝及铝合金母材水平，且密封性和在海水或空气中的耐蚀性也比较好。不宜采用 Al-Mg 合金焊丝，因为 Mg 不溶于 Fe，Mg 与 Fe 的结合力很弱，而且 Mg 还强烈促进脆性化合物的形成和增长，这些都会降低接头的强度。

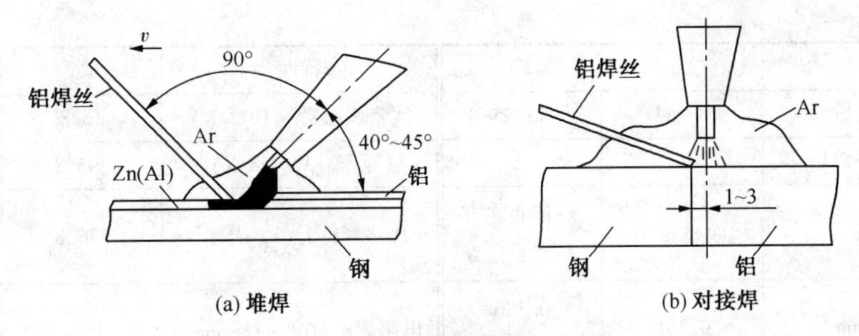

图 6-14　钢与铝氩弧焊接示意图

2）冷压焊。焊前必须彻底清理钢与铝及铝合金的连接表面，清除氧化物及薄膜。要实现冷压结合必须保证接头处变形量在 70%~80%以上，冷压焊接头强度在碳钢与纯铝接头可达 80~100MPa，在 18-8 型奥氏体不锈钢与 Al-Mg 合金接头可达 200~300MPa。

3）摩擦焊。钢与铝及铝合金摩擦焊时，为防止产生金属间化合物，应尽量缩短接头的加热时间并施加较大的挤压力，以便将可能形成的金属间化合物或低熔点共晶挤出接头区。但加热时间不能过短，以免塑性变形量不足而不能形成完全结合的焊缝。

4）扩散焊。钢与铝及铝合金扩散焊时，为防止产生金属间化合物，最好加入 Ni、Cu 中间层。接合表面焊前加工粗糙度为 3.2~6.3μm，中间层 Ni、Cu 可用电镀法获得。

5）爆炸焊。钢与铝及铝合金的连接采用爆炸焊比采用熔化焊易于实现，因而可利用爆炸焊制造钢与铝及铝合金过渡段，然后过渡段两头的钢和铝及铝合金可分别与同种金属进行焊接。

另外，对于钢与铝及铝合金焊接接头在焊后加工或使用过程中，必须注意加工或使用温度不应超过某一极限温度，如 300~350℃，以避免焊接接头在高温下会激活扩散过程而形成脆性的金属间化合物导致的性能下降。

6.4　钢与铜及铜合金的焊接

在制造某些金属结构时，常需要把钢与铜及铜合金焊接在一起。钢与铜及铜合金的焊接以及在钢上堆焊铜及铜合金，不仅能制造满足特殊使用性能要求的焊接结构，而且能节省大量铜材。

6.4.1　钢与铜及铜合金焊接性分析

铜与铁在高温时的晶格类型、晶格常数、原子半径、原子外层电子数等比较接近，见表 6-7，这对促进 Cu 与 Fe 的原子间扩散和钢与铜及铜合金的焊接性是有利的，但铜与铁的熔点、导热系数、膨胀系数等差异较大，则不利于钢与铜及铜合金的焊接。

表 6-7　铜与铁物理性能及化学性能

特性	Cu	Fe	特性	Cu	Fe
周期表中的类型	ⅠB	ⅧB	熔点/℃	1083	1535
原子序数	29	26	沸点/℃	2310	2450

续表

特性	Cu	Fe	特性	Cu	Fe
相对原子质量	63.54	55.85	线膨胀系数/(10^{-6}/K)	16.8	12
原子外层电子数目	1	2	热导率/[W/(m/K)]	395.8	66.7
晶格类型	面心立方	α-体心立方 γ-面心立方	比热容/[J/(kg·K)]	376.8	481.5
晶格常数/nm	0.361	0.286 0.365	电阻率/(10^{-6}·Ω·cm)	1.72	12
原子半径/nm	0.128	0.141	密度/(g/cm^3)	8.98	7.85

钢与铜及铜合金的膨胀系数相差较大，而且 Cu-Fe 二元合金的结晶温度区间较大，约为 300~400℃，如图 6-15 所示，故焊接时焊缝容易产生结晶裂纹。因 Fe 与 Cu 在液态时无限互溶，固态时有限互溶，不形成金属间化合物，故焊缝金属抗裂性能较强。

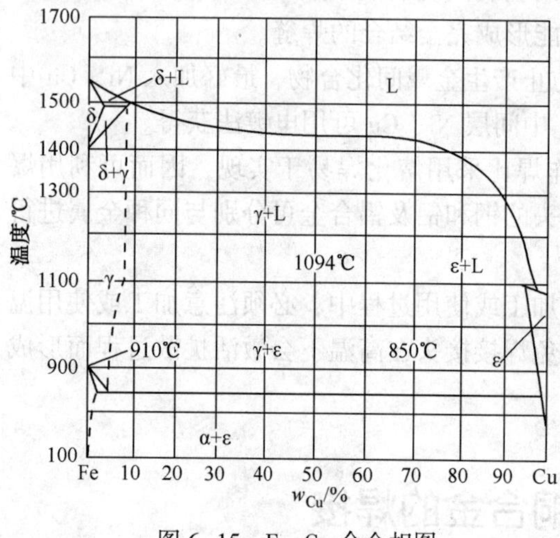

图 6-15 Fe-Cu 合金相图

在钢与铜及铜合金焊接过程中，液态铜及铜合金有可能向所接触的近缝区的钢表面内部渗透，并不断向微观裂口浸润深入，形成所谓的“渗透裂纹”。这种裂纹是在高温时形成的，且被铜及铜合金所填充。渗透裂纹可单独存在，也可沿晶界呈网状分布，长度可从几微米到几十毫米。实践证明，含 Ni、Al、Si 的铜合金焊缝金属对钢的渗透较少，而含锡的青铜则渗透较严重。含 Ni 大于 16%的铜合金焊缝在碳钢上不会造成渗透裂纹。此外，钢的组织状态对渗透裂纹也有很大影响。液态铜可浸润奥氏体而不浸润铁素体，所以单相奥氏体钢容易产生渗透裂纹，而奥氏体-铁素体双相组织钢就不太容易产生渗透裂纹。

6.4.2 钢与铜及铜合金焊接工艺要点

1）熔化焊。大多数熔化焊方法，如气焊、手工电弧焊、埋弧焊、钨极氩弧焊和电子束焊等都可以用于钢与铜及铜合金的焊接。待焊金属表面和焊丝表面都必须严格除油并清理直到露出金属光泽。

钢与紫铜焊接时，板厚大于 3mm 就需要开坡口，坡口形式与钢焊接时相同。X 形坡口不留钝边以保证焊透。板厚 3mm 以上便可以采用埋弧焊。但当厚度大于 10mm，采用埋弧焊焊接时，由于铜与钢的热导率相差较大，应开不对称 V 形坡口，坡口角度为 60°~70°，铜一侧角度稍大于钢一侧，钝边为 3mm，间隙为 0~2mm，如图 6-16(a) 所示。同时，坡口中可以放置铝丝或镍丝，作为填充焊丝，如图 6-16(b) 所示。

不锈钢与铜及铜合金焊接时，若采用不锈钢焊缝，则当焊缝含 Cu 达到一定数量时会产生热裂纹。若采用铜焊缝，则焊缝中含 Ni、Cr、Fe 使焊缝变硬变脆，或渗入不锈钢侧近缝

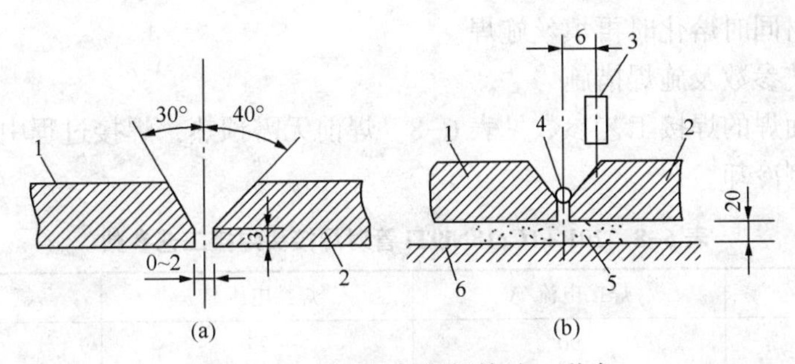

图 6-16 低碳钢与铜焊接坡口形式

1—低碳钢；2—纯铜；3—添加焊丝；4—放置焊丝；5—焊剂垫；6—平台

区奥氏体晶界而使接头变脆。只有采用与铜和铁都能无限固溶的 Ni 或 Ni 基合金作为填充金属才能保证良好的焊缝质量，达到较高的强度与塑性。另外，由于铜比不锈钢散热快得多，焊接时必须将电弧适当偏向铜侧。同时应采用小直径焊条或焊丝、小电流、快速焊，不摆动的焊接工艺。

2）压焊。钢与铜及铜合金在真空扩散焊时可获得优质接头，这种接头是由铜在铁中的固溶体组成共晶而形成的。同时，加入 Ni 过渡层可提高接头强度。

钢与紫铜、黄铜进行电阻焊或闪光焊，也能获得满意的接头。钢与铜及铜合金爆炸焊时焊接性也相当好，18-8 型不锈钢与紫铜爆炸焊接头强度可高达 165MPa，而且接头区显微硬度没有明显升高。由于焊接性良好，铜还可以夹在钢-铝过渡件中间作为中间层，制成钢-铜-铝过渡件。

6.5 典型异种钢焊接案例

在集输和炼油工业中，中低压的中小型容器常采用 20R 碳素钢制造，为保证耐腐蚀性能常采用 1Cr18Ni9Ti，因此 20R+1Cr18Ni9Ti 的异种钢焊接是这类结构焊接制造的关键。下面以 20R+1Cr18Ni9Ti 两种钢的管接头焊接为例说明其焊接工艺特征。

(1) 焊接性分析

作为碳钢与奥氏体不锈钢的异种钢焊接接头可能面临的问题包括焊缝稀释、熔合区生成马氏体过渡层、熔合区的碳扩散、焊接接头的应力、475℃脆性和 δ 相析出脆化等问题。

(2) 焊接方法及材料

选用方便灵活的手工氩弧焊方法。采用 ϕ2.0mm 的 H1Cr24Ni13 焊丝，ϕ2.5mm 的 WCe20 钨极，保护气体为纯氩。

(3) 坡口及清理

采用 V 形坡口，坡口角度为 55°±5°，钝边 1.5mrn，间隙 2.0mm。为控制熔合比，不同壁厚的接头坡口角度需要调整。坡口两侧管内壁 10mrn、管外壁 20mrn 及坡口表面用内圆磨光机清理，除去铁锈，直至露出金属光泽。

(4) 点固焊

点固焊点位于时钟 10 点处。焊接时先从 6 点位置开始，经 3 点焊至 12 点，再施焊另一侧接缝。由于 20R 钢导热率较高，点固焊、打底焊时电弧要偏向 20R 钢侧，因此需等待电弧作用下两侧母材同时熔化时再填丝施焊。

(5) 焊接工艺参数及施焊措施

打底焊及盖面焊的焊接工艺参数见表6-8。焊前无需预热，焊接过程中采用布蘸水包裹不锈钢侧进行强制冷却。

表6-8 20R+1Cr18Ni9Ti管对焊接头焊接工艺参数

焊道	焊接电流/A	焊接电压/V	氩气流量/(L/min)
打底层	90	25	9
盖面层	100	25	9

思考题

1. 珠光体钢与奥氏体钢焊接时，从焊接性角度分析应注意哪几个问题，为什么？

2. 如果低合金结构钢焊缝根部第1层用不锈钢焊条焊接，第2层用结构钢焊条焊接，分析这种组合焊缝是否合理？两层焊缝交界区的组织性能有什么特点？所用的不锈钢焊条应选用何种合金系，为什么？

3. 什么是碳迁移过渡层？焊接异种钢时如何防止碳的扩散迁移？

4. 低合金钢(如Q345)与0Cr18Ni9Ti不锈钢焊接时，为什么有时要在低合金钢母材一侧的坡口面上堆焊过渡层？

5. 异种钢焊接时，可否在奥氏体钢一侧坡口面上用低合金钢或碳钢焊条堆焊过渡层，然后再与低合金钢或碳钢焊接，为什么？

6. 为什么采用熔焊方法很难实现有色金属与钢的可靠连接？分析有色金属与钢焊接时出现的问题有哪些，应采取什么措施？

7. 低合金钢与不锈钢焊接时，应选择什么型号或合金系的填充材料？

8. 珠光体钢与奥氏体钢焊接时，过渡区出现脆化是什么原因，如何防止？

9. 简述复合钢板的焊接程序。采用焊条电弧焊焊接0Cr13与Q235复合钢板时，应选用什么型号或合金系的焊条焊接过渡层？

10. 采用埋弧焊焊接20g与1Cr18Ni9Ti的复合钢板，针对基层、复层和过渡层，给出焊丝与焊剂的型号(或牌号)及焊接工艺要点。

11. 以Cr-Ni合金为填充金属焊接Cr-Mo低合金钢(2.5%Cr，1%Mo，95.5%Fe)和不锈钢(17%Cr，12%Ni，2.5%Mo，63%Fe)两种钢时，假定总稀释率为35%，其中Cr-Mo低合金钢占15%，不锈钢占20%，试计算最终焊缝中Cr、Ni、Mo的平均含量。

参 考 文 献

[1] 周振丰．焊接冶金学(金属焊接性)[M]. 北京：机械工业出版社，1995.
[2] 李亚江．焊接冶金学(材料焊接性)[M]. 北京：机械工业出版社，2007.
[3] 中国机械工程学会焊接学会．焊接手册：第2卷．材料的焊接(第三版)[M]. 北京：机械工业出版社，2007.
[4] 周振丰，张文钺．焊接冶金与金属焊接性[M]. 北京：机械工业出版社，1988.
[5] 周振丰．焊接冶金学(金属焊接性)[M]. 北京：机械工业出版社，2000.
[6] Bailey N. Weldability of high strength steels [J]. Welding and Metal Fabrication，199 3，8：389-393.
[7] 陈伯蠡．焊接冶金原理[M]. 北京：清华大学出版社，1991.
[8] 张文钺．焊接物理冶金[M]. 天津：天津大学出版社，1991.
[9] 李炯辉．金属材料金相图谱[M]. 北京：机械工业出版社，2006.
[10] 张文钺，杜则裕，等．国产低合金高强度钢冷裂判据的建立[J]. 天津大学学报，1983，3：61-67.
[11] 陈祝年．焊接工程师手册[M]. 北京：机械工业出版社，2002.
[12] 傅积和，孙玉林．焊接数据资料手册[M]. 北京：机械工业出版社，1994.
[13] 张子荣，时炜．简明焊接材料手册[M]. 2版．北京：机械工业出版社，2004.
[14] 中国机械工程学会，中国材料研究学会，中国材料工程大典编委会．第23卷．材料焊接工程[M]. 北京：化学工业出版社．2006.
[15] 中国机械工程学会焊接学会．焊接金相图谱[M]. 北京：机械工业出版社，1987.
[16] 杜国华．实用工程材料焊接手册[M]. 北京：机械工业出版社，2004.
[17] 尹士科，王移山．低合金钢焊接特性及焊接材料[M]. 北京：化学工业出版社，2014.
[18] 许祖泽．新型微合金钢的焊接及其应用[M]. 北京：清华大学出版社，2013.
[19] 徐学利，等．焊接热循环对X80管线钢粗晶区韧性和组织的影响[J]．焊接学报，2005. 8.
[20] 高惠临．管线钢与管线管[M]. 北京：中国石化出版社，2012.
[21] 陈伯蠡．焊接工程缺欠分析与对策[M]. 北京：机械工业出版社，2006.
[22] 徐学利，等．X80高性能管线钢焊接热敏感性研究[J]．热加工工艺，2005. 7.
[23] 陈裕川．低合金结构钢的焊接[M]. 北京：机械工业出版社，1992.
[24] 顾曾迪，等．有色金属焊接[M]. 北京：机械工业出版社，1992.
[25] 毕宗岳，管线钢管焊接技术[M]. 北京：石油工业出版社，2013.
[26] 许祖泽．新型微合金钢的焊接及其应用[M]. 北京：清华大学出版社，2013.
[27] 田志凌．超细晶粒钢(超级钢)的发展与焊接[C]. 第十一次全国焊接会议论文集．哈尔滨：中国机械工程学会焊接学会，2005.
[28] 李亚江．特殊及难焊材料的焊接[M]. 北京：化学工业出版社，2003.
[29] 田燕．焊接区断口金相分析[M]. 北京：机械工业出版社，1991.
[30] 于启湛．钢的焊接脆化[M]. 北京：机械工业出版社，1992.
[31] 李亚江，邹增大，陈祝年，等．焊接热循环对HQ130钢热影响区组织及性能的影响[J]. 金属学报，1996，32(5)：532-537.
[32] 邹增大，李亚江，尹士科．低合金调质高强度钢焊接及工程应用[M]. 北京：化学工业出版社，2000.
[33] 尹士科，王征林，张晓牧，等．焊接接头性能调控与应用[M]. 北京：兵器工业出版社，1993.
[34] 铃木春意．钢材的焊接裂纹(冷裂纹)[M]. 北京：机械工业出版社，1982.
[35] 张玉凤．静载下焊缝强度匹配对构件抗断裂性能影响的研究[J]. 天津大学学报，1985，3：13-23.
[36] 李亚江，王娟，刘鹏．低合金钢焊接及工程应用[M]. 北京：化学工业出版社，2003.
[37] 王永达，谢仕柜．低合金钢焊接基本数据[M]. 北京：机械工业出版社，1994.

[38] 埃里希·福克哈德. 不锈钢焊接冶金[M]. 栗卓新，朱学军，译. 北京：化学工业出版社，2004.
[39] 张其枢，堵耀庭. 不锈钢焊接[M]. 北京：机械工业出版社，2003.
[40] David S A, et al. Effect of rapid solidification on stainless steel weld metal microstructures and its implication on the Schaeffer diagram [J]. Welding Journal, 1987, 66(10): 289-300.
[41] Their H, et al. Solidification modes of weldments in corrosion resistant steels-how to make them visible [J]. Metal Construction, 1987, 19(3): 127-130.
[42] Shankar V, Cill T, et al. Effect of nitrogen addition on microstructure and fusion zone cracking in type stainless steel weld metals [J]. Materials Science and Engineering, 2003, 343A: 170-181.
[43] Li L, Messter R W. Segregation of phosphorus and sulfur in heat-affected zone hot cracking of type 308 stainless steel [J]. Welding Journal, 2002, 81(5): 78-84.
[44] Li Leijun, et al. Effects of phosphorus and sulfur on susceptibility to weld hot cracking in austenitic stainless steels [J]. Welding Research Council Bulletin, 2003, 488: 1-26.
[45] 李国栋，栗卓新，魏琪，等. 不锈钢埋弧焊单面焊双面成形工艺及其接头性能的研究[J]. 兰州理工大学学报，2004，30(8:)：101-104.
[46] Kamiya O, et al. Effect of mirostructure on fracture toughness of SUS329J1 duplex stainless steel welds [J]. Welding Research Abroad, 1990, 36(11): 2-7.
[47] 刘延材. 铁素体-奥氏体型双相不锈钢的焊接性[J]. 焊接学报，1988，9(12)：213-218.
[48] Tamura H, et al. Effect of δ-ferrite on low temperature toughness of type 316L austenitic stainless steel welds metal [J]. Welding Research Abroad, 1990, 36(10): 2-8.
[49] Barry JCM. Developments in stainless steel welding consumables [J]. Welding stainless steel piping with no backing gas [J]. Welding Journal, 2002, 81(12): 32-34.
[50] 薛松柏，栗卓新，朱颖，等. 焊接材料手册[M]. 北京：机械工业出版社，2005.
[51] 周振丰. 金属熔焊原理及工艺：下册[M]. 北京：机械工业出版社，1981.
[52] 杨建华. 高球化稳定性低白口倾向通用铸铁焊条的研究[J]. 焊接，1984，(8)：4-8.
[53] Zhou Z F, Sun D Q. Welding consumable research for compacted graphite cast iron [J]. Journal of Materials Engineering, 1991, (4): 307-314.
[54] Zou Zengda, Ren Dengyi, Wang Yong. Repair welding for chilled cast rolls [J]. China Welding, 1992, (1): 39-44.
[55] 周振丰. 铸铁焊接冶金与工艺[M]. 北京：机械工业出版社，2001.
[56] 任振安，周振丰，孙大谦. 灰铸铁同质焊缝电弧冷焊接头冷裂纹研究进展[J]. 焊接学报，2001，22(1)：91-96.
[57] 潘春旭. 异种钢及异种金属焊接[M]. 北京：人民交通出版社，2000.
[58] 何康生，曹雄夫. 异种金属焊接[M]. 北京：机械工业出版社，1986.
[59] Pan C, Zhang Z. Characteristics of the weld interface in dissimilar austenitic-pearlitic steel welds [J]. Materials Characterization, 1994, 33(2): 87-97.
[60] Wang Z, Xu B, Ye C. Study of the martensite structure at the weld interface and the fracture toughness of dissimilar metal joints [J]. Welding Journal, 1993, 72(9): 397-402.
[61] 李亚江，等. 异种难焊材料的焊接及应用[M]. 北京：化学工业出版社，2004.
[62] 顾钰熹. 特种工程材料焊接[M]. 沈阳：辽宁科学技术出版社，1998.
[63] 刘中青，刘凯. 异种金属材料焊接技术指南[M]. 北京：机械工业出版社，1997.
[64] 郭久柱，周振华，李湘多，等. 不锈钢与铝合金薄壁管的摩擦焊[J]. 焊接学报，1992，13(4)：231-236.
[65] 程景玉. 紫铜和低碳钢的手工电弧焊[J]. 焊接，1998(8)：20-21.